线 性 代 数

主　编　梁存利　李晓灵　焦忠武
副主编　郝彩丽　刘虎明　李　贤
　　　　刘艳艳

U0303999

北京邮电大学出版社
www.buptpress.com

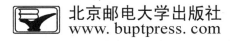

内 容 提 要

《线性代数》是根据国家教育部最新制定的本科数学基础课程教学的基本要求和民族院校的实际情况编写,是为适应大众化教育理论发展与实践的要求编写的民族院校类普通高校教材。

主要内容共计五章,包括:行列式,矩阵,线性方程组,矩阵的特征向量,二次型等。书中每章均配有适量习题。为方便读者查阅参考,在每章习题之后,都附有答案或提示。全书条理清晰,论述确切;由浅入深,循序渐进;例题较多,典型性强;习题适量,深广度恰当;结合民族院校学生实际,便于教学。它可作为民族类普通高校理工类和经管类或成人高校理工经管类本科"线性代数"课程的教材。

图书在版编目(CIP)数据

线性代数 / 梁存利,李晓灵,焦忠武主编. -- 北京:北京邮电大学出版社,2015.8
ISBN 978-7-5635-4490-5

Ⅰ. ①线… Ⅱ. ①梁…②李…③焦… Ⅲ. ①线性代数-高等学校-教材 Ⅳ. ①O151.2

中国版本图书馆 CIP 数据核字(2015)第 187823 号

书　　　名:线性代数
著作责任者:梁存利　李晓灵　焦忠武　主编
责 任 编 辑:满志文
出 版 发 行:北京邮电大学出版社
社　　　址:北京市海淀区西土城路 10 号(邮编:100876)
发 行 部:电话:010-62282185　传真:010-62283578
E-mail: publish@bupt.edu.cn
经　　　销:各地新华书店
印　　　刷:北京鑫丰华彩印有限公司
开　　　本:787 mm×960 mm　1/16
印　　　张:10.25
字　　　数:219 千字
版　　　次:2015 年 8 月第 1 版　2015 年 8 月第 1 次印刷

ISBN 978-7-5635-4490-5　　　　　　　　　　　　　　　定　价:24.80 元

· 如有印装质量问题,请与北京邮电大学出版社发行部联系 ·

前　言

线性代数是高等学校理工科各专业的必修课程，是学习现代科学技术的重要理论基础，已成为自然科学和工程技术领域中应用广泛的数学工具。随着计算机科学的发展和普及，高等院校计算机、信息工程、自动控制等专业对线性代数的教学内容从广度和深度上的要求不断提高。本书参照教育部颁布的高等学校工科数学课程教学基本要求以及民族类院校的学生的特点，在总结多年的教学实践经验的基础上编写而成的。

本教材在内容针对不同地区学生的特点作了精心的按排，力求通俗易懂，在内容的处理上由直观到抽象，由具体到一般，由浅到深，循序渐进。第 1 章行列式，内容包括：二阶、三阶行列式，n 阶行列式，行列式的性质、行列式按行(列)展开和克莱姆法则；第 2 章矩阵，内容包括：矩阵的概念，矩阵的运算，可逆矩阵，矩阵的初等变换、矩阵的秩和初等矩阵；第 3 章线性方程组，内容包括：线性方程组的消元解法，n 维向量及其线性运算，向量组的线性相关性，向量组的秩，线性方程组解的结构；第 4 章矩阵的特征值和特征向量，内容包括：矩阵的特征值和特征向量，相似矩阵与矩阵对角化，实对称矩阵的特征值和特征向量；第 5 章二次型，内容包括：二次型与对称矩阵，二次型的标准型与规范型，二次型的有定性。

本书的编写着重突出以下特点：

(1) 坚持“够用”的主导思想，重视基本理论，以应用为目的，加强实际动手能力的培养。

(2) 编写体例上，遵循教学体系和教学规律，由浅入深，循序渐进，易教易学，通俗易懂，体现民族特色，层次分明。

(3) 例题与习题编排由简到难，由基本题到提高题组成，以大多数中下水平的学生为主体，即考虑民族学生的实际，反映循序渐进的特点，数量与难度适中，并注意兼顾文理科各专业的不同特点和不同要求。

全书参考学时为 51 学时，注有“*”的习题和内容可选学或根据专业的需要自行选择。参加本书编写的有李晓灵，郝彩丽，焦忠武，梁存利，刘虎明，李贤，刘艳艳。全书由梁存利、焦忠武和李晓灵负责统稿，最后由梁存利副教授润笔定稿。

限于编者水平，同时编写时间也比较仓促，因而教材中难免有不妥之处，敬请广大师生及同行专家批评指正。

编　者

目　　录

第1章　行列式

1.1　二阶、三阶行列式

1.1.1　二阶行列式

用记号$\begin{vmatrix} a_{11} & a_{12} \\ a_{21} & a_{22} \end{vmatrix}$

表示代数和 $a_{11}a_{22}-a_{12}a_{21}$，称为二阶行列式，即

$$\begin{vmatrix} a_{11} & a_{12} \\ a_{21} & a_{22} \end{vmatrix} = a_{11}a_{22}-a_{12}a_{21}$$

二阶行列式表示的代数和，可以用画线(图 1-1)的方法记忆，即实线上两个元素的乘积减去虚线上两个元素的乘积.

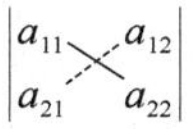

图 1-1

【例 1.1】　$\begin{vmatrix} 4 & -1 \\ -5 & 4 \end{vmatrix}=4\times4-(-1)\times(-5)=16-5=11.$

【例 1.2】　设 $D=\begin{vmatrix} \lambda^2 & \lambda \\ 3 & 1 \end{vmatrix}$

(1) 当 λ 为何值时，$D=0$；

(2) 当 λ 为何值时，$D\neq0$.

解　$D=\begin{vmatrix} \lambda^2 & \lambda \\ 3 & 1 \end{vmatrix}=\lambda^2-3\lambda$

由 $\lambda^2-3\lambda=0$ 得 $\lambda=0,\lambda=3$. 因此

(1) 当 $\lambda=0$ 或 $\lambda=3$ 时，$D=0$；

(2) 当 $\lambda\neq0$ 且 $\lambda\neq3$ 时，$D\neq0$.

1.1.2 三阶行列式

用记号 $\begin{vmatrix} a_{11} & a_{12} & a_{13} \\ a_{21} & a_{22} & a_{23} \\ a_{31} & a_{32} & a_{33} \end{vmatrix}$

表示代数和

$$a_{11}a_{22}a_{33}+a_{12}a_{23}a_{31}+a_{13}a_{21}a_{32}$$
$$-a_{11}a_{23}a_{32}-a_{12}a_{21}a_{33}-a_{13}a_{22}a_{31}$$

称为三阶行列式,即

$$D=\begin{vmatrix} a_{11} & a_{12} & a_{13} \\ a_{21} & a_{22} & a_{23} \\ a_{31} & a_{32} & a_{33} \end{vmatrix}=a_{11}a_{22}a_{33}+a_{12}a_{23}a_{31}+a_{13}a_{21}a_{32}-a_{11}a_{23}a_{32}-a_{12}a_{21}a_{33}-a_{13}a_{22}a_{31}$$

三阶行列式表示的代数和,也可用画线(图 1-2)的方法记忆,即实线上的三个元素相乘取正号,虚线上的三个元素相乘取负号,其代数和就是三阶行列式的值.

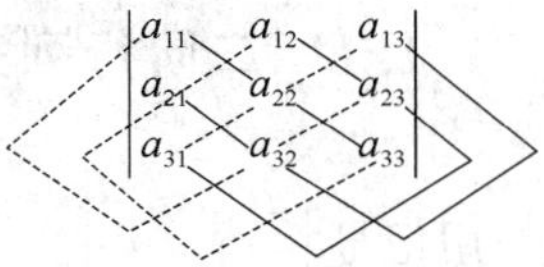

图 1-2

【例 1.3】 $\begin{vmatrix} 2 & -1 & 1 \\ 3 & 2 & -1 \\ 1 & 2 & 2 \end{vmatrix}=8+1+6+4+6-2=23.$

【例 1.4】 $\begin{vmatrix} a & 1 & 0 \\ 1 & a & 0 \\ 4 & 1 & 1 \end{vmatrix}>0$ 的充分必要条件是什么?

解 $\begin{vmatrix} a & 1 & 0 \\ 1 & a & 0 \\ 4 & 1 & 1 \end{vmatrix}=a^2-1$

$a^2-1>0$ 当且仅当 $|a|>1$.因此,$\begin{vmatrix} a & 1 & 0 \\ 1 & a & 0 \\ 4 & 1 & 1 \end{vmatrix}>0$ 的充分必要条件是 $|a|>1$.

1.2 *n* 阶行列式

1.2.1 排列与逆序

由 n 个不同数码 $1,2,\cdots,n$ 组成的有序数组 $i_1i_2\cdots i_n$,称为一个 n 级排列.

例如，1234 和 2431 都是 4 级排列，12345 是一个 5 级排列.

定义 1.1　在一个 n 级排列 $i_1i_2\cdots i_n$ 中，如果有较大的数 i_t 排在较小的数 i_s 前面 $(i_s<i_t)$，则称 i_t 与 i_s 构成一个逆序. 一个 n 级排列中逆序的总数，称为该排列的逆序数，记为 $\tau(i_1i_2\cdots i_n)$.

如果排列 $i_1i_2\cdots i_n$ 的逆序数是 $\tau(i_1i_2\cdots i_n)$ 是奇数则称为奇排列，是偶数或 0 则称为偶排列.

【例 1.5】　求排列 53412 的逆序数.

解　3 的前面比 3 大的数有 1 个；

4 的前面比 4 大的数有 1 个；

1 的前面比 1 大的数有 3 个；

2 的前面比 2 大的数有 3 个.

因此，这个排列的逆序数 $\tau(53412)=1+1+3+3=8$，为偶排列.

在一个排列 $i_1\cdots i_s\cdots i_t\cdots i_n$ 中，如果仅将其中的两个数码 i_s 与 i_t 对调，其他数码位置不变，就得到一个新的排列 $i_1\cdots i_t\cdots i_s\cdots i_n$，这样的变换称为一个对换，记为对换 (i_s,i_t). 若对换的是排列中相邻两数，则称为相邻对换.

例如　$31524 \xrightarrow{(5,2)} 31254$，就是一个对换，而且是一个相邻对换.

定理 1.1　任意一个排列经过一次对换，改变排列的奇偶性.

证　首先考虑对换排列相邻两个数.

设某一 n 级排列为 $i_1\cdots i_si_t\cdots i_n$，经过对换 (i_s,i_t)，得到一个新的排列 $i_1\cdots i_ti_s\cdots i_n$. 在这两个排列中，除 i_s,i_t 以外的任意两个数之间的顺序关系没有改变，且 i_s,i_t 以外的任意一个数和 i_s(或 i_t)的顺序也未改变，因此当 $i_s<i_t$ 时，新的排列比原排列增加一个逆序，而当 $i_s>i_t$ 时，新排列比原排列减少一个逆序，不论是哪种情况，原排列与新排列的奇偶性相反.

其次，考虑任意两个数的对换.

设 i_s 和 i_t 之间有 m 个数，即原排列为 $i_1\cdots i_si_{s+1}\cdots i_{s+m}i_t\cdots i_n$，经过对换 (i_s,i_t) 得到新排列 $i_1\cdots i_ti_{s+1}\cdots i_{s+m}i_s\cdots i_n$. 也可把新排列看成是这样得到的，即把 i_s 与其后面的数经过 m 次相邻对换变为 $i_1\cdots i_{s+1}\cdots i_{s+m}i_si_t\cdots i_n$，$i_t$ 再与其前面的数经过 $m+1$ 次相邻对换而得到. 就是说原排列经过 $2m+1$ 次相邻对换得到新排列，因此，对换 (i_s,i_t) 一定改变排列的奇偶性.

定理 1.2　n 个数码 $(n>1)$ 共有 $n!$ 个 n 级排列，其中奇偶排列各占一半.

证　n 级排列的总数为 $n\times(n-1)\times\cdots\times 2\times 1=n!$，设其中奇排列为 p 个，偶排列为 q 个.

设想将每一个奇排列都施以同一对换，例如都对换(1,2)，则由定理 1.1 可知 p 个奇排列全部变为偶排列，于是有 $p\leqslant q$；同理若将全部偶排列也都施以同一对换，则 q 个偶排列全部变为奇排列，于是又有 $q\leqslant p$，所以得出 $p=q$，即奇偶排列数相等，各为$\frac{n!}{2}$个.

1.2.2 n 阶行列式的定义

在定义 n 阶行列式之前首先看一看三阶行列式有什么特点.

$$\begin{vmatrix} a_{11} & a_{12} & a_{13} \\ a_{21} & a_{22} & a_{23} \\ a_{31} & a_{32} & a_{33} \end{vmatrix} = a_{11}a_{22}a_{33}+a_{12}a_{23}a_{31}+a_{13}a_{21}a_{32} - a_{11}a_{23}a_{32}-a_{12}a_{21}a_{33}-a_{13}a_{22}a_{31}$$

(1) 若不考虑符号，三阶行列式的每一项都是取自不同行、不同列的三个元素的乘积，每一项 3 个元素的行标按自然顺序排列，列标为 1,2,3 的一个三级排列. 因此三级排列的任意一项可一般表示为 $a_{1p_1}a_{2p_2}a_{3p_3}$.

(2) 经过计算可以看出各列标的排列为偶排列时，三阶行列式的项取正号，当列标排列为奇排列时，三阶行列式的项取负号. 三阶行列式的项的符号可一般地表示为$(-1)^t$，t 为列标的三级排列的逆序数.

(3) 三阶行列式的项共有 3！=6 项，且正、负项正好各半. 考查二阶行列式也符合这些特点.

因此，仿照二阶、三阶行列式得到 n 阶行列式的定义.

定义 1.2 用 n^2 个元素 $a_{ij}(i,j=1,2,\cdots,n)$组成的记号

$$\begin{vmatrix} a_{11} & a_{12} & \cdots & a_{1n} \\ a_{21} & a_{22} & \cdots & a_{2n} \\ \vdots & \vdots & & \vdots \\ a_{n1} & a_{n2} & \cdots & a_{nn} \end{vmatrix}$$

称为 n 阶行列式，其中横排称为行，纵排称为列. 它表示所有可能取自不同的行不同的列的 n 个元素乘积的代数和，各项的符号是：当这一项中元素的行标按自然数顺序排列后，如果对应的列标构成的排列是偶排列则取正号，是奇排列则取负号. 因此，n 阶行列式所表示的代数和中的一般项可以写为$(-1)^{\tau(p_1p_2\cdots p_n)}a_{1p_1}a_{2p_2}\cdots a_{np_n}$，其中 $p_1p_2\cdots p_n$ 构成一个 n 级排列，当 $p_1p_2\cdots p_n$ 取遍所有 n 级排列时，则得到 n 阶行列式表示的代数和中所有的项.

特别地，当 $n=2$ 时为二阶行列式，$n=3$ 时为三阶行列式，而当 $n=1$ 时就是 $|a_{11}|=a_{11}$，不要和绝对值相混淆.

行列式有时简记为 $|a_{ij}|$.

由定理 1.2 可知，n 阶行列式共有 n！项，且取正号的项和取负号的项(不算元素本身带的负号)各占一半.

例如 四阶行列式

$$D=\begin{vmatrix} a_{11} & a_{12} & a_{13} & a_{14} \\ a_{21} & a_{22} & a_{23} & a_{24} \\ a_{31} & a_{32} & a_{33} & a_{34} \\ a_{41} & a_{42} & a_{43} & a_{44} \end{vmatrix}$$ 所表示的代数和中有 $4!=24$ 项.

乘积 $a_{14}a_{23}a_{31}a_{42}$ 中，行标排列为 1234，元素取自不同行；列标排列为 4312，元素取自不同列，且逆序数 $\tau(4312)=5$，即 4312 为奇排列，所以元素乘积 $a_{14}a_{23}a_{31}a_{42}$ 前面应取负号，即 $-a_{14}a_{23}a_{31}a_{42}$ 为 D 的一项.

$a_{11}a_{24}a_{33}a_{44}$ 有两个元素取自第 4 列，所以它不是 D 的一项.

【例 1.6】 计算 n 阶行列式

$$D=\begin{vmatrix} a_{11} & 0 & 0 & \cdots & 0 \\ a_{21} & a_{22} & 0 & \cdots & 0 \\ a_{31} & a_{32} & a_{33} & \cdots & 0 \\ \vdots & \vdots & & & \vdots \\ a_{n1} & a_{n2} & a_{n3} & \cdots & a_{nn} \end{vmatrix}$$

其中 $a_{ii}\neq 0\ (i=1,2,\cdots,n)$.

解 记行列式的一般项为 $(-1)^{\tau(p_1p_2\cdots p_n)}a_{1p_1}a_{2p_2}\cdots a_{np_n}$.

D 中有很多项为零，现考虑有哪些项不为零. 一般项中第一个元素 a_{1p_1} 取自第一行，但第一行中只有 a_{11} 不为零，因而 $p_1=1$，即 D 中只有含 a_{11} 的那些项可能不为零，其他项均为零；一般项中第二个元素 a_{2p_2} 取自第二行，第二行中有 a_{21} 和 a_{22} 不为零，因第一个元素 a_{11} 已取自第一列，因此第二个元素不能取自第一列，即不能取 a_{21}，所以第二个元素只能取 a_{22}，从而 $p_2=2$，即 D 中只有含 $a_{11}a_{22}$ 的那些项可能不为零，其他项均为零；这样推下去，可得 $p_3=3,\cdots,p_n=n$. 因此，D 中只有 $a_{11}a_{22}\cdots a_{nn}$ 这一项不为零，其他各项均为零. 由于 $\tau(12\cdots n)=0$，因此这项应取正号，于是可得

$$D=\begin{vmatrix} a_{11} & 0 & 0 & \cdots & 0 \\ a_{21} & a_{22} & 0 & \cdots & 0 \\ a_{31} & a_{32} & a_{33} & \cdots & 0 \\ \vdots & \vdots & \vdots & & \vdots \\ a_{n1} & a_{n2} & a_{n3} & \cdots & a_{nn} \end{vmatrix}=a_{11}a_{22}\cdots a_{nn}$$

我们称上面形式的行列式为下三角形行列式.

同理可得上三角形行列式

$$D=\begin{vmatrix} a_{11} & a_{12} & a_{13} & \cdots & a_{1n} \\ 0 & a_{22} & a_{23} & \cdots & a_{2n} \\ 0 & 0 & a_{33} & \cdots & a_{3n} \\ \vdots & \vdots & \vdots & & \vdots \\ 0 & 0 & 0 & \cdots & a_{nn} \end{vmatrix}=a_{11}a_{22}\cdots a_{nn}$$

其中 $a_{ii}\neq 0\ (i=1,2,\cdots,n)$.

特殊情况，以下行列式称为对角形行列式

$$D=\begin{vmatrix} a_{11} & 0 & 0 & \cdots & 0 \\ 0 & a_{22} & 0 & \cdots & 0 \\ 0 & 0 & a_{33} & \cdots & 0 \\ \vdots & \vdots & \vdots & & \vdots \\ 0 & 0 & 0 & \cdots & a_{nn} \end{vmatrix}=a_{11}a_{22}\cdots a_{nn}$$

其中 $a_{ii}\neq 0\ (i=1,2,\cdots,n)$.

行列式中从左上角到右下角的对角线称为主对角线.

三角形行列式及对角形行列式的值均等于主对角线上元素的乘积.

由行列式定义不难得出，一个行列式若有一行(或一列)中的元素皆为零，则此行列式必为零.

n 阶行列式定义中决定各项符号的规则还可以由下面的结论来确定.

定理 1.3 n 阶行列式 $D=|a_{ij}|$ 的一般项可以记为

$$(-1)^{\tau(q_1q_2\cdots q_n)+\tau(p_1p_2\cdots p_n)}a_{q_1p_1}a_{q_2p_2}\cdots a_{q_np_n}$$

其中，$q_1q_2\cdots q_n$ 与 $p_1p_2\cdots p_n$ 均为 n 级排列.

证 由于 $q_1q_2\cdots q_n$ 与 $p_1p_2\cdots p_n$ 都是 n 级排列，因此 $a_{q_1p_1}a_{q_2p_2}\cdots a_{q_np_n}$ 中的 n 个元素取自 D 的不同行不同列. 如果交换式中的两个元素 $a_{q_sp_s}$ 与 $a_{q_tp_t}$，则其行标排列由 $q_1\cdots q_s\cdots q_t\cdots q_n$ 换为 $q_1\cdots q_t\cdots q_s\cdots q_n$，由定理 1.1 可知逆序数奇偶性改变；列标排列由 $p_1\cdots p_s\cdots p_t\cdots p_n$ 换为 $p_1\cdots p_t\cdots p_s\cdots p_n$，其逆序数奇偶性亦改变. 但对换后两下标排列逆序数之和的奇偶性则不改变，即有 $(-1)^{\tau(q_1\cdots q_s\cdots q_t\cdots q_n)+\tau(p_1\cdots p_s\cdots p_t\cdots p_n)}=(-1)^{\tau(q_1\cdots q_t\cdots q_s\cdots q_n)+\tau(p_1\cdots p_t\cdots p_s\cdots p_n)}$ 所以，交换 $a_{q_1p_1}a_{q_2p_2}\cdots a_{q_np_n}$ 式中元素的位置，其符号不改变. 这样我们总可以经有限次对换使其行标 $q_1q_2\cdots q_n$ 换为自然数顺序排列，设此时列标排列变为 $k_1k_2\cdots k_n$，则有

$$(-1)^{\tau(q_1q_2\cdots q_n)+\tau(p_1p_2\cdots p_n)}a_{q_1p_1}a_{q_2p_2}\cdots a_{q_np_n}=(-1)^{\tau(k_1k_2\cdots k_n)}a_{1k_1}a_{2k_2}\cdots a_{nk_n}$$

因此，定理成立.

【例 1.7】 若 $(-1)^{\tau(i432k)+\tau(52j14)}a_{i5}a_{42}a_{3j}a_{21}a_{k4}$ 是五阶行列式 $|a_{ij}|$ 的一项，则 i,j,k 应为何值？此时该项的符号是什么？

解 由行列式定义，每一项中的元素取自不同行不同列，因此，$j=3$，且有 $i=1$ 时 $k=5$ 或 $i=5$ 时 $k=1$.

当 $i=1,j=3,k=5$ 时，$\tau(14325)+\tau(52314)=9$，该项应取负号；

当 $i=5,j=3,k=1$ 时，$\tau(54321)+\tau(52314)=16$，该项应取正号.

1.3 行列式的性质

对角线法则只适合二阶、三阶行列式的计算，利用定义计算高阶($n\geqslant 4$)行列式非常麻烦，因此，有必要研究行列式的性质，一是可简化行列式的计算；二是在理论上也有重要

意义.

将行列式 D 的行与列互换后得到的行列式,称为 D 的转置行列式,记为 D^{T}. 即若

$$D=\begin{vmatrix} a_{11} & a_{12} & \cdots & a_{1n} \\ a_{21} & a_{22} & \cdots & a_{2n} \\ \vdots & \vdots & & \vdots \\ a_{n1} & a_{n2} & \cdots & a_{nn} \end{vmatrix}$$

则
$$D^{\mathrm{T}}=\begin{vmatrix} a_{11} & a_{21} & \cdots & a_{n1} \\ a_{12} & a_{22} & \cdots & a_{n2} \\ \vdots & \vdots & & \vdots \\ a_{1n} & a_{2n} & \cdots & a_{nn} \end{vmatrix}$$

例如　行列式 $D=\begin{vmatrix} 1 & -1 & 8 \\ 2 & 1 & 3 \\ -1 & 5 & 0 \end{vmatrix}$ 的转置行列式是 $D^{\mathrm{T}}=\begin{vmatrix} 1 & 2 & -1 \\ -1 & 1 & 5 \\ 8 & 3 & 0 \end{vmatrix}$.

性质 1　行列式与它的转置行列式相等,即 $D=D^{\mathrm{T}}$.

证　记 D 的一般项为 $(-1)^{\tau(p_1p_2\cdots p_n)}a_{1p_1}a_{2p_2}\cdots a_{np_n}$

它的元素在 D 中位于不同行不同列,因而在 D^{T} 中位于不同列不同行. 所以这 n 个元素的乘积在 D^{T} 中应为 $a_{p_11}a_{p_22}\cdots a_{p_nn}$,由定理 1.3 可知其符号也是 $(-1)^{\tau(p_1p_2\cdots p_n)}$.

因此,$D=D^{\mathrm{T}}$.

由此性质可知,行列式的行具有的性质,它的列也具有相同的性质.

性质 2　交换行列式的两行(列),行列式反号.

证　设

$$D=\begin{vmatrix} a_{11} & a_{12} & \cdots & a_{1n} \\ \vdots & \vdots & & \vdots \\ a_{s1} & a_{s2} & \cdots & a_{sn} \\ \vdots & \vdots & & \vdots \\ a_{t1} & a_{t2} & \cdots & a_{tn} \\ \vdots & \vdots & & \vdots \\ a_{n1} & a_{n2} & \cdots & a_{nn} \end{vmatrix}\begin{matrix} \\ \\ (s\text{ 行}) \\ \\ (t\text{ 行}) \\ \\ \\ \end{matrix}$$

交换 D 的第 s 行与第 t 行,得到行列式

$$D_1=\begin{vmatrix} a_{11} & a_{12} & \cdots & a_{1n} \\ \vdots & \vdots & & \vdots \\ a_{t1} & a_{t2} & \cdots & a_{tn} \\ \vdots & \vdots & & \vdots \\ a_{s1} & a_{s2} & \cdots & a_{sn} \\ \vdots & \vdots & & \vdots \\ a_{n1} & a_{n2} & \cdots & a_{nn} \end{vmatrix}\begin{matrix} \\ \\ (s\text{ 行}) \\ \\ (t\text{ 行}) \\ \\ \\ \end{matrix}$$

记 D 的一般项中 n 个元素的乘积 $a_{1p_1}a_{2p_2}\cdots a_{np_n}$.

它的元素在 D 中位于不同行不同列. 因而在 D_1 中也位于不同行不同列，所以也是 D_1 的一般项的 n 个元素的乘积. 由于 D_1 是交换 D 的第 s 行与第 t 行，而各元素所在的列并没有改变，所以它在 D 中的符号为 $(-1)^{\tau(1\cdots s\cdots t\cdots n)+\tau(p_1\cdots p_s\cdots p_t\cdots p_n)}$. 在 D_1 中的符号为 $(-1)^{\tau(1\cdots t\cdots s\cdots n)+\tau(p_1\cdots p_s\cdots p_t\cdots p_n)}$.

由于排列 $1\cdots s\cdots t\cdots n$ 与排列 $1\cdots t\cdots s\cdots n$ 的奇偶性相反，所以

$$(-1)^{\tau(1\cdots s\cdots t\cdots n)+\tau(p_1\cdots p_s\cdots p_t\cdots p_n)}=-(-1)^{\tau(1\cdots t\cdots s\cdots n)+\tau(p_1\cdots p_s\cdots p_t\cdots p_n)}$$

所以，$D_1=-D$.

推论 如果行列式中有两行(列)的对应元素相同，则此行列式的值为零.

证 交换行列式的这两行(列)，则有 $D=-D$，由此得 $D=0$.

例如 行列式 $D=\begin{vmatrix}1&1&0\\1&1&0\\5&7&2\end{vmatrix}=0$.

性质 3 用数 k 乘行列式的某一行(列)，等于以数 k 乘此行列式. 即若设 $D=|a_{ij}|$，则

$$D_1=\begin{vmatrix}a_{11}&a_{12}&\cdots&a_{1n}\\ \vdots&\vdots&&\vdots\\ ka_{s1}&ka_{s2}&\cdots&ka_{sn}\\ \vdots&\vdots&&\vdots\\ a_{n1}&a_{n2}&\cdots&a_{nn}\end{vmatrix}=k\begin{vmatrix}a_{11}&a_{12}&\cdots&a_{1n}\\ \vdots&\vdots&&\vdots\\ a_{s1}&a_{s2}&\cdots&a_{sn}\\ \vdots&\vdots&&\vdots\\ a_{n1}&a_{n2}&\cdots&a_{nn}\end{vmatrix}=kD$$

证 因为行列式 D_1 的一般项为

$$(-1)^{\tau(p_1\cdots p_s\cdots p_n)}a_{1p_1}\cdots(ka_{sp_s})\cdots a_{np_n}=k[(-1)^{\tau(p_1\cdots p_s\cdots p_n)}a_{1p_1}\cdots a_{sp_s}\cdots a_{np_n}]$$

$(-1)^{\tau(p_1\cdots p_s\cdots p_n)}a_{1p_1}\cdots a_{sp_s}\cdots a_{np_n}$ 是行列式 D 的一般项，因此，$D_1=kD$.
由性质 1 可知，对列的情形也成立.

推论 1 行列式某行(列)的所有元素有公因子，则公因子可以提到行列式符号外面.

推论 2 如果行列式有两行(列)的对应元素成比例，则行列式的值为零.

性质 4 如果行列式中的某一行(列)的每一个元素都是两项之和，则行列式等于两个行列式之和，而这两个行列式此行(列)的元素分别为对应的两个加数之一，其余行(列)与原行(列)一样. 即若记

$$D=\begin{vmatrix}a_{11}&a_{12}&\cdots&a_{1n}\\ \vdots&\vdots&&\vdots\\ a_{s1}+b_{s1}&a_{s2}+b_{s2}&\cdots&a_{sn}+b_{sn}\\ \vdots&\vdots&&\vdots\\ a_{n1}&a_{n2}&\cdots&a_{nn}\end{vmatrix}.$$

$$D_1=\begin{vmatrix} a_{11} & a_{12} & \cdots & a_{1n} \\ \vdots & \vdots & & \vdots \\ a_{s1} & a_{s2} & \cdots & a_{sn} \\ \vdots & \vdots & & \vdots \\ a_{n1} & a_{n2} & \cdots & a_{nn} \end{vmatrix},\quad D_2=\begin{vmatrix} a_{11} & a_{12} & \cdots & a_{1n} \\ \vdots & \vdots & & \vdots \\ b_{s1} & b_{s2} & \cdots & b_{sn} \\ \vdots & \vdots & & \vdots \\ a_{n1} & a_{n2} & \cdots & a_{nn} \end{vmatrix}$$

则 $D=D_1+D_2$.

证　因为 D 的一般项是 $(-1)^{\tau(p_1\cdots p_s\cdots p_n)}a_{1p_1}\cdots(a_{sp_s}+b_{sp_s})\cdots a_{np_n}$

$$=(-1)^{\tau(p_1\cdots p_s\cdots p_n)}a_{1p_1}\cdots a_{sp_s}\cdots a_{np_n}+(-1)^{\tau(p_1\cdots p_s\cdots p_n)}a_{1p_1}\cdots b_{sp_s}\cdots a_{np_n}$$

上面等号右端第一项是 D_1 的一般项，第二项是 D_2 的一般项，所以 $D=D_1+D_2$.

推论　如果将行列式某一行(列)的每个元素都写成 m 个数(m 为大于 2 的整数)的和，则此行列式可以写成 m 个行列式的和.

性质 5　将行列式某一行(列)的所有元素同乘以数 k 后加到另一行(列)对应位置的元素上，行列式的值不变.

证　设

$$D=\begin{vmatrix} a_{11} & a_{12} & \cdots & a_{1n} \\ \vdots & \vdots & & \vdots \\ a_{s1} & a_{s2} & \cdots & a_{sn} \\ \vdots & \vdots & & \vdots \\ a_{t1} & a_{t2} & \cdots & a_{tn} \\ \vdots & \vdots & & \vdots \\ a_{n1} & a_{n2} & \cdots & a_{nn} \end{vmatrix}\begin{matrix} \\ \\ (s\text{ 行}) \\ \\ (t\text{ 行}) \\ \\ \\ \end{matrix}$$

用数 k 乘 D 的第 t 行各元素后加到第 s 行的对应元素上，得

$$D_1=\begin{vmatrix} a_{11} & a_{12} & \cdots & a_{1n} \\ \vdots & \vdots & & \vdots \\ a_{s1}+ka_{t1} & a_{s2}+ka_{t2} & \cdots & a_{sn}+ka_{tn} \\ \vdots & \vdots & & \vdots \\ a_{t1} & a_{t2} & \cdots & a_{tn} \\ \vdots & \vdots & & \vdots \\ a_{n1} & a_{n2} & \cdots & a_{nn} \end{vmatrix}\begin{matrix} \\ \\ (s\text{ 行}) \\ \\ (t\text{ 行}) \\ \\ \\ \end{matrix}$$

由性质 4 以及性质 3 的推论可得

$$D_1=\begin{vmatrix} a_{11} & a_{12} & \cdots & a_{1n} \\ \vdots & \vdots & & \vdots \\ a_{s1} & a_{s2} & \cdots & a_{sn} \\ \vdots & \vdots & & \vdots \\ a_{t1} & a_{t2} & \cdots & a_{tn} \\ \vdots & \vdots & & \vdots \\ a_{n1} & a_{n2} & \cdots & a_{nn} \end{vmatrix}+\begin{vmatrix} a_{11} & a_{12} & \cdots & a_{1n} \\ \vdots & \vdots & & \vdots \\ ka_{t1} & ka_{t2} & \cdots & ka_{tn} \\ \vdots & \vdots & & \vdots \\ a_{t1} & a_{t2} & \cdots & a_{tn} \\ \vdots & \vdots & & \vdots \\ a_{n1} & a_{n2} & \cdots & a_{nn} \end{vmatrix}=D+0=D$$

【例 1.8】 设

$\begin{vmatrix} a_{11} & a_{12} & a_{13} \\ a_{21} & a_{22} & a_{23} \\ a_{31} & a_{32} & a_{33} \end{vmatrix}=1$，求行列式 $\begin{vmatrix} 6a_{11} & -2a_{12} & -10a_{13} \\ -3a_{21} & a_{22} & 5a_{23} \\ -3a_{31} & a_{32} & 5a_{33} \end{vmatrix}$ 的值.

解 $\begin{vmatrix} 6a_{11} & -2a_{12} & -10a_{13} \\ -3a_{21} & a_{22} & 5a_{23} \\ -3a_{31} & a_{32} & 5a_{33} \end{vmatrix}=5\begin{vmatrix} 6a_{11} & -2a_{12} & -2a_{13} \\ -3a_{21} & a_{22} & a_{23} \\ -3a_{31} & a_{32} & a_{33} \end{vmatrix}$

$=5\times(-3)\begin{vmatrix} -2a_{11} & -2a_{12} & -2a_{13} \\ a_{21} & a_{22} & a_{23} \\ a_{31} & a_{32} & a_{33} \end{vmatrix}=5\times(-3)\times(-2)\begin{vmatrix} a_{11} & a_{12} & a_{13} \\ a_{21} & a_{22} & a_{23} \\ a_{31} & a_{32} & a_{33} \end{vmatrix}$

$=5\times(-3)\times(-2)\times1=30$

计算行列式时，常用行列式性质，将其化为三角形行列式来计算. 这时主对角线上元素的乘积就是行列式的值.

【例 1.9】 计算四阶行列式

$$D=\begin{vmatrix} 3 & 5 & -1 & 2 \\ -4 & 5 & 3 & -3 \\ 1 & 2 & 0 & 1 \\ 2 & 0 & -3 & 4 \end{vmatrix}$$

解

$$D=\begin{vmatrix} 3 & 5 & -1 & 2 \\ -4 & 5 & 3 & -3 \\ 1 & 2 & 0 & 1 \\ 2 & 0 & -3 & 4 \end{vmatrix}\xlongequal{r_1\leftrightarrow r_3}-\begin{vmatrix} 1 & 2 & 0 & 1 \\ -4 & 5 & 3 & -3 \\ 3 & 5 & -1 & 2 \\ 2 & 0 & -3 & 4 \end{vmatrix}$$

$$\xlongequal[\substack{r_3-3r_1 \\ r_4-2r_1}]{r_2+4r_1}-\begin{vmatrix} 1 & 2 & 0 & 1 \\ 0 & 13 & 3 & 1 \\ 0 & -1 & -1 & -1 \\ 0 & -4 & -3 & 2 \end{vmatrix}\xlongequal{r_2\leftrightarrow r_3}\begin{vmatrix} 1 & 2 & 0 & 1 \\ 0 & -1 & -1 & -1 \\ 0 & 13 & 3 & 1 \\ 0 & -4 & -3 & 2 \end{vmatrix}$$

$$\xlongequal[r_4-4r_2]{r_3+13r_2}\begin{vmatrix}1&2&0&1\\0&-1&-1&-1\\0&0&-10&-12\\0&0&1&6\end{vmatrix}\xlongequal{r_3\leftrightarrow r_4}-\begin{vmatrix}1&2&0&1\\0&-1&-1&-1\\0&0&1&6\\0&0&-10&-12\end{vmatrix}$$

$$=-2\begin{vmatrix}1&2&0&1\\0&-1&-1&-1\\0&0&1&6\\0&0&-5&-6\end{vmatrix}\xlongequal{r_5+5r_4}-2\begin{vmatrix}1&2&0&1\\0&-1&-1&-1\\0&0&1&6\\0&0&0&24\end{vmatrix}$$

$$=(-2)\times(-24)=48$$

【例 1.10】 计算 n 阶行列式

$$D=\begin{vmatrix}x+a&a&a&a\\a&x+a&a&a\\\vdots&\vdots&\vdots&\vdots\\a&a&a&x+a\end{vmatrix}$$

解　该行列式的各列(行)元素之和都等于 $x+na$.

$$D\xlongequal{c_1+c_2+\cdots+c_n}\begin{vmatrix}x+na&a&a&a\\x+na&x+a&a&a\\\vdots&\vdots&\vdots&\vdots\\x+na&a&a&x+a\end{vmatrix}$$

$$=(x+na)\begin{vmatrix}1&a&a&a\\1&x+a&a&a\\\vdots&\vdots&\vdots&\vdots\\1&a&a&x+a\end{vmatrix}$$

$$\xlongequal[\substack{\cdots\\ r_n-r_1}]{\substack{r_2-r_1\\ r_3-r_1}}(x+na)\begin{vmatrix}1&a&a&a\\0&x&0&0\\\vdots&\vdots&\vdots&\vdots\\0&0&0&x\end{vmatrix}=(x+na)x^{n-1}$$

【例 1.11】 解方程

$$\begin{vmatrix}a_1&a_2&a_3&\cdots&a_{n-1}&a_n\\a_1&a_1+a_2-x&a_3&\cdots&a_{n-1}&a_n\\a_1&a_2&a_2+a_3-x&\cdots&a_{n-1}&a_n\\\vdots&\vdots&\vdots&&\vdots&\vdots\\a_1&a_2&a_3&\cdots&a_{n-2}+a_{n-1}-x&a_n\\a_1&a_2&a_3&\cdots&a_{n-1}&a_{n-1}+a_n-x\end{vmatrix}=0$$

解 方程左边等于

$$\begin{vmatrix} a_1 & a_2 & a_3 & \cdots & a_{n-1} & a_n \\ a_1 & a_1+a_2-x & a_3 & \cdots & a_{n-1} & a_n \\ a_1 & a_2 & a_2+a_3-x & \cdots & a_{n-1} & a_n \\ \vdots & \vdots & \vdots & & \vdots & \vdots \\ a_1 & a_2 & a_3 & \cdots & a_{n-2}+a_{n-1}-x & a_n \\ a_1 & a_2 & a_3 & \cdots & a_{n-1} & a_{n-1}+a_n-x \end{vmatrix}$$

$$\xlongequal[i=2,3,\cdots,n]{r_i-r_1} \begin{vmatrix} a_1 & a_2 & a_3 & \cdots & a_{n-1} & a_n \\ 0 & a_1-x & 0 & \cdots & 0 & 0 \\ 0 & 0 & a_2-x & \cdots & 0 & 0 \\ \vdots & \vdots & \vdots & & \vdots & \vdots \\ 0 & 0 & 0 & \cdots & a_{n-2}-x & 0 \\ 0 & 0 & 0 & \cdots & 0 & a_{n-1}-x \end{vmatrix}$$

$$=a_1(a_1-x)(a_2-x)(a_{n-2}-x)(a_{n-1}-x)$$

即 $a_1(a_1-x)(a_2-x)(a_{n-2}-x)(a_{n-1}-x)=0$,解此方程得 $x_1=a_1, x_2=a_2, \cdots, x_{n-2}=a_{n-2}$, $x_{n-1}=a_{n-1}$是方程的 $n-1$ 个根.

1.4 行列式按行(列)展开

1.4.1 行列式按某一行(列)展开

定义 1.3 在 n 阶行列式 $D=|a_{ij}|$ 中去掉元素 a_{ij} 所在的第 i 行和第 j 列后,余下的 $n-1$ 阶行列式,称为 D 中元素 a_{ij} 的余子式,记为 M_{ij}.

记 $A_{ij}=(-1)^{i+j}M_{ij}$,则 A_{ij} 称为元素 a_{ij} 的代数余子式.

【例 1.12】 设四阶行列式

$$D=\begin{vmatrix} 0 & 3 & -1 & 2 \\ 5 & -4 & 3 & 1 \\ 1 & 5 & 6 & 4 \\ -1 & 1 & 3 & 1 \end{vmatrix}$$

写出元素 a_{34} 的余子式和代数余子式.

解 由定义 a_{34} 的余子式为

$$M_{34}=\begin{vmatrix} 0 & 3 & -1 \\ 5 & -4 & 3 \\ -1 & 1 & 3 \end{vmatrix}$$

a_{34}的代数余子式为 $A_{34}=(-1)^{3+4}M_{34}=-\begin{vmatrix} 0 & 3 & -1 \\ 5 & -4 & 3 \\ -1 & 1 & 3 \end{vmatrix}$.

定理 1.4　n 阶行列式 $D=|a_{ij}|$ 等于它的任意一行(列)的各元素与其对应的代数余子式乘积的和,即

$$D=a_{i1}A_{i1}+a_{i2}A_{i2}+\cdots+a_{in}A_{in}\quad (i=1,2,\cdots,n)$$

或
$$D=a_{1j}A_{1j}+a_{2j}A_{2j}+\cdots+a_{nj}A_{nj}\quad (j=1,2,\cdots,n)$$

证　(1) 首先讨论 D 的第一行中的元素除 $a_{11}\neq 0$ 外,其余元素均为零的特殊情形,即

$$D=\begin{vmatrix} a_{11} & 0 & 0 & 0 \\ a_{21} & a_{22} & \cdots & a_{2n} \\ \vdots & \vdots & & \vdots \\ a_{n1} & a_{n2} & a_{11} & a_{nn} \end{vmatrix}$$

因为 D 的每一项都含有第一行中的元素,但第一行中仅有 $a_{11}\neq 0$,所以 D 仅含有下面形式的项 $(-1)^{\tau(1p_2\cdots p_n)}a_{11}a_{2p_2}\cdots a_{np_n}=a_{11}[(-1)^{\tau(p_2\cdots p_n)}a_{2p_2}\cdots a_{np_n}]$.

等号右端方括号内正是 M_{11} 的一般项,所以 $D=a_{11}M_{11}$,再由 $A_{11}=(-1)^{1+1}M_{11}=M_{11}$ 得到 $D=a_{11}A_{11}$.

(2) 其次讨论行列式 D 中第 i 行的元素除 $a_{ij}\neq 0$ 外,其余元素均为零的情形,即

$$D=\begin{vmatrix} a_{11} & \cdots & a_{1j-1} & a_{1j} & a_{1j+1} & \cdots & a_{1n} \\ \vdots & & \vdots & \vdots & \vdots & & \vdots \\ a_{i-11} & \cdots & a_{i-1j-1} & a_{i-1j} & a_{i-1j+1} & \cdots & a_{i-1n} \\ 0 & \cdots & 0 & a_{ij} & 0 & \cdots & 0 \\ a_{i+11} & \cdots & a_{i+1j-1} & a_{i+1j} & a_{i+1j+1} & \cdots & a_{i+1n} \\ \vdots & & \vdots & \vdots & \vdots & & \vdots \\ a_{n1} & \cdots & a_{nj-1} & a_{nj} & a_{nj+1} & \cdots & a_{nn} \end{vmatrix}$$

将 D 的第 i 行依次与第 $i-1,\cdots,2,1$ 各行交换后,再将第 j 列依次与第 $j-1,\cdots,2,1$ 各列交换,共经过 $i+j-2$ 次交换 D 的行和列,得

$$D=(-1)^{i+j-2}\begin{vmatrix} a_{ij} & 0 & \cdots & 0 & 0 & \cdots & 0 \\ a_{1j} & a_{11} & \cdots & a_{1j-1} & a_{1j+1} & \cdots & a_{1n} \\ \vdots & \vdots & & \vdots & \vdots & & \vdots \\ \cdots a_{i-1j} & a_{i-11} & \cdots & a_{i-1j-1} & a_{i-1j+1} & \cdots & a_{i-1n} \\ a_{i+1j} & a_{i+11} & \cdots & a_{i+1j-1} & a_{i+1j+1} & \cdots & a_{i+1n} \\ \vdots & \vdots & & \vdots & \vdots & & \vdots \\ a_{nj} & a_{n1} & \cdots & a_{nj-1} & a_{nj+1} & \cdots & a_{nn} \end{vmatrix}=(-1)^{i+j-2}a_{ij}M_{ij}=a_{ij}A_{ij}$$

(3) 最后讨论一般情形

$$D=\begin{vmatrix} a_{11} & a_{12} & \cdots & a_{1n} \\ \vdots & \vdots & & \vdots \\ a_{i1}+0+\cdots+0 & 0+a_{i1}+\cdots+0 & \cdots & 0+0+\cdots+a_{in} \\ \vdots & \vdots & & \vdots \\ a_{n1} & a_{n2} & \cdots & a_{nn} \end{vmatrix}$$

由 1.3 节性质 4 的推论及上述(2)的结论,可得

$$D=\begin{vmatrix} a_{11} & a_{12} & \cdots & a_{1n} \\ \vdots & \vdots & & \vdots \\ a_{i1} & 0 & \cdots & 0 \\ \vdots & \vdots & & \vdots \\ a_{n1} & a_{n2} & \cdots & a_{nn} \end{vmatrix}+\begin{vmatrix} a_{11} & a_{12} & \cdots & a_{1n} \\ \vdots & \vdots & & \vdots \\ 0 & a_{i2} & \cdots & 0 \\ \vdots & \vdots & & \vdots \\ a_{n1} & a_{n2} & \cdots & a_{nn} \end{vmatrix}$$

$$+\cdots+\begin{vmatrix} a_{11} & a_{12} & \cdots & a_{1n} \\ \vdots & \vdots & & \vdots \\ 0 & 0 & \cdots & a_{in} \\ \vdots & \vdots & & \vdots \\ a_{n1} & a_{n2} & \cdots & a_{nn} \end{vmatrix}=a_{i1}A_{i1}+a_{i2}A_{i2}+\cdots+a_{in}A_{in}$$

显然这一结果对任意 $i=1,2,\cdots,n$ 均成立.

同理可证将 D 按列展开的情形.

定理 1.5 n 阶行列式 $D=|a_{ij}|$ 的某一行(列)的元素与另一行(列)对应元素的代数余子式乘积的和等于零,即

$$a_{i1}A_{s1}+a_{i2}A_{s2}+\cdots+a_{in}A_{sn}=0 \quad (i\neq s)$$

或
$$a_{1j}A_{1t}+a_{2j}A_{2t}+\cdots+a_{nj}A_{nt}=0 \quad (j\neq t)$$

证 设行列式 D 中第 s 行的元素换为第 i 行($i\neq s$)的对应元素,得到两行相同的行列式 D_1,

即
$$D_1=\begin{vmatrix} a_{11} & a_{12} & \cdots & a_{1n} \\ \vdots & \vdots & & \vdots \\ a_{i1} & a_{i2} & \cdots & a_{in} \\ \vdots & \vdots & & \vdots \\ a_{i1} & a_{i2} & \cdots & a_{in} \\ \vdots & \vdots & & \vdots \\ a_{n1} & a_{n2} & \cdots & a_{n2} \end{vmatrix}\begin{matrix} \\ \\ i\text{行} \\ \\ s\text{行} \\ \\ \\ \end{matrix}$$

由 1.3 节性质 2 推论得知 $D_1=0$,再将 D_1 按 s 行展开,则

$$D_1=a_{i1}A_{s1}+a_{i2}A_{s2}+\cdots+a_{in}A_{sn}=0 \quad (i\neq s)$$

同理,可证 D_1 按列展开的情形.

综合上面两个定理的结论,得到

$$\sum_{j=1}^{n} a_{ij}A_{sj} = \begin{cases} D & i = s \\ 0 & i \neq s \end{cases}$$

$$\sum_{i=1}^{n} a_{ij}A_{it} = \begin{cases} D & j = t \\ 0 & j \neq t \end{cases}$$

【例 1.13】 分别按第一行与第二列展开计算行列式

$$D = \begin{vmatrix} 1 & 0 & -2 \\ 1 & 1 & 3 \\ -2 & 3 & 1 \end{vmatrix}$$

解 按第一行展开

$$D = 1 \times (-1)^{1+1} \begin{vmatrix} 1 & 3 \\ 3 & 1 \end{vmatrix} + 0 \times (-1)^{1+2} \begin{vmatrix} 1 & 3 \\ -2 & 1 \end{vmatrix}$$
$$+ (-2) \times (-1)^{1+3} \begin{vmatrix} 1 & 1 \\ -2 & 3 \end{vmatrix} = (-8) + (-2)(3+2) = -18$$

按第二列展开

$$D = 0 \times (-1)^{1+2} \begin{vmatrix} 1 & 3 \\ -2 & 1 \end{vmatrix} + 1 \times (-1)^{2+2} \begin{vmatrix} 1 & -2 \\ -2 & 1 \end{vmatrix} + 3 \times (-1)^{3+2} \begin{vmatrix} 1 & -2 \\ 1 & 3 \end{vmatrix}$$
$$= (1-4) - 3(3+2) = -3 - 15 = -18$$

计算行列式时,可以先用行列式的性质将行列式中某一行(列)化为仅含有一个非零元素,再按此行(列)展开,变为低一阶的行列式,如此继续下去,直到化为三阶或二阶行列式.

【例 1.14】 计算行列式

$$D = \begin{vmatrix} 1 & 2 & 3 & 4 \\ 1 & 0 & 1 & 2 \\ 3 & -1 & -1 & 0 \\ 1 & 2 & 0 & -5 \end{vmatrix}$$

解 $$D = \begin{vmatrix} 1 & 2 & 3 & 4 \\ 1 & 0 & 1 & 2 \\ 3 & -1 & -1 & 0 \\ 1 & 2 & 0 & -5 \end{vmatrix} \overset{r_1+2r_3}{\underset{r_4+2r_3}{=}} \begin{vmatrix} 7 & 0 & 1 & 4 \\ 1 & 0 & 1 & 2 \\ 3 & -1 & -1 & 0 \\ 7 & 0 & -2 & -5 \end{vmatrix}$$

$$= (-1) \times (-1)^{3+2} \begin{vmatrix} 7 & 1 & 4 \\ 1 & 1 & 2 \\ 7 & -2 & -5 \end{vmatrix} = \begin{vmatrix} 7 & 1 & 4 \\ 1 & 1 & 2 \\ 7 & -2 & -5 \end{vmatrix}$$

$$\xrightarrow[r_3+2r_2]{r_1-r_2}\begin{vmatrix}6 & 0 & 2\\1 & 1 & 2\\9 & 0 & -1\end{vmatrix}=1\times(-1)^{2+2}\begin{vmatrix}6 & 2\\9 & -1\end{vmatrix}=-6-18=-24$$

【例 1.15】 证明

$$D=\begin{vmatrix}1 & 2 & 3 & 4 & \cdots & n-1 & n\\1 & 1 & 2 & 3 & \cdots & n-2 & n-1\\1 & x & 1 & 2 & \cdots & n-3 & n-2\\1 & x & x & 1 & \cdots & n-4 & n-3\\\vdots & \vdots & \vdots & \vdots & & \vdots & \vdots\\1 & x & x & x & \cdots & 1 & 2\\1 & x & x & x & \cdots & x & 1\end{vmatrix}=(-1)^{n+1}x^{n-2}$$

证 $D\xrightarrow[i=1,2,\cdots,n-1]{r_i-r_{i+1}}\begin{vmatrix}0 & 1 & 1 & 1 & \cdots & 1 & 1\\0 & 1-x & 1 & 1 & \cdots & 1 & 1\\0 & 0 & 1-x & 1 & \cdots & 1 & 1\\0 & 0 & 0 & 1-x & \cdots & 1 & 1\\\vdots & \vdots & \vdots & \vdots & & \vdots & \vdots\\0 & 0 & 0 & 0 & \cdots & 1-x & 1\\1 & x & x & x & \cdots & x & 1\end{vmatrix}$

$$=(-1)^{n+1}\begin{vmatrix}1 & 1 & 1 & \cdots & 1 & 1\\1-x & 1 & 1 & \cdots & 1 & 1\\0 & 1-x & 1 & \cdots & 1 & 1\\0 & 0 & 1-x & \cdots & 1 & 1\\\vdots & \vdots & \vdots & & \vdots & \vdots\\0 & 0 & 0 & \cdots & 1-x & 1\end{vmatrix}$$

$$\xrightarrow[i=1,2,\cdots,n-2]{r_i-r_{i+1}}(-1)^{n+1}\begin{vmatrix}x & 0 & 0 & \cdots & 0 & 0\\1-x & x & 0 & \cdots & 0 & 0\\0 & 1-x & x & \cdots & 0 & 0\\0 & 0 & 1-x & \cdots & 0 & 0\\\vdots & \vdots & \vdots & & \vdots & \vdots\\0 & 0 & 0 & \cdots & 1-x & 1\end{vmatrix}=(-1)^{n+1}x^{n-2}$$

*1.4.2 行列式按某 k 行(列)展开

在 n 阶行列式 $D=|a_{ij}|$ 中，任意选定 k 行 k 列 $(1\leqslant k\leqslant n)$，位于这些行和列交叉点上的 k^2 个元素，按原来顺利构成一个 k 阶行列式，成为行列式 D 的一个 k 阶子式，记为 N.

在 D 中划去这 k 行 k 列，余下的元素按原来的顺序构成一个 $n-k$ 阶行列式称为 k 阶子式 N 的余子式，记为 M，在其前面加上符号 $(-1)^{i_1+i_2+\cdots+i_k+j_1+j_2+\cdots+j_k}$，称为 N 的代数余子式，其中 $i_1,i_2,\cdots,i_k$ 为 k 阶子式 N 在 D 中的行标，$j_1,j_2,\cdots,j_k$ 为 N 在 D 中列标.

例如　在四阶行列式 $D=\begin{vmatrix} 3 & 0 & 0 & 2 \\ -4 & 5 & 3 & -3 \\ 1 & 0 & 0 & 1 \\ 2 & 0 & -3 & 4 \end{vmatrix}$ 中，如果选定第一行、第三行，第一列、第四列，就确定了一个 D 的二阶子式 $N=\begin{vmatrix} 3 & 2 \\ 1 & 1 \end{vmatrix}$；二阶子式 N 的余子式为 $M=\begin{vmatrix} 5 & 3 \\ 0 & -3 \end{vmatrix}$；二阶子式 N 代数余子式为 $A=(-1)^{1+3+1+4}M=-\begin{vmatrix} 5 & 3 \\ 0 & -3 \end{vmatrix}$.

定理 1.6　（拉普拉斯定理）在 n 阶行列式 D 中，任意取定 k 行（列）$(1\leqslant k\leqslant n)$，由这 k 行（列）组成的所有 k 阶子式与它们的代数余子式的乘积之和等于行列式 D.（证明略）

【例 1.16】　用拉普拉斯定理计算行列式

$$D=\begin{vmatrix} 2 & 3 & 0 & 0 \\ 1 & 2 & 3 & 0 \\ 0 & 1 & 2 & 3 \\ 0 & 0 & 1 & 2 \end{vmatrix}$$

解　按第一行和第二行展开

$$D=\begin{vmatrix} 2 & 3 & 0 & 0 \\ 1 & 2 & 3 & 0 \\ 0 & 1 & 2 & 3 \\ 0 & 0 & 1 & 2 \end{vmatrix}=\begin{vmatrix} 2 & 3 \\ 1 & 2 \end{vmatrix}\times(-)^{1+2+1+2}\begin{vmatrix} 2 & 3 \\ 1 & 2 \end{vmatrix}+\begin{vmatrix} 2 & 0 \\ 1 & 3 \end{vmatrix}\times(-)^{1+2+1+3}\begin{vmatrix} 1 & 3 \\ 0 & 2 \end{vmatrix}$$

$$+\begin{vmatrix} 3 & 0 \\ 2 & 3 \end{vmatrix}\times(-)^{1+2+2+2}\begin{vmatrix} 0 & 3 \\ 0 & 2 \end{vmatrix}=1-12+0=-11$$

1.5　克莱姆法则

我们知道二元一次方程组

$$\begin{cases} a_{11}x_1+a_{12}x_2=b_1 \\ a_{21}x_1+a_{22}x_2=b_2 \end{cases}$$

当 $a_{11}a_{22}-a_{12}a_{21}\neq 0$ 时，其解为

$$x_1=\frac{\begin{vmatrix} b_1 & a_{12} \\ b_2 & a_{22} \end{vmatrix}}{\begin{vmatrix} a_{11} & a_{12} \\ a_{21} & a_{22} \end{vmatrix}} \qquad x_2=\frac{\begin{vmatrix} a_{11} & b_1 \\ a_{21} & b_2 \end{vmatrix}}{\begin{vmatrix} a_{11} & a_{12} \\ a_{21} & a_{22} \end{vmatrix}}$$

设

$$\begin{vmatrix} a_{11} & a_{12} \\ a_{21} & a_{22} \end{vmatrix}=D\neq 0$$

$$D_1=\begin{vmatrix} b_1 & a_{12} \\ b_2 & a_{22} \end{vmatrix} \qquad D_2=\begin{vmatrix} a_{11} & b_1 \\ a_{21} & b_2 \end{vmatrix}$$

则有

$$x_j=\frac{D_j}{D} \quad (j=1,2)$$

三元一次方程组

$$\begin{cases} a_{11}x_1+a_{12}x_2+a_{13}x_3=b_1 \\ a_{21}x_1+a_{22}x_2+a_{23}x_3=b_2 \\ a_{31}x_1+a_{32}x_2+a_{33}x_3=b_3 \end{cases}$$

当 $D\neq 0$ 时,其解为 $x_j=\dfrac{D_j}{D} \quad (j=1,2,3)$

设 $D=\begin{vmatrix} a_{11} & a_{12} & a_{13} \\ a_{21} & a_{22} & a_{23} \\ a_{31} & a_{32} & a_{33} \end{vmatrix} \qquad D_1=\begin{vmatrix} b_1 & a_{12} & a_{13} \\ b_2 & a_{22} & a_{23} \\ b_3 & a_{32} & a_{33} \end{vmatrix}$

$$D_2=\begin{vmatrix} a_{11} & b_1 & a_{13} \\ a_{21} & b_2 & a_{23} \\ a_{31} & b_3 & a_{33} \end{vmatrix} \qquad D_3=\begin{vmatrix} a_{11} & a_{12} & b_1 \\ a_{21} & a_{22} & b_2 \\ a_{31} & a_{32} & b_3 \end{vmatrix}$$

下面证明含有 n 个方程的 n 元线性方程组的解有与二元、三元线性方程组的解相同的法则.

含有 n 个方程的 n 元线性方程组的一般形式为

$$\begin{cases} a_{11}x_1+a_{12}x_2+\cdots+a_{1n}x_n=b_1 \\ a_{21}x_1+a_{22}x_2+\cdots+a_{2n}x_n=b_2 \\ \vdots \\ a_{n1}x_1+a_{n2}x_2+\cdots+a_{nn}x_n=b_n \end{cases} \tag{1.6.1}$$

它的系数 $a_{ij}(i,j=1,2,\cdots,n)$构成行列式

$$D=\begin{vmatrix} a_{11} & a_{12} & \cdots & a_{1n} \\ a_{21} & a_{22} & \cdots & a_{2n} \\ \vdots & \vdots & & \vdots \\ a_{n1} & a_{n2} & \cdots & a_{nn} \end{vmatrix}$$

称为方程组的系数行列式.

定理 1.7(克莱姆法则) 如果线性方程组(1.6.1)的系数行列式 $D\neq 0$ 时,则线性方程组有且仅有唯一的一组解

$$x_j=\frac{D_j}{D}\quad (j=1,2,\cdots,n) \tag{1.6.2}$$

其中

$$D=\begin{vmatrix} a_{11} & a_{12} & \cdots & a_{1n} \\ a_{21} & a_{22} & \cdots & a_{2n} \\ \vdots & \vdots & & \vdots \\ a_{n1} & a_{n2} & \cdots & a_{nn} \end{vmatrix}$$

$D_j(j=1,2,\cdots,n)$是将系数行列式中第 j 列元素 $a_{1j},a_{2j},\cdots,a_{nj}$ 对应地换为 $b_1,b_2,\cdots,b_n$ 后得到的行列式.

证 以行列式 D 的第 $j(j=1,2,\cdots,n)$列的代数余子式 $A_{1j},A_{2j},\cdots,A_{nj}$ 分别乘方程组(1.6.1)的第 1,第 2,…,第 n 个方程,然后相加,得

$$\begin{aligned}&(a_{11}A_{1j}+a_{21}A_{2j}+\cdots+a_{n1}A_{nj})x_1\\&+\cdots\\&+(a_{1j}A_{1j}+a_{2j}A_{2j}+\cdots+a_{nj}A_{nj})x_j\\&+\cdots\\&+(a_{1n}A_{1j}+a_{2n}A_{2j}+\cdots+a_{nn}A_{nj})x_n\\=&b_1A_{1j}+b_2A_{2j}+\cdots+b_nA_{nj}\end{aligned}$$

由 1.4 节的结论,x_j 的系数等于 D,$x_s(s\neq j)$的系数等于零. 等号右端等于 D 中第 j 列元素以常数项 $b_1,b_2,\cdots,b_n$ 替换后的行列式 D_j,即

$$Dx_j=D_j\quad (j=1,2,\cdots,n)$$

如果方程组(1.6.1)有解,则其解必满足方程组 $Dx_j=D_j(j=1,2,\cdots,n)$,而当 $D\neq 0$ 时,方程组 $Dx_j=D_j(j=1,2,\cdots,n)$只有形式为 $x_j=\dfrac{D_j}{D}$ $(j=1,2,\cdots,n)$的解.

另一方面,将 $x_j=\dfrac{D_j}{D}$ $(j=1,2,\cdots,n)$代入方程组(1.6.1),容易验证它满足方程组(1.6.1),所以,$x_j=\dfrac{D_j}{D}$ $(j=1,2,\cdots,n)$是方程(1.6.1)的解.

综上所述,当方程(1.6.1)的系数行列式 $D\neq 0$ 时,有且仅有唯一的一组解

$$x_j=\frac{D_j}{D}\quad (j=1,2,\cdots,n)$$

【例 1.17】 解线性方程组

$$\begin{cases}x_1+x_2+x_3+x_4=5\\x_1+2x_2-x_3+4x_4=-2\\2x_1-3x_2-x_3-5x_4=-2\\3x_1+x_2+2x_3+11x_4=0\end{cases}$$

解 方程组的系数行列式

$$D=\begin{vmatrix}1 & 1 & 1 & 1\\1 & 2 & -1 & 4\\2 & -3 & -1 & -5\\3 & 1 & 2 & 11\end{vmatrix}=-142\neq 0$$

根据克莱姆法则,方程组有唯一解.

$$D_1=\begin{vmatrix}5 & 1 & 1 & 1\\-2 & 2 & -1 & 4\\-2 & -3 & -1 & -5\\0 & 1 & 2 & 11\end{vmatrix}=-142$$

$$D_2=\begin{vmatrix}1 & 5 & 1 & 1\\1 & -2 & -1 & 4\\2 & -2 & -1 & -5\\3 & 0 & 2 & 11\end{vmatrix}=-284$$

$$D_3=\begin{vmatrix}1 & 1 & 5 & 1\\1 & 2 & -2 & 4\\2 & -3 & -2 & -5\\3 & 1 & 0 & 11\end{vmatrix}=-426$$

$$D_4=\begin{vmatrix}1 & 1 & 1 & 5\\1 & 2 & -1 & -2\\2 & -3 & -1 & -2\\3 & 1 & 2 & 0\end{vmatrix}=142$$

故

$$x_1=\frac{D_1}{D}=\frac{-142}{-142}=1,\qquad x_2=\frac{D_2}{D}=\frac{-284}{-142}=2$$

$$x_3=\frac{D_3}{D}=\frac{-426}{-142}=3,\qquad x_4=\frac{D_4}{D}=\frac{142}{-142}=-1$$

应用克莱姆法则求解,对于 n 元线性方程组要计算 $n+1$ 个 n 阶行列式,一般来说,计算量是很大的,但这并不影响克莱姆法则的应用,它有着重要的理论价值.

如果线性方程组(1.6.1)的常数项均为零,即

$$\begin{cases}a_{11}x_1+a_{12}x_2+\cdots+a_{1n}x_n=0\\a_{21}x_1+a_{22}x_2+\cdots+a_{2n}x_n=0\\\vdots\\a_{n1}x_1+a_{n2}x_2+\cdots+a_{nn}x_n=0\end{cases}\tag{1.6.3}$$

称为齐次线性方程组.

显然,齐次线性方程组(1.6.3)一定有零解 $x_j=0(j=1,2,\cdots,n)$. 对于齐次线性方程组(1.6.3)除零解外是否还有非零解,可由以下定理判断.

定理 1.8　如果齐次线性方程组(1.6.3)的系数行列式 $D\neq 0$,则它仅有零解.

证　$D\neq 0$,根据克莱姆法则,方程组(1.6.3)有唯一解 $x_j=\dfrac{D_j}{D}$ $(j=1,2,\cdots,n)$,又行列式 $D_j(j=1,2,\cdots,n)$ 中有一列的元素全为零,因而 $D_j=0(j=1,2,\cdots,n)$,齐次线性方程组(1.6.3)仅有零解

$$x_j=\frac{D_j}{D}=0\quad(j=1,2,\cdots,n)$$

这个定理也可表述成:如果齐次线性方程组(1.6.3)有非零解,则它的系数行列式 $D=0$. 以后还可证明:若 $D=0$,则齐次线性方程组(1.6.3)有非零解.

【例 1.18】　判定齐次线性方程组

$$\begin{cases}x_1+x_2+2x_3+3x_4=0\\x_1+2x_2+3x_3-x_4=0\\3x_1-x_2-x_3-2x_4=0\\2x_1+3x_2-x_3-x_4=0\end{cases}$$

是否仅有零解.

解　该方程组的系数行列式

$$D=\begin{vmatrix}1&1&2&3\\1&2&3&-1\\3&-1&-1&-2\\2&3&-1&-1\end{vmatrix}=-153\neq 0$$

所以方程组仅有零解.

【例 1.19】　如果齐次线性方程组

$$\begin{cases}x_1+(k^2+1)x_2+2x_3=0\\x_1+(2k+1)x_2+2x_3=0\\kx_1+kx_2+(2k+1)x_3=0\end{cases}$$

有非零解,求 k 的值.

解　方程组的系数行列式

$$D=\begin{vmatrix}1&k^2+1&2\\1&2k+1&2\\k&k&2k+1\end{vmatrix}=\begin{vmatrix}1&k^2+1&2\\0&k(2-k)&0\\0&-k^3&1\end{vmatrix}$$

$$= \begin{vmatrix} k(2-k) & 0 \\ -k^3 & 1 \end{vmatrix} = k(2-k)$$

由方程组有非零解，$D=0$.

于是 $$k(2-k)=0$$

因此， $$k=0 \text{ 或 } k=2$$

习 题 1

基本题

1. 计算下列二阶、三阶行列式

(1) $\begin{vmatrix} -2 & 3 \\ -1 & 5 \end{vmatrix}$　(2) $\begin{vmatrix} \cos\alpha & -\sin\alpha \\ \sin\alpha & \cos\alpha \end{vmatrix}$

(3) $\begin{vmatrix} \log_a b & 1 \\ 1 & \log_b a \end{vmatrix}$　(4) $\begin{vmatrix} a+1 & 1 \\ a^3 & a^2-a+1 \end{vmatrix}$

(5) $\begin{vmatrix} 1 & -1 & 3 \\ 2 & -1 & 1 \\ 1 & 2 & 0 \end{vmatrix}$　(6) $\begin{vmatrix} 2 & 7 & -3 \\ -5 & -4 & 1 \\ 10 & 3 & 7 \end{vmatrix}$

(7) $\begin{vmatrix} 0 & -a & b \\ a & 0 & -c \\ -b & c & 0 \end{vmatrix}$　(8) $\begin{vmatrix} 1 & -c & -b \\ c & 1 & -a \\ b & a & 1 \end{vmatrix}$

2. 求下列排列的逆序数，并说明它们的奇偶性

(1) 53214　(2) 542163

(3) $n(n-1)\cdots 21$

3. 选择 i 和 k 的值，使得 9 级排列 $217i645k9$ 为偶排列.

4. 下列各项中，哪一项是五阶行列式的展开式中的项？

(1) $a_{42}a_{53}a_{34}a_{12}a_{25}$　(2) $a_{12}a_{41}a_{35}a_{53}a_{24}$

(3) $-a_{52}a_{21}a_{34}a_{15}a_{43}$

5. 已知

$$f(x) = \begin{vmatrix} x & 1 & 1 & 2 \\ 1 & x & 1 & -1 \\ 3 & 2 & x & 1 \\ 1 & 1 & 2x & 1 \end{vmatrix}$$

利用行列式定义求 x^3 的系数.

6. 根据行列式的定义计算下列行列式

$$D=\begin{vmatrix}0&1&0&\cdots&0\\0&0&2&\cdots&0\\\vdots&\vdots&\vdots&&\vdots\\0&0&0&\cdots&n-1\\n&0&0&\cdots&0\end{vmatrix}$$

7. 利用行列式性质计算下列行列式

(1) $\begin{vmatrix}2&-5&1&2\\-3&7&-1&4\\5&-9&2&7\\4&-6&1&2\end{vmatrix}$　　(2) $\begin{vmatrix}1+x&1&1&1\\1&1-x&1&1\\1&1&1+y&1\\1&1&1&1-y\end{vmatrix}$

(3) $\begin{vmatrix}1&-1&1&x-1\\1&-1&x+1&-1\\1&x-1&1&-1\\x+1&-1&1&-1\end{vmatrix}$　　(4) $\begin{vmatrix}a^2&(a+1)^2&(a+2)^2&(a+3)^2\\b^2&(b+1)^2&(b+2)^2&(b+3)^2\\c^2&(c+1)^2&(c+2)^2&(c+3)^2\\d^2&(d+1)^2&(d+2)^2&(d+3)^2\end{vmatrix}$

8. 计算下列 n 阶行列式

(1) $\begin{vmatrix}1&2&3&\cdots&n\\-1&0&3&\cdots&n\\-1&-2&0&\cdots&n\\\vdots&\vdots&\vdots&&\vdots\\-1&-2&-3&\cdots&0\end{vmatrix}$　　(2) $\begin{vmatrix}a&b&b&b&b\\b&a&b&b&b\\b&b&a&b&b\\\vdots&\vdots&\vdots&\vdots&\vdots\\b&b&b&b&a\end{vmatrix}$

9. 设行列式

$$D=\begin{vmatrix}1&2&2&4\\1&0&0&2\\3&-1&-4&0\\1&2&-1&5\end{vmatrix}$$

分别按 D 的第二行和第四列展开，计算其值.

10. 已知四阶行列式

$$D=\begin{vmatrix}1&1&7&-1\\3&1&8&0\\-2&1&4&3\\5&1&2&5\end{vmatrix}$$

求 $A_{14}+A_{24}+A_{34}+A_{44}$ 的值.(其中 A_{ij} 为 a_{ij} 的代数余子式)

11. 设四阶行列式

$$D=\begin{vmatrix} a_1 & a_2 & a_3 & f \\ b_1 & b_2 & b_3 & f \\ c_1 & c_2 & c_3 & f \\ d_1 & d_2 & d_3 & f \end{vmatrix}$$

求 $A_{11}+A_{21}+A_{31}+A_{41}$ 的值.(其中 A_{ij} 为 a_{ij} 的代数余子式)

12. 设 n 阶行列式

$$D=\begin{vmatrix} 1 & 1 & 1 & \cdots & 1 \\ 1 & 2 & 0 & \cdots & 0 \\ 1 & 0 & 3 & \cdots & 0 \\ \vdots & \vdots & \vdots & & \vdots \\ 1 & 0 & 0 & \cdots & n \end{vmatrix}$$

求第一行各元素的代数余子式之和.

13. 设四阶行列式

$$D=\begin{vmatrix} 1 & 0 & 2 & 0 \\ -1 & 4 & 3 & 6 \\ 0 & -2 & 5 & -3 \\ \frac{1}{2} & 1 & \frac{1}{3} & 2 \end{vmatrix}$$

求 $3A_{41}+A_{42}+A_{43}$ 的值.(其中 A_{ij} 为 a_{ij} 的代数余子式)

14. 计算下列行列式

(1) $D=\begin{vmatrix} 1 & 1 & 1 & 5 \\ 1 & 2 & -1 & -2 \\ 2 & -3 & -1 & -2 \\ 3 & 1 & 2 & 0 \end{vmatrix}$ (2) $D=\begin{vmatrix} 1 & -2 & 3 & -4 \\ 0 & 1 & -1 & -3 \\ 1 & 3 & 0 & 1 \\ 0 & -7 & 3 & -3 \end{vmatrix}$

(3) $D=\begin{vmatrix} 1 & 1 & 2 & 3 & 1 \\ 3 & -1 & -1 & 2 & 2 \\ 2 & 3 & -1 & -1 & 0 \\ 1 & 2 & 3 & 0 & 1 \\ -2 & 2 & 1 & 1 & 0 \end{vmatrix}$

15. 解方程

$$\begin{vmatrix} 2 & 2 & -1 & 3 \\ 4 & x^2-5 & -2 & 6 \\ -3 & 2 & -1 & x^2+1 \\ 3 & -2 & 1 & -2 \end{vmatrix} = 0$$

16. 计算 n 阶行列式

$$D = \begin{vmatrix} x & y & 0 & 0 & 0 \\ 0 & x & y & 0 & 0 \\ \vdots & \vdots & \vdots & \vdots & \vdots \\ 0 & 0 & 0 & x & y \\ y & 0 & 0 & 0 & x \end{vmatrix}$$

17. 用克莱姆法则解下列方程组

(1) $\begin{cases} x_1+x_2+x_3+x_4=5 \\ x_1+2x_2-x_3+4x_4=-2 \\ 2x_1-3x_2-x_3-5x_4=-2 \\ 3x_1+x_2+2x_3+11x_4=0 \end{cases}$

(2) $\begin{cases} x_2-3x_3+4x_4=-5 \\ x_1-2x_3+3x_4=-4 \\ 3x_1+2x_2-5x_4=12 \\ 4x_1+3x_2-5x_3=5 \end{cases}$

(3) $\begin{cases} x_2-2x_2+3x_3-4x_4=4 \\ x_2-x_3+x_4=-3 \\ x_1+3x_2+x_4=1 \\ -7x_2+3x_3+x_4=-3 \end{cases}$

18. 用克莱姆法则解下列方程组

(1) $\begin{cases} bx-ay+2ab=0 \\ -2cy+3bz-bc=0 \\ cx++az=0 \end{cases}$ （其中 $abc\neq0$）

(2) $\begin{cases} ax_1+ax_2+bx_3=1 \\ ax_1+bx_2+ax_3=1 \\ bx_1+ax_2+ax_3=1 \end{cases}$ $\left(\text{其中 } a\neq b, a\neq -\dfrac{b}{2}\right)$

19. 当 k 取何值时，下面的方程组仅有零解

(1) $\begin{cases} 3x+2y-z=0 \\ kx+7y-2z=0 \\ 2x-y+3z=0 \end{cases}$

(2) $\begin{cases} kx+y+z=0 \\ x+ky-z=0 \\ 2x-y+z=0 \end{cases}$

20. 若齐次线性方程组

$$\begin{cases} x_1+x_2+x_3+ax_4=0 \\ x_1+2x_2+x_3+x_4=0 \\ x_1+x_2-3x_3+x_4=0 \\ x_1+x_2+ax_3+bx_4=0 \end{cases}$$

有非零解，则 a,b 应满足什么条件？

21. 当 λ 取何值时，齐次线性方程组

$$\begin{cases} (1-\lambda)x_1-2x_2+4x_3=0 \\ 2x_1+(3-\lambda)x_2+x_3=0 \\ x_1+x_2+(1-\lambda)x_3=0 \end{cases}$$

有非零解？

提高题

1. 根据行列式的定义计算下列行列式

$$D=\begin{vmatrix} 0 & 0 & \cdots & 0 & a_{1n} \\ 0 & 0 & \cdots & a_{2(n-1)} & 0 \\ \vdots & \vdots & & \vdots & \vdots \\ 0 & a_{(n-1)2} & \cdots & a_{(n-1)(n-1)} & a_{(n-1)n} \\ a_{n1} & a_{n2} & \cdots & a_{n(n-1)} & a_{nn} \end{vmatrix}$$

2. 计算下列 n 阶行列式

(1) $\begin{vmatrix} 1 & 2 & 3 & \cdots & n-2 & n-1 & n \\ 1 & -1 & 0 & \cdots & 0 & 0 & 0 \\ 0 & 2 & -2 & \cdots & 0 & 0 & 0 \\ \vdots & \vdots & \vdots & & \vdots & \vdots & \vdots \\ 0 & 0 & 0 & \cdots & -(n-3) & 0 & 0 \\ 0 & 0 & 0 & \cdots & (n-2) & -(n-2) & 0 \\ 0 & 0 & 0 & \cdots & 0 & n-1 & -(n-1) \end{vmatrix}$

(2) $\begin{vmatrix} 1 & 1 & 1 & \cdots & 1 \\ 1 & 2 & 0 & \cdots & 0 \\ 1 & 0 & 3 & \cdots & 0 \\ \vdots & \vdots & \vdots & & \vdots \\ 1 & 0 & 0 & \cdots & n \end{vmatrix}$

3. 计算 n 阶行列式

$$D = \begin{vmatrix} 1 & 2 & 2 & 2 & 2 \\ 2 & 2 & 2 & 2 & 2 \\ 2 & 2 & 3 & 2 & 2 \\ \vdots & \vdots & \vdots & \vdots & \vdots \\ 2 & 2 & 2 & 2 & n \end{vmatrix}$$

4. 证明 n 阶行列式

$$D = \begin{vmatrix} 2\cos\theta & 1 & 0 & \cdots & 0 & 0 \\ 1 & 2\cos\theta & 1 & \cdots & 0 & 0 \\ 0 & 1 & 2\cos\theta & \cdots & 0 & 0 \\ \vdots & \vdots & \vdots & & \vdots & \vdots \\ 0 & 0 & 0 & \cdots & 2\cos\theta & 1 \\ 0 & 0 & 0 & \cdots & 1 & 2\cos\theta \end{vmatrix} = \frac{\sin(n+1)\theta}{\sin\theta}$$

5. 求一个多项式，使得

$$f(1) = 0, f(2) = 3, f(-3) = 28$$

第2章 矩　　阵

矩阵理论是线性代数课程的主要内容,在数学学科及其他学科的研究中,矩阵是必不可少的基本工具。本章主要介绍矩阵理论的基本内容,包括矩阵的运算、矩阵的秩、矩阵的等价关系等.

2.1 矩阵的概念

2.1.1 矩阵的概念

定义 2.1 由 $m\times n$ 个数 $a_{ij}\,(i=1,2,\cdots,m;j=1,2,\cdots,n)$ 排成 m 行 n 列的数表

$$\begin{pmatrix} a_{11} & a_{12} & \cdots & a_{1n} \\ a_{21} & a_{22} & \cdots & a_{2n} \\ \vdots & \vdots & & \vdots \\ a_{m1} & a_{m2} & \cdots & a_{mn} \end{pmatrix}$$

称为 $m\times n$ 矩阵,常简记为 $\boldsymbol{A}=(a_{ij})_{m\times n}$. 其中 a_{ij} 表示位于矩阵 $\boldsymbol{A}$ 的第 i 行和第 j 列的交汇处的元素. i 称为 a_{ij} 的行标, j 称为 a_{ij} 的列标.

若不需要注明其行数和列数时,常用大写的英文字母 $\boldsymbol{A},\boldsymbol{B},\boldsymbol{C}$ 等表示矩阵。

若矩阵 $\boldsymbol{A}$ 与 $\boldsymbol{B}$ 具有相同的行数和列数,则称 $\boldsymbol{A}$ 和 $\boldsymbol{B}$ 为同型矩阵。

若矩阵的元素都是实数,则称其为实矩阵. 同样,元素都是复数的矩阵为复矩阵. 例如

$$\begin{pmatrix} 1 & 3 \\ -2 & 0 \\ 2 & 4 \end{pmatrix},\begin{pmatrix} 1+i & 2 & 1 \\ 0 & -i & 1-i \\ 3 & 0 & i \end{pmatrix}$$

分别是 3×2 的实矩阵和 3×3 的复矩阵. 其中 $i=\sqrt{-1}$.

定义 2.2 若矩阵 $\boldsymbol{A}=(a_{ij})_{m\times n},\boldsymbol{B}=(b_{ij})_{m\times n}$ 满足

$$a_{ij}=b_{ij}\quad(i=1,2,\cdots,m;j=1,2,\cdots,n)$$

则称矩阵 $\boldsymbol{A}$ 和 $\boldsymbol{B}$ 相等，记作 $\boldsymbol{A}=\boldsymbol{B}$.

【例 2.1】 已知矩阵 $\boldsymbol{A}=\boldsymbol{B}$,其中

$$\boldsymbol{A}=\begin{pmatrix} a+2 & 3 \\ -1 & b-1 \end{pmatrix},\boldsymbol{B}=\begin{pmatrix} c-2 & b \\ b+c & d \end{pmatrix}$$

试求常数 a,b,c,d.

解 因为 $\boldsymbol{A}=\boldsymbol{B}$,所以有

$$a+2=c-2,3=b,-1=b+c,b-1=d$$

得 $a=-8,b=3,c=-4,d=2$.

2.1.2 常用的特殊矩阵

有些常用矩阵,先介绍如下:

(1) 行矩阵:只有一行的矩阵称为行矩阵.如

$$\boldsymbol{A}=(a_{11},a_{12},\cdots,a_{1n})$$

(2) 列矩阵:只有一列的矩阵称为列矩阵.如

$$\boldsymbol{A}=\begin{pmatrix} a_{11} \\ a_{12} \\ \vdots \\ a_{m1} \end{pmatrix}$$

(3) 零矩阵:所有元素都为零的矩阵称为零矩阵,记作 $0=(0)_{m\times n}$ 或 $\boldsymbol{0}$.

(4) 方阵:行数等于列数的矩阵,如

$$\boldsymbol{A}=(a_{ij})_{n\times n}=\begin{pmatrix} a_{11} & a_{12} & \cdots & a_{1n} \\ a_{21} & a_{22} & \cdots & a_{2n} \\ \vdots & \vdots & & \vdots \\ a_{n1} & a_{n2} & \cdots & a_{nn} \end{pmatrix}$$

为 $n\times n$ 方阵,也称 $\boldsymbol{A}$ 为 n 阶方阵.

若 $\boldsymbol{A}=(a_{ij})_{n\times n}$ 为 n 阶方阵,以 $\boldsymbol{A}$ 的元素按原来的排列次序构成的 n 阶行列式 $|a_{ij}|_n$ 称为方阵 $\boldsymbol{A}$ 的行列式,记作 $|\boldsymbol{A}|$,即 $|\boldsymbol{A}|=|a_{ij}|_n$.

约定,1 阶方阵就是 1 个数.

(5) 三角形矩阵:若 n 阶方阵满足,当 $i>j$ 时有 $a_{ij}=0$,则称其为上三角形矩阵.如

$$\begin{pmatrix} a_{11} & a_{12} & \cdots & a_{1,n-1} & a_{1n} \\ 0 & a_{22} & \cdots & a_{2,n-1} & a_{2n} \\ \vdots & \vdots & & \vdots & \vdots \\ 0 & 0 & \cdots & a_{n-1,n-1} & a_{n-1,n} \\ 0 & 0 & \cdots & 0 & a_{nn} \end{pmatrix}$$

若 n 阶方阵满足，当 $i<j$ 时有 $a_{ij}=0$，则称其为下三角形矩阵. 如

$$\begin{pmatrix} a_{11} & 0 & \cdots & 0 & 0 \\ a_{21} & a_{22} & \cdots & 0 & 0 \\ \vdots & \vdots & & \vdots & \vdots \\ a_{n-1,1} & a_{n-1,2} & \cdots & a_{n-1,n-1} & 0 \\ a_{n1} & a_{n2} & \cdots & a_{n,n-1} & a_{nn} \end{pmatrix}$$

(6) 对角形矩阵：若 n 阶方阵满足，当 $i\neq j$ 时有 $a_{ij}=0$，则称其为对角矩阵. 如

$$\boldsymbol{A}=\begin{pmatrix} a_{11} & 0 & \cdots & 0 & 0 \\ 0 & a_{22} & \cdots & 0 & 0 \\ \vdots & \vdots & & \vdots & \vdots \\ 0 & 0 & \cdots & a_{n-1,n-1} & 0 \\ 0 & 0 & \cdots & 0 & a_{nn} \end{pmatrix}$$

对角形矩阵常记为 $\boldsymbol{A}=\mathrm{diag}\,(a_{11},a_{22},\cdots,a_{nn})$，其中 $a_{11},a_{22},\cdots,a_{nn}$ 称为 $\boldsymbol{A}$ 的对角元素.

特别，当 $a_{11}=a_{22}=\cdots=a_{nn}=k$ 时，称 $\boldsymbol{A}$ 是对角元素为 k 的 n 阶**数量矩阵**. 如

$$\boldsymbol{A}=\begin{pmatrix} k & 0 & \cdots & 0 & 0 \\ 0 & k & \cdots & 0 & 0 \\ \vdots & \vdots & & \vdots & \vdots \\ 0 & 0 & \cdots & k & 0 \\ 0 & 0 & \cdots & 0 & k \end{pmatrix}$$

若数量矩阵的对角元素 $k=1$，则称为 n 阶**单位矩阵**，单位矩阵记作 $\boldsymbol{E}$ 或 $\boldsymbol{I}$. 如

$$\boldsymbol{E}=\begin{pmatrix} 1 & 0 & \cdots & 0 & 0 \\ 0 & 1 & \cdots & 0 & 0 \\ \vdots & \vdots & & \vdots & \vdots \\ 0 & 0 & \cdots & 1 & 0 \\ 0 & 0 & \cdots & 0 & 1 \end{pmatrix}$$

2.2 矩阵的运算

2.2.1 矩阵的加法和数乘

定义 2.3 设矩阵 $\boldsymbol{A}=(a_{ij})_{m\times n}$，$\boldsymbol{B}=(b_{ij})_{m\times n}$，$k$ 为实数，则有：

(1) 矩阵 $\boldsymbol{A},\boldsymbol{B}$ 的加法是矩阵 $\boldsymbol{A}+\boldsymbol{B}=(a_{ij}+b_{ij})_{m\times n}$；

(2) 矩阵 $\boldsymbol{A}$ 与数 k 的乘积是矩阵 $k\boldsymbol{A}=(ka_{ij})_{mn}$.

矩阵的加法和数乘常统称为矩阵的**线性运算**.

若矩阵 $\boldsymbol{A}=(a_{ij})_{m\times n}$，则称矩阵 $(-a_{ij})_{m\times n}$ 为 $\boldsymbol{A}$ 的负矩阵，记作 $-\boldsymbol{A}=(-a_{ij})_{m\times n}$. 有了负矩阵可定义矩阵的减法，即 $\boldsymbol{A}-\boldsymbol{B}=\boldsymbol{A}+(-\boldsymbol{B})$

由矩阵的加法和数乘的定义，可得以下性质：

(1) $\boldsymbol{A}+\boldsymbol{B}=\boldsymbol{B}+\boldsymbol{A}$；

(2) $(\boldsymbol{A}+\boldsymbol{B})+\boldsymbol{C}=\boldsymbol{A}+(\boldsymbol{B}+\boldsymbol{C})$；

(3) $\boldsymbol{A}+\boldsymbol{0}=\boldsymbol{A}$，其中 $\boldsymbol{0}$ 为与 $\boldsymbol{A}$ 同形的零矩阵；

(4) $\boldsymbol{A}+(-\boldsymbol{A})=\boldsymbol{0}$，其中 $\boldsymbol{0}$ 为与 $\boldsymbol{A}$ 同形的零矩阵；

(5) $(1\boldsymbol{A})=\boldsymbol{A}$；

(6) $k(l\boldsymbol{A})=l(k\boldsymbol{A})=(kl)\boldsymbol{A}$，其中 k,l 为实数；

(7) $k(\boldsymbol{A}+\boldsymbol{B})=k\boldsymbol{A}+k\boldsymbol{B}$，其中 k 为实数；

(8) $(k+l)\boldsymbol{A}=k\boldsymbol{A}+l\boldsymbol{A}$，其中 k,l 为实数.

以上 8 条性质也称为矩阵运算的线性性质.

【例 2.2】 设矩阵 $\boldsymbol{A}=\begin{pmatrix}-1&2&3&1\\0&3&-2&1\\4&0&3&2\end{pmatrix}$，$\boldsymbol{B}=\begin{pmatrix}4&3&2&1\\5&-3&0&1\\4&0&3&2\end{pmatrix}$

求矩阵 $3\boldsymbol{A}-2\boldsymbol{B}$.

解 $3\boldsymbol{A}-2\boldsymbol{B}=3\begin{pmatrix}-1&2&3&1\\0&3&-2&1\\4&0&3&2\end{pmatrix}-2\begin{pmatrix}4&3&2&1\\5&-3&0&1\\4&0&3&2\end{pmatrix}$

$$\begin{pmatrix}-3-8&6-6&9-4&3+2\\0-10&9+6&-6-0&3-2\\12-2&0-4&9+10&6-0\end{pmatrix}=\begin{pmatrix}-11&0&5&5\\-10&15&-6&1\\10&-4&19&6\end{pmatrix}$$

【例 2.3】 设矩阵

$$\boldsymbol{A}=\begin{pmatrix}1&0&2\\2&3&-1\\4&2&0\end{pmatrix},\boldsymbol{B}=\begin{pmatrix}3&1&0\\-2&5&3\\-4&-2&6\end{pmatrix}$$

求行列式 $|\boldsymbol{A}|$，$|\boldsymbol{B}|$，$|\boldsymbol{A}+\boldsymbol{B}|$.

解 易知

$$|\boldsymbol{A}|=\begin{pmatrix}1&0&2\\2&3&-1\\4&2&0\end{pmatrix}=-14,|\boldsymbol{B}|=\begin{pmatrix}3&1&0\\-2&5&3\\-4&-2&6\end{pmatrix}=108$$

$$|\boldsymbol{A}+\boldsymbol{B}|=\begin{pmatrix}1+3&0+1&2+0\\2+(-2)&3+5&(-1)+3\\4+(-4)&2+(-2)&0+6\end{pmatrix}=\begin{pmatrix}4&1&2\\0&8&2\\0&0&6\end{pmatrix}=192$$

可见，若 $\boldsymbol{A}$ 和 $\boldsymbol{B}$ 为 n 阶方阵，则一般情况下 $|\boldsymbol{A}+\boldsymbol{B}|\neq|\boldsymbol{A}|+|\boldsymbol{B}|$.

2.2.2 矩阵的乘法

1. 矩阵乘法的概念

定义 2.4 设矩阵 $\boldsymbol{A}=(a_{ij})_{m\times l}$，$\boldsymbol{B}=(b_{ij})_{l\times n}$，$\boldsymbol{C}=(c_{ij})_{m\times n}$其中

$$c_{ij}=a_{i1}b_{1j}+a_{i2}b_{2j}+\cdots+a_{il}b_{il}=\sum_{k=1}^{l}a_{ij}b_{kj}$$

其中，$i=1,2,\cdots,m,j=1,2,\cdots,n$. 则称矩阵 $\boldsymbol{C}$ 为 $\boldsymbol{A}$，$\boldsymbol{B}$ 的乘积，记作 $\boldsymbol{C}=\boldsymbol{AB}$.
由定义可见，矩阵 $\boldsymbol{A}$ 和 $\boldsymbol{B}$ 的乘积 $\boldsymbol{AB}$ 有：

$\boldsymbol{A}$ 的列数要等于 $\boldsymbol{B}$ 的行数；$\boldsymbol{AB}$ 的行数等于 $\boldsymbol{A}$ 的行数；$\boldsymbol{AB}$ 的列数等于 $\boldsymbol{B}$ 的列数.

【例 2.4】 已知 $\boldsymbol{A}$ 为 $m\times l$ 矩阵，$\boldsymbol{B}$ 为 4×5 矩阵，$\boldsymbol{AB}$ 为方阵. 试求常数 m,l.

解 由定义知 $l=4$，且 $\boldsymbol{AB}$ 为 $m\times5$ 矩阵，因为 $\boldsymbol{AB}$ 为方阵，所以 $m=5$.

【例 2.5】 设矩阵

$$\boldsymbol{A}=\begin{pmatrix}3&0&5\\-1&6&8\end{pmatrix},\boldsymbol{B}=\begin{pmatrix}1&0\\0&-2\\3&1\end{pmatrix}$$

试求矩阵 $\boldsymbol{AB}$ 和 $\boldsymbol{BA}$.

解 由定义知，$\boldsymbol{AB}$ 为二阶方阵

$$\boldsymbol{AB}=\begin{pmatrix}3\times1+0\times0+5\times3 & 3\times0+0\times(-2)+5\times1\\(-1)\times1+6\times0+8\times3 & (-1)\times0+6\times(-2)+8\times1\end{pmatrix}=\begin{pmatrix}18&5\\23&-4\end{pmatrix}$$

而 $\boldsymbol{BA}$ 为三阶方阵

$$\boldsymbol{BA}=\begin{pmatrix}1&0\\0&-2\\3&1\end{pmatrix}\begin{pmatrix}3&0&5\\-1&6&8\end{pmatrix}=\begin{pmatrix}3&0&5\\2&-12&-16\\8&6&23\end{pmatrix}$$

由例 2.5 知，一般情况下，矩阵 $\boldsymbol{AB}\neq\boldsymbol{BA}$，即矩阵的乘积一般不满足交换律.

【例 2.6】 设矩阵

$$\boldsymbol{A}=\begin{pmatrix}-2&4\\1&-2\end{pmatrix},\boldsymbol{B}=\begin{pmatrix}2&4\\-3&-6\end{pmatrix}$$

试求矩阵 $\boldsymbol{AB}$ 和 $\boldsymbol{BA}$.

解 由定义知，$\boldsymbol{AB}$ 和 $\boldsymbol{BA}$ 都是二阶方阵

$$\boldsymbol{AB}=\begin{pmatrix}-2&4\\1&-2\end{pmatrix}\begin{pmatrix}2&4\\-3&-6\end{pmatrix}=\begin{pmatrix}-16&-32\\8&16\end{pmatrix}$$

$$\boldsymbol{BA}=\begin{pmatrix}2&4\\-3&6\end{pmatrix}\begin{pmatrix}-2&4\\1&-2\end{pmatrix}=\begin{pmatrix}0&0\\0&0\end{pmatrix}$$

由例 2.6 知，矩阵相乘可能会有 $\boldsymbol{A}\neq 0$ 且 $\boldsymbol{B}\neq 0$ 而 $\boldsymbol{AB}=0$，因此，一般由 $\boldsymbol{AB}=0$ 不能得出 $\boldsymbol{A}=0$ 或 $\boldsymbol{B}=0$.

【例 2.7】 证明上三角矩阵与上三角矩阵的乘积仍为上三角矩阵.

证 设 $\boldsymbol{A},\boldsymbol{B}$ 为 n 阶上三角矩阵，即

$$\boldsymbol{A}=(a_{ij})_{n\times n}，当\ i>j\ 时，有\ a_{ij}=0$$

$$\boldsymbol{B}=(b_{ij})_{n\times n}，当\ i>j\ 时，有\ b_{ij}=0$$

记 $\boldsymbol{C}=\boldsymbol{AB}=(c_{ij})_{n\times n}$，则

$$c_{ij}=\sum_{k=1}^{n}a_{ik}b_{kj}\quad (i,j=1,2,\cdots,n)$$

因此，当 $i>j$ 时，有

$$c_{ij}=\sum_{k=1}^{n}a_{ik}b_{kj}=\sum_{k=1}^{i-1}a_{ik}b_{kj}+\sum_{k=1}^{n}a_{ik}b_{kj}$$

因为当 $k=1,2,\cdots,i-1$ 时，$a_{ik}=0$，而 $k=i,i+1,\cdots,n$，时，由于 $k\geqslant i>j$，因此 $b_{kj}=0$. 所以 $\boldsymbol{AB}$ 的元素 c_{ij} 满足，当 $i>j$ 时，有 $c_{ij}=0$，即 $\boldsymbol{C}=\boldsymbol{AB}$ 为上三角矩阵.

2. 矩阵乘法的性质

设 $\boldsymbol{A},\boldsymbol{B},\boldsymbol{C}$ 为矩阵，k 为常数，由矩阵乘积的定义可得以下性质：

(1) $\boldsymbol{A}(\boldsymbol{BC})=(\boldsymbol{AB})\boldsymbol{C}$；

(2) $\boldsymbol{A}(\boldsymbol{B}+\boldsymbol{C})=\boldsymbol{AB}+\boldsymbol{AC}$，$(\boldsymbol{B}+\boldsymbol{C})\boldsymbol{A}=\boldsymbol{BA}+\boldsymbol{CA}$；

(3) $k(\boldsymbol{AB})=(k\boldsymbol{A})\boldsymbol{B}=\boldsymbol{A}(k\boldsymbol{B})$；

(4) 设 $\boldsymbol{A},\boldsymbol{B}$ 为 n 阶方阵，则行列式 $|\boldsymbol{AB}|=|\boldsymbol{A}||\boldsymbol{B}|$.

以上性质中只证明(1).

设 $\boldsymbol{A}=(a_{ij})_{m\times s}$，$\boldsymbol{B}=(b_{ij})_{s\times t}$，$\boldsymbol{C}=(c_{ij})_{t\times n}$，则 $\boldsymbol{A}(\boldsymbol{BC})$ 和 $(\boldsymbol{AB})\boldsymbol{C}$ 都是 $m\times n$ 矩阵. 因为矩阵 $\boldsymbol{A}(\boldsymbol{BC})$ 的 (i,j) 元素为

$$\sum_{p=1}^{s}a_{ip}\left(\sum_{q=1}^{t}b_{pq}c_{qj}\right)=\sum_{q=1}^{t}\left(\sum_{p=1}^{s}a_{ip}b_{pd}\right)c_{qj}$$

其中 $i=1,2,\cdots,m$，$j=1,2,\cdots n$，而上式右端即 $(\boldsymbol{AB})\boldsymbol{C}$ 的 (i,j) 元素，所以 $\boldsymbol{A}(\boldsymbol{BC})=(\boldsymbol{AB})\boldsymbol{C}$.

矩阵乘积的性质可知，若矩阵 $\boldsymbol{AB}=\boldsymbol{AC}$，$\boldsymbol{AB}-\boldsymbol{AC}=\boldsymbol{A}(\boldsymbol{B}-\boldsymbol{C})=0$，一般情况下不能得出 $\boldsymbol{B}-\boldsymbol{C}=0$，即 $\boldsymbol{B}=\boldsymbol{C}$. 所以当 $A\neq 0$ 且 $\boldsymbol{AB}=\boldsymbol{AC}$ 时，一般情况下不能得到 $\boldsymbol{B}=\boldsymbol{C}$. 即消去法对矩阵的乘积一般不成立.

【例 2.8】 设矩阵

$$\boldsymbol{A}=(2,5,-1)，\boldsymbol{B}=\begin{pmatrix}6\\0\\2\end{pmatrix}$$

试求矩阵 $\boldsymbol{AB}$，$\boldsymbol{BA}$ 和 $(\boldsymbol{BA})^n$

解 由矩阵乘积的定义和性质知，$\boldsymbol{AB}$ 为一阶方阵，即 $\boldsymbol{AB}$ 为一个数. $\boldsymbol{BA}$ 为三阶方阵，

$$\boldsymbol{AB}=2\times 6+5\times 0+(-1)\times 2=10,$$

$$\boldsymbol{BA}=\begin{pmatrix}6\\0\\2\end{pmatrix}(2,5,-1)=\begin{pmatrix}12&30&-6\\0&0&0\\4&10&-2\end{pmatrix}$$

而

$$(\boldsymbol{BA})^2=(\boldsymbol{BA})(\boldsymbol{BA})=\boldsymbol{B}(\boldsymbol{AB})\boldsymbol{A}=\boldsymbol{B}(10\boldsymbol{A})=10(\boldsymbol{BA})$$

$$(\boldsymbol{BA})^3=(\boldsymbol{BA})^2(\boldsymbol{BA})=10(\boldsymbol{BA})(\boldsymbol{BA})=10(\boldsymbol{BA})^2=(10)^2(\boldsymbol{BA})$$

依次可得

$$(\boldsymbol{BA})^n=(10)^{n-1}(\boldsymbol{BA})=(10)^{n-1}\begin{pmatrix}12&30&-6\\0&0&0\\4&10&-2\end{pmatrix}$$

3. 可交换矩阵

由前面的讨论可知，矩阵的乘积一般不满足交换律. 下例将说明并不是所有矩阵的乘积都不满足交换律的.

【例 2.9】 设矩阵

$$\boldsymbol{A}=\begin{pmatrix}2&0\\3&-1\end{pmatrix}$$

试求二阶方阵 $\boldsymbol{B}$，使得 $\boldsymbol{AB}=\boldsymbol{BA}$.

解 不妨设

$$\boldsymbol{B}=\begin{pmatrix}a&b\\c&d\end{pmatrix}$$

因为

$$\boldsymbol{AB}=\begin{pmatrix}2&0\\3&-1\end{pmatrix}\begin{pmatrix}a&b\\c&d\end{pmatrix}=\begin{pmatrix}2a&2b\\3a-c&3b-d\end{pmatrix}$$

$$\boldsymbol{BA}=\begin{pmatrix}a&b\\c&d\end{pmatrix}\begin{pmatrix}2&0\\3&-1\end{pmatrix}=\begin{pmatrix}2a+3b&-b\\2c+3d&-d\end{pmatrix}$$

由 $\boldsymbol{AB}=\boldsymbol{BA}$，知 $2a=2a+3b, 2b=-b, 3a-c=2c+3d, 3b-d=-d$

解得，a,d 为任意数，$b=0, c=a-d$. 所以 $\boldsymbol{B}=\begin{pmatrix}a&0\\a-d&d\end{pmatrix}$，其中 a,d 为任意常数.

由例 2.9 可见，与 $\boldsymbol{A}$ 的乘积满足交换律的矩阵不仅有，而且有无穷多. 若取 (a,d) 为 $(1,0)$，$(0,1)$，$(1,1)$ 时，就有

$$\begin{pmatrix}1&0\\1&0\end{pmatrix},\begin{pmatrix}0&0\\-1&1\end{pmatrix},\begin{pmatrix}1&0\\0&1\end{pmatrix}$$

因此,给出以下定义.

定义 2.5 若 n 阶方阵 $\boldsymbol{A},\boldsymbol{B}$ 满足 $\boldsymbol{AB}=\boldsymbol{BA}$,则称 $\boldsymbol{A},\boldsymbol{B}$ 为可交换矩阵.

【例 2.10】 证明 n 阶数量矩阵可与任意 n 阶方阵交换.

证 设 n 阶数量方阵 $\boldsymbol{K}$ 和任一 n 阶方阵 $\boldsymbol{A}$ 为

$$\boldsymbol{K}=\begin{pmatrix} k & 0 & \cdots & 0 \\ 0 & k & \cdots & 0 \\ \vdots & \vdots & & \vdots \\ 0 & 0 & \cdots & k \end{pmatrix},\quad \boldsymbol{A}=\begin{pmatrix} a_{11} & a_{12} & \cdots & a_{1n} \\ a_{21} & a_{22} & \cdots & a_{2n} \\ \vdots & \vdots & & \vdots \\ a_{1n} & a_{2n} & \cdots & a_{nn} \end{pmatrix}$$

则有

$$\boldsymbol{KA}=\begin{pmatrix} k & 0 & \cdots & 0 \\ 0 & k & \cdots & 0 \\ \vdots & \vdots & & \vdots \\ 0 & 0 & \cdots & k \end{pmatrix}\begin{pmatrix} a_{11} & a_{12} & \cdots & a_{1n} \\ a_{21} & a_{22} & \cdots & a_{2n} \\ \vdots & \vdots & & \vdots \\ a_{1n} & a_{2n} & \cdots & a_{nn} \end{pmatrix}$$

$$=\begin{pmatrix} ka_{11} & ka_{12} & \cdots & ka_{1n} \\ ka_{21} & ka_{22} & \cdots & ka_{2n} \\ \vdots & \vdots & & \vdots \\ ka_{1n} & ka_{2n} & \cdots & ka_{nn} \end{pmatrix}$$

同样可得 $\boldsymbol{AK}=k\boldsymbol{A}$,所以 $\boldsymbol{KA}=\boldsymbol{AK}$

由例 2.10 知,n 阶数量矩阵 $\boldsymbol{K}$ 和任一 n 阶方阵 $\boldsymbol{A}$ 的乘积有

$$\boldsymbol{KA}=\boldsymbol{AK}=k\boldsymbol{A}$$

即数量矩阵与矩阵的乘积是矩阵的数乘. 特别当 $k=1$, 即 $\boldsymbol{K}$ 为 n 阶单位矩阵 $\boldsymbol{E}$ 时,有

$$\boldsymbol{EA}=\boldsymbol{AE}=\boldsymbol{A}$$

4. 矩阵的乘幂与多项式

定义 2.6 设 $\boldsymbol{A},\boldsymbol{B}$ 为 n 阶方阵,$g(x)=a_mx^m+a_{m-1}x^{m-1}+\cdots+a_1x+a_0$ 为变量 x 的 m 次多项式,则有

(1) 称 $\underbrace{\boldsymbol{AA}\cdots\boldsymbol{A}}_{m个}=\boldsymbol{A}^m$ 为 $\boldsymbol{A}$ 的 m 次乘幂. 并规定 $\boldsymbol{A}^0=\boldsymbol{E}$.

(2) 称 $g(\boldsymbol{A})=a_m\boldsymbol{A}^m+a_{m-1}\boldsymbol{A}^{m-1}+\cdots+a_1\boldsymbol{A}x+a_0\boldsymbol{E}$ 为矩阵 $\boldsymbol{A}$ 的 m 次多项式.

(3)设 A,B 为 n 阶方阵,则 A,B 可交换的充要条件为

$$A^m-B^m=(A-B)(A^{m-1}+A^{m-2}B+\cdots+AB^{m-2}+B^{m-1})$$

【例 2.11】 设 $f(x)=3x^3-4x+1$,试求矩阵多项式 $f(\boldsymbol{A})$. 其中矩阵

$$\boldsymbol{A}=\begin{pmatrix} 1 & -2 \\ 0 & 3 \end{pmatrix}$$

解 因为

$$\boldsymbol{A}^3=\begin{pmatrix} 1 & -26 \\ 0 & 27 \end{pmatrix}$$

所以

$$\begin{aligned}f(\boldsymbol{A})&=3\boldsymbol{A}^3-4\boldsymbol{A}+\boldsymbol{E}\\&=3\begin{pmatrix}1&-26\\0&27\end{pmatrix}-4\begin{pmatrix}1&-2\\0&3\end{pmatrix}+\begin{pmatrix}1&0\\0&1\end{pmatrix}\\&=\begin{pmatrix}0&-70\\0&70\end{pmatrix}\end{aligned}$$

【例 2.12】 设矩阵 $\boldsymbol{A}$ 满足 $\boldsymbol{AX}=\boldsymbol{A}^2+2\boldsymbol{X}$，试求矩阵 $\boldsymbol{X}$. 其中

$$\boldsymbol{A}=\begin{pmatrix}1&1\\0&1\end{pmatrix}$$

解 由矩阵的运算性质得

$$\boldsymbol{AX}-2\boldsymbol{X}=\boldsymbol{A}^2,(\boldsymbol{A}-2\boldsymbol{E})\boldsymbol{X}=\boldsymbol{A}^2$$

因为

$$\boldsymbol{A}-2\boldsymbol{E}=\begin{pmatrix}-1&1\\0&-1\end{pmatrix},\boldsymbol{A}^2=\begin{pmatrix}1&2\\0&1\end{pmatrix}$$

设未知矩阵

$$\boldsymbol{X}=\begin{pmatrix}x_1&x_2\\x_3&x_4\end{pmatrix}$$

则有

$$\begin{aligned}(\boldsymbol{A}-2\boldsymbol{E})\boldsymbol{X}&=\begin{pmatrix}-1&2\\0&-1\end{pmatrix}\begin{pmatrix}x_1&x_2\\x_3&x_4\end{pmatrix}=\begin{pmatrix}-x_1+x_3&-x_2+x_4\\-x_3&-x_4\end{pmatrix}\\&=\boldsymbol{A}^2=\begin{pmatrix}1&2\\0&1\end{pmatrix}\end{aligned}$$

得 $-x_1+x_3=1,-x_2+x_4=2,-x_3=0,-x_4=1$. 故 $x_1=x_4=-1,x_2=-3,x_3=0$. 所以

$$\boldsymbol{X}=\begin{pmatrix}-1&-3\\0&-1\end{pmatrix}$$

关于矩阵的乘幂和多项式，有以下常用的结论：

(1) 设 $\boldsymbol{A}$ 为方阵，则 $\boldsymbol{A}^k\boldsymbol{A}^l=\boldsymbol{A}^{k+l}$，$(\boldsymbol{A}^k)^l=\boldsymbol{A}^{kl}$，$|\boldsymbol{A}^m|=|\boldsymbol{A}|^m$；

(2) 若 $\boldsymbol{A},\boldsymbol{B}$ 为 n 阶可交换矩阵，则 $(\boldsymbol{AB})^m=\boldsymbol{A}^m\boldsymbol{B}^m$；

(3) 设 $\boldsymbol{A},\boldsymbol{B}$ 为 n 阶方阵，则 $\boldsymbol{A},\boldsymbol{B}$ 可交换的充要条件为 $(\boldsymbol{A}+\boldsymbol{B})^m=\sum\limits_{k=0}^{m}\boldsymbol{C}_m^k\boldsymbol{A}^k\boldsymbol{B}^{m-k}$. 特别，当 $m=2,3$ 时为

$$(\boldsymbol{A}+\boldsymbol{B})^2=\boldsymbol{A}^2+2\boldsymbol{AB}+\boldsymbol{B}^2$$

$$(\boldsymbol{A}+\boldsymbol{B})^3=\boldsymbol{A}^3+3\boldsymbol{A}^2\boldsymbol{B}+3\boldsymbol{AB}^2+\boldsymbol{B}^3$$

(4) 设 $\boldsymbol{A},\boldsymbol{B}$ 为 n 阶方阵,则 $\boldsymbol{A},\boldsymbol{B}$ 可交换的充要条件为

$$\boldsymbol{A}^m-\boldsymbol{B}^m=(\boldsymbol{A}-\boldsymbol{B})(\boldsymbol{A}^{m-1}+\boldsymbol{A}^{m-2}\boldsymbol{B}+\cdots+\boldsymbol{A}\boldsymbol{B}^{m-2}+\boldsymbol{B}^m)$$

特别,当 $m=2,3$ 时为

$$\boldsymbol{A}^2-\boldsymbol{B}^2=(\boldsymbol{A}-\boldsymbol{B})(\boldsymbol{A}+\boldsymbol{B})$$

$$\boldsymbol{A}^3-\boldsymbol{B}^3=(\boldsymbol{A}-\boldsymbol{B})(\boldsymbol{A}^2+\boldsymbol{A}\boldsymbol{B}+\boldsymbol{B}^2)$$

(5) 设 A,B 为 n 阶方阵,则 A,B 可交换的充要条件为

$$A^m-B^m=(A-B)(A^{m-1}+A^{m-2}B+\cdots+AB^{m-2}+B^{m-1})$$

【例 2.13】 设矩阵

$$\boldsymbol{A}=\begin{pmatrix}\lambda & 1 & 0\\ 0 & \lambda & 1\\ 0 & 0 & \lambda\end{pmatrix}$$

试求 $\boldsymbol{A}^m(m>3)$.

解 因为矩阵 $\boldsymbol{A}$ 可以表示为

$$\boldsymbol{A}=\lambda\begin{pmatrix}1 & 0 & 0\\ 0 & 1 & 0\\ 0 & 0 & 1\end{pmatrix}+\begin{pmatrix}0 & 1 & 0\\ 0 & 0 & 1\\ 0 & 0 & 0\end{pmatrix}$$

记作 $\boldsymbol{A}=\lambda\boldsymbol{E}+\boldsymbol{B}$,其中矩阵

$$\boldsymbol{B}=\begin{pmatrix}0 & 1 & 0\\ 0 & 0 & 1\\ 0 & 0 & 0\end{pmatrix}$$

注意到 $\lambda\boldsymbol{E}$ 是数量矩阵,其中 $\boldsymbol{B}$ 是可交换的,所以

$$\boldsymbol{A}^m=(\lambda\boldsymbol{E}+\boldsymbol{B})^m=(\lambda\boldsymbol{E})^m+m(\lambda\boldsymbol{E})^{m-1}\boldsymbol{B}+\frac{m(m-1)}{2}(\lambda\boldsymbol{E})^{m-2}\boldsymbol{B}^2+\cdots+\boldsymbol{B}^m$$

由于

$$\boldsymbol{B}^2=\begin{pmatrix}0 & 0 & 1\\ 0 & 0 & 0\\ 0 & 0 & 0\end{pmatrix},\boldsymbol{B}^3=\boldsymbol{B}^4=\cdots=\boldsymbol{B}^m=\begin{pmatrix}0 & 0 & 0\\ 0 & 0 & 0\\ 0 & 0 & 0\end{pmatrix}$$

因而

$$\boldsymbol{A}^m=(\lambda\boldsymbol{E}+\boldsymbol{B})^m=(\lambda\boldsymbol{E})^m+m(\lambda\boldsymbol{E})^{m-1}\boldsymbol{B}+\frac{m(m-1)}{2}(\lambda\boldsymbol{E})^{m-2}\boldsymbol{B}^2$$

$$=\begin{pmatrix}\lambda^m & m\lambda^{m-1} & \frac{m(m-1)}{2}\lambda^{m-2}\\ o & \lambda^m & m\lambda^{m-1}\\ 0 & 0 & \lambda^m\end{pmatrix}$$

2.2.3 矩阵的转置

定义 2.7 设矩阵 $\boldsymbol{A}=(a_{ij})_{m\times n}$，则称矩阵 $(a_{ij})_{n\times m}$ 为 $\boldsymbol{A}$ 的转置矩阵，记作 $\boldsymbol{A}^{\mathrm{T}}$ 或 $\boldsymbol{A}'$，即 $\boldsymbol{A}^{\mathrm{T}}=(a_{ij})_{n\times m}$ 或 $\boldsymbol{A}'=(a_{ji})_{n\times m}$.

例如

$$\begin{pmatrix}1 & 0 & 3\\ 2 & 1 & -1\end{pmatrix}^{\mathrm{T}}=\begin{pmatrix}1 & 2\\ 0 & 1\\ 3 & -1\end{pmatrix}$$

设 $\boldsymbol{A},\boldsymbol{B}$ 为矩阵，k 为常数，则矩阵的转置运算有以下性质：

(1) $(\boldsymbol{A}^{\mathrm{T}})^{\mathrm{T}}=\boldsymbol{A}$；

(2) $(\boldsymbol{A}+\boldsymbol{B})^{\mathrm{T}}=\boldsymbol{A}^{\mathrm{T}}+\boldsymbol{B}^{\mathrm{T}}$；

(3) $(k\boldsymbol{A})^{\mathrm{T}}=k\boldsymbol{A}^{\mathrm{T}}$；

(4) $(\boldsymbol{AB})^{\mathrm{T}}=\boldsymbol{B}^{\mathrm{T}}\boldsymbol{A}^{\mathrm{T}}$；

(5) 若 $\boldsymbol{A}$ 为方阵，则 $|\boldsymbol{A}^{\mathrm{T}}|=|\boldsymbol{A}|$

这里只证明性质(4)，其余性质的证明请读者完成.

设矩阵 $\boldsymbol{A}=(a_{ij})_{m\times l}$，$\boldsymbol{B}=(b_{ij})_{t\times n}$，则 $\boldsymbol{AB}$ 是 $m\times n$ 矩阵，$(\boldsymbol{AB})^{\mathrm{T}}$ 是 $n\times m$ 矩阵. 而 $\boldsymbol{A}^{\mathrm{T}}$ 和 $\boldsymbol{B}^{\mathrm{T}}$ 分别是 $l\times m$ 和 $n\times l$ 矩阵，故 $\boldsymbol{B}^{\mathrm{T}}\boldsymbol{A}^{\mathrm{T}}$ 是 $n\times m$ 矩阵. $(\boldsymbol{AB})^{\mathrm{T}}$ 与 $\boldsymbol{B}^{\mathrm{T}}\boldsymbol{A}^{\mathrm{T}}$ 是同形矩阵.

若设 $(\boldsymbol{AB})^{\mathrm{T}}=(c_{ij})_{n\times m}$，$\boldsymbol{B}^{\mathrm{T}}\boldsymbol{A}^{\mathrm{T}}=(d_{ij})_{n\times m}$，则它们的 (i,j) 元素分别为

$$c_{ij}=\sum_{k=1}^{l}a_{jk}b_{ki}=a_{j1}b_{1i}+a_{j2}b_{2i}+\cdots+a_{jl}b_{li}$$

$$d_{ij}=\sum_{k=1}^{t}b_{ki}a_{jk}=b_{1i}a_{j1}+b_{2i}a_{j2}+\cdots+b_{li}a_{jl}$$

易见 $c_{ij}=d_{ij}$，因此 $(\boldsymbol{AB})^{\mathrm{T}}=\boldsymbol{B}^{\mathrm{T}}\boldsymbol{A}^{\mathrm{T}}$.

定义 2.8 设 n 阶方阵 $\boldsymbol{A}=(a_{ij})_{n\times n}$，若 $\boldsymbol{A}$ 的元素满足 $a_{ij}=a_{ji}(i,j=1,2,\cdots,n)$，则称 $\boldsymbol{A}$ 为 n 阶对称矩阵；若 $\boldsymbol{A}$ 的元素满足 $a_{ij}=-a_{ji}(i,j=1,2,\cdots,n)$，则称 $\boldsymbol{A}$ 为 n 阶反对称矩阵.

例如，以下矩阵 $\boldsymbol{A}$ 和 $\boldsymbol{B}$ 分别为对称矩阵和反对称矩阵

$$\boldsymbol{A}=\begin{pmatrix}1 & 2 & -3\\ 2 & 5 & 0\\ -3 & 0 & 8\end{pmatrix},\boldsymbol{B}=\begin{pmatrix}0 & 2 & -5\\ -2 & 0 & 0\\ 5 & 0 & 0\end{pmatrix}$$

易见，n 阶对称矩阵第 i 行的元素与第 i 列的对应元素相同 $(i=1,2,\cdots,n)$. n 阶反对称矩阵 $\boldsymbol{A}=(a_{ij})_{n\times n}$ 在主对角线上的元素全为零，即 $a_{ii}=0(i=1,2,\cdots,n)$.

设 $\boldsymbol{A},\boldsymbol{B}$ 为 n 阶方阵，则易见：

(1) $\boldsymbol{A}$ 为对称矩阵的充要条件为 $\boldsymbol{A}=\boldsymbol{A}^{\mathrm{T}}$；

(2) $\boldsymbol{A}$ 为反对称矩阵的充要条件为 $\boldsymbol{A}=-\boldsymbol{A}^{\mathrm{T}}$.

【例 2.14】 设 n 阶方阵 $\boldsymbol{A}$ 为对称矩阵，$\boldsymbol{B}$ 为反对称矩阵. 证明：

(1) ABA 是反对称矩阵;

(2) BAB 是对称矩阵.

证　(1) 因为 $A=A^T, B=-B^T$,而

$$(ABA)^T = ((AB)A)^T = A^T(AB)^T = A^T(B^TA^T) = A(-B)A = -ABA$$

所以 ABA 是反对称矩阵.

(2) 因为 $A=A^T, B=-B^T$,而

$$(BAB)^T = ((BA)B)^T = B^T(BA)^T = B^T(A^TB^T) = (-B)A(-B) = BAB$$

所以 BAB 是对称矩阵.

【例 2.15】 设 n 阶方阵 A 和 B 都是对称矩阵. 证明:矩阵 AB 是对称矩阵的充要条件为矩阵 A 和 B 是可交换矩阵.

证　因为 $A=A^T, B=B^T$,而$(AB)^T=B^TA^T=BA$ 所以 AB 是对称矩阵,即$(AB)^T=AB$ 的充要条件是 $AB=BA$,即 A 和 B 是可交换矩阵.

2.3　可逆矩阵

2.3.1　逆矩阵的概念

矩阵定义了加法运算和负矩阵,从而有了减法,那么有了乘法如何定义“除法”呢? 在数的运算中,数 $a\neq 0$ 时有倒数(即逆元)$\frac{1}{a}$满足 $a\cdot\frac{1}{a}=1$,就可定义乘法的逆运算了. 矩阵也是如此. 但由于矩阵乘法不满足交换律,对矩阵 A 需要有矩阵 B 使 $AB=BA=E$,才能进行逆运算.

定义 2.9　对 n 阶矩阵 A,如果存在一个 n 阶矩阵 B 使

$$AB = BA = E$$

则称 A 为可逆矩阵,并称 A 可逆,B 是 A 的逆矩阵,记作 A^{-1},即 $B=A^{-1}$;否则称 A 为不可逆矩阵,或奇异矩阵.(如果 n 阶矩阵 A 的行列式 $|A|\neq 0$,则称 A 为非奇异的,否则称其为奇异的)

由定义可知,可逆矩阵及其逆矩阵是同阶方阵,且矩阵 A 与 B 的地位是平等的,所以 A 同时也是 B 的逆矩阵.

定理 2.1　若 A 可逆,则 A 的逆矩阵是唯一的.

证　设 B,C 都是 A 的逆矩阵,即 $AB=BA=E, AC=CA=E$,

从而 $B=BE=B(AC)=(BA)C=C$,即 $B=C$,故 A 的逆矩阵唯一.

2.3.2　矩阵可逆的充要条件、逆矩阵的伴随矩阵求法

定义 2.10　设矩阵 $A=(a_{ij})_n(n\geqslant 2)$,$A_{ij}$ 是 A 行列式 $|A|$ 中元素 $a_{ij}(i,j=1,2,\cdots,n)$

的代数余子式，则矩阵

$$\begin{pmatrix} A_{11} & A_{21} & \cdots & A_{n1} \\ A_{12} & A_{22} & \cdots & A_{n2} \\ \vdots & \vdots & & \vdots \\ A_{1n} & A_{2n} & \cdots & A_{nn} \end{pmatrix}$$

称为矩阵 $\boldsymbol{A}$ 的伴随矩阵，记为 $\boldsymbol{A}^*$.

引理 设 $\boldsymbol{A}$ 是 n 阶方阵，$\boldsymbol{A}^*$ 是 $\boldsymbol{A}$ 的伴随矩阵，则

$$\boldsymbol{AA}^* = \boldsymbol{A}^*\boldsymbol{A} = |\boldsymbol{A}|\boldsymbol{E}$$

证 记 $\boldsymbol{A}=(a_{ij})_n$，根据矩阵的乘法法则和行列式性质，有

$$(a_{ij}) = a_{i1}\boldsymbol{A}_{j1} + a_{i2}\boldsymbol{A}_{j2} + \cdots + a_{in}\boldsymbol{A}_{jn} = \begin{cases} |\boldsymbol{A}|, & i = j \\ 0, & i \neq j \end{cases} (i,j = 1,2,\cdots,n)$$

所以 $\boldsymbol{AA}^* = \begin{pmatrix} |A| & & & \\ & |A| & & \\ & & \ddots & \\ & & & |A| \end{pmatrix} = |\boldsymbol{A}|\boldsymbol{E}.$

同理可证

$$\boldsymbol{A}^*\boldsymbol{A} = |\boldsymbol{A}|\boldsymbol{E}$$

所以 $\boldsymbol{AA}^* = \boldsymbol{A}^*\boldsymbol{A} = |\boldsymbol{A}|\boldsymbol{E}$.

根据引理，当 $|\boldsymbol{A}| \neq 0$ 时，有

$$\boldsymbol{A}\left(\frac{1}{|A|}A^*\right) = \left(\frac{1}{|A|}A^*\right)\boldsymbol{A} = \boldsymbol{E}$$

从而当 $|\boldsymbol{A}| \neq 0$ 时 $\boldsymbol{A}$ 可逆，且 $\boldsymbol{A}^{-1} = \frac{1}{|\boldsymbol{A}|}\boldsymbol{A}^*$. 所以 $|\boldsymbol{A}| \neq 0$ 也是矩阵 $\boldsymbol{A}$ 可逆的充分条件.

定理 2.2 矩阵 $\boldsymbol{A}$ 可逆的充分必要条件是 $|\boldsymbol{A}| \neq 0$，且当 $\boldsymbol{A}$ 可逆时 $\boldsymbol{A}^{-1} = \frac{1}{|\boldsymbol{A}|}\boldsymbol{A}^*$.

推论 若 $\boldsymbol{A}$,$\boldsymbol{B}$ 都是 n 阶方阵，且 $\boldsymbol{AB}=\boldsymbol{E}$ 或 $\boldsymbol{BA}=\boldsymbol{E}$，则 $\boldsymbol{A}$,$\boldsymbol{B}$ 都可逆，且 $\boldsymbol{A}$,$\boldsymbol{B}$ 互为逆矩阵.

证 由条件知 $|\boldsymbol{A}||\boldsymbol{B}|=1$，所以 $|\boldsymbol{A}| \neq 0$，$|\boldsymbol{B}| \neq 0$，根据定理 2.2，$\boldsymbol{A}$,$\boldsymbol{B}$ 都可逆. 已知 $\boldsymbol{AB}=\boldsymbol{E}$，要证 $\boldsymbol{BA}=\boldsymbol{E}$ 由于 $\boldsymbol{A}^{-1}\boldsymbol{A}=\boldsymbol{E}$，所以 $\boldsymbol{BA}=(\boldsymbol{A}^{-1}\boldsymbol{A})\boldsymbol{BA}=\boldsymbol{A}^{-1}(\boldsymbol{AB})\boldsymbol{A}=\boldsymbol{A}^{-1}\boldsymbol{EA}=\boldsymbol{A}^{-1}\boldsymbol{A}=\boldsymbol{E}$.

由定义知，$\boldsymbol{B}$ 是 $\boldsymbol{A}$ 的逆矩阵.

定理 2.2 提供了一个求逆矩阵的方法——伴随矩阵法，而定理的推论则说明，判断 $\boldsymbol{B}$ 是否为 $\boldsymbol{A}$ 的逆矩阵，只要验证 $\boldsymbol{AB}=\boldsymbol{E}$ 或 $\boldsymbol{BA}=\boldsymbol{E}$ 之一成立即可.

【例 2.16】 下列矩阵 $\boldsymbol{A}$,$\boldsymbol{B}$,$\boldsymbol{C}$ 是否可逆？若可逆，求各自的逆矩阵

$$\boldsymbol{A} = \begin{pmatrix} 3 & 2 & 1 \\ 1 & 1 & 1 \\ 1 & 0 & 1 \end{pmatrix}, \boldsymbol{B} = \begin{pmatrix} b_1 & & \\ & b_2 & \\ & & b_3 \end{pmatrix}, \boldsymbol{C} = \begin{pmatrix} a & b \\ c & d \end{pmatrix}$$

解　$|\boldsymbol{A}|=2\neq0$,故 $\boldsymbol{A}$ 可逆,再计算 $\boldsymbol{A}$ 各元素的代数余子式

$$A_{11}=\begin{vmatrix}1&1\\0&1\end{vmatrix}=1,A_{12}=-\begin{vmatrix}1&1\\1&1\end{vmatrix}=0,A_{13}=\begin{vmatrix}1&1\\1&0\end{vmatrix}=-1$$

$$A_{21}=-\begin{vmatrix}2&1\\0&1\end{vmatrix}=-2,A_{22}=\begin{vmatrix}3&1\\1&1\end{vmatrix}=2,A_{23}=-\begin{vmatrix}3&2\\1&0\end{vmatrix}=2$$

$$A_{31}=\begin{vmatrix}2&1\\1&1\end{vmatrix}=1,A_{32}=-\begin{vmatrix}3&1\\1&1\end{vmatrix}=-2,A_{33}=\begin{vmatrix}3&2\\1&1\end{vmatrix}=1$$

所以 $\boldsymbol{A}^{-1}=\dfrac{1}{|\boldsymbol{A}|}\boldsymbol{A}^*=\dfrac{1}{|\boldsymbol{A}|}\begin{pmatrix}A_{11}&A_{21}&A_{31}\\A_{12}&A_{22}&A_{32}\\A_{13}&A_{23}&A_{33}\end{pmatrix}=\dfrac{1}{2}\begin{pmatrix}1&-2&1\\0&2&-2\\-1&2&1\end{pmatrix}$

因为 $|\boldsymbol{B}|=b_1b_2b_3$,故当 $|\boldsymbol{B}|=b_1b_2b_3\neq0$ 时 $\boldsymbol{B}$ 可逆,且其可逆矩阵是对角阵

$$\boldsymbol{B}^{-1}=\begin{pmatrix}\frac{1}{b_1}&&\\&\frac{1}{b_2}&\\&&\frac{1}{b_3}\end{pmatrix}$$

$|\boldsymbol{C}|=ab-bc$,当 $ad-bc\neq0$ 时 $\boldsymbol{C}$ 可逆,且 $\boldsymbol{C}^{-1}=\dfrac{1}{ad-bc}\begin{pmatrix}d&-b\\-c&a\end{pmatrix}$.

求逆矩阵容易出错,故求得 $\boldsymbol{A}^{-1}$ 后,应验证 $\boldsymbol{A}^{-1}\boldsymbol{A}=\boldsymbol{E}$,以保证结果正确.

【例 2.17】　已知 n 阶方阵 $\boldsymbol{A}$ 满足矩阵方程

$$\boldsymbol{A}^2-3\boldsymbol{A}-2\boldsymbol{E}=0$$

其中,$\boldsymbol{A}$ 已知,$\boldsymbol{E}$ 为 n 阶单位矩阵,证明:$\boldsymbol{A}$ 可逆,并求出 $\boldsymbol{A}^{-1}$.

证　将矩阵方程变形为

$$\boldsymbol{A}(\boldsymbol{A}-3\boldsymbol{E})=2\boldsymbol{E}$$

既有

$$\boldsymbol{A}\frac{\boldsymbol{A}-3\boldsymbol{E}}{2}=\boldsymbol{E}$$

从而 $\boldsymbol{A}$ 可逆,且 $\boldsymbol{A}^{-1}=\dfrac{\boldsymbol{A}-3\boldsymbol{E}}{2}=\dfrac{1}{2}\boldsymbol{A}-\dfrac{3}{2}\boldsymbol{E}$.

【例 2.18】　设 n 阶矩阵 $\boldsymbol{A}$,$\boldsymbol{B}$ 满足条件 $\boldsymbol{A}+\boldsymbol{B}=\boldsymbol{AB}$

证明:(1) $\boldsymbol{A}-\boldsymbol{E}$ 可逆,并求 $(\boldsymbol{A}-\boldsymbol{E})^{-1}$;

(2) 设 $\boldsymbol{B}=\begin{pmatrix}1&-3&0\\2&1&0\\0&0&2\end{pmatrix}$,求 $\boldsymbol{A}$.

证　(1) 由 $\boldsymbol{A}+\boldsymbol{B}=\boldsymbol{AB}$ 可得

$$\boldsymbol{AB}-\boldsymbol{A}-\boldsymbol{B}+\boldsymbol{E}=\boldsymbol{E}$$

从而
$$(\boldsymbol{A}-\boldsymbol{E})\boldsymbol{B}-(\boldsymbol{A}-\boldsymbol{E})=\boldsymbol{E},$$
即
$$(\boldsymbol{A}-\boldsymbol{E})(\boldsymbol{B}-\boldsymbol{E})=\boldsymbol{E},$$
所以 $\boldsymbol{A}-\boldsymbol{E}$ 可逆,且
$$(\boldsymbol{A}-\boldsymbol{E})^{-1}=\boldsymbol{B}-\boldsymbol{E}$$

(2) 由(1)的证明可知 $\boldsymbol{A}-\boldsymbol{E}=(\boldsymbol{B}-\boldsymbol{E})^{-1}$,所以
$$\boldsymbol{A}=\boldsymbol{E}+(\boldsymbol{B}-\boldsymbol{E})^{-1}=\boldsymbol{E}+\begin{pmatrix}0&-3&0\\2&0&0\\0&0&1\end{pmatrix}^{-1}=\begin{pmatrix}1&0&0\\0&1&0\\0&0&1\end{pmatrix}+\frac{1}{6}\begin{pmatrix}0&3&0\\-2&0&0\\0&0&6\end{pmatrix}$$
$$=\begin{pmatrix}1&\frac{1}{2}&0\\-\frac{1}{3}&1&0\\0&0&2\end{pmatrix}$$

矩阵的乘法一般不满足消去律,当矩阵可逆时,可用逆矩阵消元.

例如,当 $\boldsymbol{A}$ 可逆时,由 $\boldsymbol{AB}=\boldsymbol{AC}$,

用 $\boldsymbol{A}^{-1}$ 左乘等式两边可得 $\boldsymbol{B}=\boldsymbol{C}$.

同理当 $\boldsymbol{A}$ 可逆时,有 $\boldsymbol{AC}=0\Rightarrow\boldsymbol{C}=0$.

例如,给出矩阵方程 $\boldsymbol{AX}=\boldsymbol{B}$,当 $\boldsymbol{A}$ 可逆时,可用 $\boldsymbol{A}^{-1}$ 左乘方程两边消去 $\boldsymbol{A}$,解得 $\boldsymbol{X}=\boldsymbol{A}^{-1}\boldsymbol{B}$.

【例 2.19】 已知矩阵 $\boldsymbol{X}$ 满足 $\begin{pmatrix}1&2\\3&4\end{pmatrix}\boldsymbol{X}=\begin{pmatrix}3&5\\5&9\end{pmatrix}$,求 $\boldsymbol{X}$.

解 用 $\begin{pmatrix}1&2\\3&4\end{pmatrix}^{-1}$ 左乘方程两边,得
$$\boldsymbol{X}=\begin{pmatrix}1&2\\3&4\end{pmatrix}^{-1}\begin{pmatrix}3&5\\5&9\end{pmatrix}=\frac{1}{4-6}\begin{pmatrix}4&-2\\-3&1\end{pmatrix}\begin{pmatrix}3&5\\5&9\end{pmatrix}=\begin{pmatrix}-2&1\\\frac{3}{2}&\frac{-1}{2}\end{pmatrix}\begin{pmatrix}3&5\\5&9\end{pmatrix}=\begin{pmatrix}-1&-1\\2&3\end{pmatrix}$$

对 n 个 n 元方程构成的线性方程组 $\boldsymbol{AX}=b$,当 $|\boldsymbol{A}|\neq 0$ 时,克莱姆法则给出了行列式求解法,现在则可简单地利用 $\boldsymbol{A}$ 的矩阵来计算 $\boldsymbol{X}=\boldsymbol{A}^{-1}b$.

2.3.3 可逆矩阵的性质

若同阶矩阵 $\boldsymbol{A},\boldsymbol{B}$ 都可逆,k 为非零常数,则

(1) $(\boldsymbol{A}^{-1})^{-1}=\boldsymbol{A}$;

(2) $k\boldsymbol{A}$ 可逆,且 $(k\boldsymbol{A})^{-1}=\frac{1}{k}\boldsymbol{A}^{-1}$;

(3) $\boldsymbol{AB}$ 可逆,且 $(\boldsymbol{AB})^{-1}=\boldsymbol{B}^{-1}\boldsymbol{A}^{-1}$.

进一步，若同阶矩阵 $\boldsymbol{A}_1,\boldsymbol{A}_2,\cdots,\boldsymbol{A}_m$ 都可逆，则 $(\boldsymbol{A}_1\boldsymbol{A}_2\cdots\boldsymbol{A}_m)^{-1}=\boldsymbol{A}_m^{-1}\boldsymbol{A}_{m-1}^{-1}\cdots\boldsymbol{A}_1^{-1}$；$(\boldsymbol{A}^m)^{-1}=(\boldsymbol{A}^{-1})^m$.

(4) $(\boldsymbol{A}^{\mathrm{T}})^{-1}=(\boldsymbol{A}^{-1})^{\mathrm{T}}$；

(5) $|\boldsymbol{A}^{-1}|=\dfrac{1}{|\boldsymbol{A}|}$.

下面只证性质 4，其余留给读者自证. 由定理 2.2 的推论知，只要证 $\boldsymbol{A}^{\mathrm{T}}(\boldsymbol{A}^{-1})^{\mathrm{T}}=\boldsymbol{E}$ 即可. 利用转置矩阵的性质即得 $\boldsymbol{A}^{\mathrm{T}}(\boldsymbol{A}^{-1})^{\mathrm{T}}=(\boldsymbol{A}^{-1}\boldsymbol{A})^{\mathrm{T}}=\boldsymbol{E}^{\mathrm{T}}=\boldsymbol{E}$.

【例 2.20】 设 n 阶矩阵 $\boldsymbol{A},\boldsymbol{B},\boldsymbol{A}+\boldsymbol{B}$ 均可逆，证明：$\boldsymbol{A}^{-1}+\boldsymbol{B}^{-1}$ 可逆，且 $(\boldsymbol{A}^{-1}+\boldsymbol{B}^{-1})^{-1}=\boldsymbol{A}(\boldsymbol{A}+\boldsymbol{B})^{-1}\boldsymbol{B}$.

证　现证明左边的等式. 由性质 3 及乘法分配律有

$$\boldsymbol{A}(\boldsymbol{A}+\boldsymbol{B})^{-1}\boldsymbol{B}=[\boldsymbol{B}^{-1}(\boldsymbol{A}+\boldsymbol{B})\boldsymbol{A}^{-1}]^{-1}=(\boldsymbol{B}^{-1}\boldsymbol{A}\boldsymbol{A}^{-1}+\boldsymbol{B}^{-1}\boldsymbol{B}\boldsymbol{A}^{-1})^{-1}=(\boldsymbol{B}^{-1}+\boldsymbol{A}^{-1})^{-1}$$

即 $\boldsymbol{A}(\boldsymbol{A}+\boldsymbol{B})^{-1}\boldsymbol{B}=(\boldsymbol{A}^{-1}+\boldsymbol{B}^{-1})^{-1}$.

同理可证右边的等式.

【例 2.21】 设矩阵 $\boldsymbol{D}=\boldsymbol{A}^{-1}\boldsymbol{B}^{\mathrm{T}}(\boldsymbol{C}\boldsymbol{B}^{-1}+\boldsymbol{E})^{\mathrm{T}}-[(\boldsymbol{C}^{-1})^{\mathrm{T}}\boldsymbol{A}]^{-1}$，其中

$$\boldsymbol{A}=\begin{pmatrix}1&0&0\\0&\frac{1}{2}&0\\0&0&\frac{1}{3}\end{pmatrix},\boldsymbol{B}=\begin{pmatrix}1&2&0\\2&1&0\\0&0&1\end{pmatrix},\boldsymbol{C}=\begin{pmatrix}1&2&3\\4&5&6\\7&8&10\end{pmatrix}$$

求矩阵 $\boldsymbol{D}$.

解　先利用运算性质将 $\boldsymbol{D}$ 化解，然后再进行计算

$$\begin{aligned}\boldsymbol{D}&=\boldsymbol{A}^{-1}[(\boldsymbol{C}\boldsymbol{B}^{-1}+\boldsymbol{E})\boldsymbol{B}]^{\mathrm{T}}-\boldsymbol{A}^{-1}[(\boldsymbol{C}^{\mathrm{T}})^{-1}]^{-1}\\&=\boldsymbol{A}^{-1}(\boldsymbol{C}+\boldsymbol{B})^{\mathrm{T}}-\boldsymbol{A}^{-1}\boldsymbol{C}^{\mathrm{T}}\\&=\boldsymbol{A}^{-1}(\boldsymbol{C}^{\mathrm{T}}+\boldsymbol{B}^{\mathrm{T}})-\boldsymbol{A}^{-1}\boldsymbol{C}^{\mathrm{T}}\\&=\boldsymbol{A}^{-1}(\boldsymbol{C}^{\mathrm{T}}+\boldsymbol{B}^{\mathrm{T}}-\boldsymbol{C}^{\mathrm{T}})\\&=\boldsymbol{A}^{-1}\boldsymbol{B}^{\mathrm{T}}\end{aligned}$$

$$\boldsymbol{A}^{-1}=\begin{pmatrix}1&0&0\\0&2&0\\0&0&3\end{pmatrix},\boldsymbol{B}^{\mathrm{T}}=\boldsymbol{B}$$

所以

$$\boldsymbol{D}=\boldsymbol{A}^{-1}\boldsymbol{B}^{\mathrm{T}}=\begin{pmatrix}1&0&0\\0&2&0\\0&0&3\end{pmatrix}\begin{pmatrix}1&2&0\\2&1&0\\0&0&1\end{pmatrix}=\begin{pmatrix}1&2&0\\4&2&0\\0&0&3\end{pmatrix}$$

【例 2.22】 设 $\boldsymbol{A}$ 为 n 阶方阵，证明：$|\boldsymbol{A}^*|=|\boldsymbol{A}|^{n-1}\ (n\geqslant 2)$.

证　因为 $\boldsymbol{A}^*\boldsymbol{A}=|\boldsymbol{A}|\boldsymbol{E}$，

所以 $|\boldsymbol{A}^*\boldsymbol{A}|=|\boldsymbol{A}|^n$.

(1) 当 $|\boldsymbol{A}|\neq 0$ 时，$|\boldsymbol{A}^*|=|\boldsymbol{A}|^{n-1}$；

(2) 当 $|\boldsymbol{A}|=0$ 时，$\boldsymbol{A}^*\boldsymbol{A}=0$，若 $|\boldsymbol{A}^*|\neq 0$，则 $\boldsymbol{A}^*$ 可逆，所以 $\boldsymbol{A}=0$，从而 $\boldsymbol{A}^*=0$，这与 $|\boldsymbol{A}^*|\neq 0$ 矛盾，故 $|\boldsymbol{A}^*|=0$，所以仍有 $|\boldsymbol{A}^*|=|\boldsymbol{A}|^{n-1}$.

【例 2.23】 已知矩阵 $\boldsymbol{A}$ 为五阶方阵，$|\boldsymbol{A}|=3$，求 $|2\boldsymbol{A}^*|$ 和 $|2\boldsymbol{A}^*-7\boldsymbol{A}^{-1}|$.

解 由例 2.22 有 $|2\boldsymbol{A}^*|=2^5|\boldsymbol{A}^*|=2^5\ |\boldsymbol{A}|^4=2^5\times 3^4=2592$，又 $|\boldsymbol{A}|=3$，所以 $\boldsymbol{A}$ 可逆. 由 $\boldsymbol{A}\boldsymbol{A}^*=|\boldsymbol{A}|\boldsymbol{A}^{-1}$，故

$$|2\boldsymbol{A}^*-7\boldsymbol{A}^{-1}|=|2|\boldsymbol{A}|\boldsymbol{A}^{-1}-7\boldsymbol{A}^{-1}|=|6\boldsymbol{A}^{-1}-7\boldsymbol{A}^{-1}|=|-\boldsymbol{A}^{-1}|=(-1)^5\frac{1}{|\boldsymbol{A}|}=\frac{-1}{3}$$

2.4* 分块矩阵

前面对矩阵定义了各种运算，对某些较大型的矩阵还可进行分块处理，以方便矩阵的计算和讨论.

用一些横线和竖线将矩阵分成若干小矩阵(称为矩阵的子块)，以这些子块为元素组成的矩阵为分块矩阵.

例如，将一个 4×5 的矩阵按如下方法分块

$$\boldsymbol{A}=\left(\begin{array}{cc:ccc} a_{11} & a_{12} & a_{13} & a_{14} & a_{15} \\ \hdashline a_{21} & a_{22} & a_{23} & a_{24} & a_{25} \\ a_{31} & a_{32} & a_{33} & a_{34} & a_{35} \\ \hdashline a_{41} & a_{42} & a_{43} & a_{44} & a_{45} \end{array}\right)$$

$$\boldsymbol{A}_{11}=(a_{11}\quad a_{12}),\boldsymbol{A}_{12}=(a_{13}\quad a_{14}\quad a_{15})$$

$$\boldsymbol{A}_{21}=\begin{pmatrix} a_{21} & a_{22} \\ a_{31} & a_{32} \end{pmatrix},\boldsymbol{A}_{22}=\begin{pmatrix} a_{23} & a_{24} & a_{25} \\ a_{33} & a_{34} & a_{35} \end{pmatrix}$$

并记 $\boldsymbol{A}_{31}=(a_{41}\quad a_{42}),\boldsymbol{A}_{32}=(a_{43}\quad a_{44}\quad a_{45})$，

$$\boldsymbol{A}=\begin{pmatrix} A_{11} & A_{12} \\ A_{21} & A_{22} \\ A_{31} & A_{32} \end{pmatrix}$$

为 3×2 的分块矩阵.

分块矩阵与通常矩阵有相同的运算，并满足对应的运算法则.

(1) 分块矩阵的加法

设分块矩阵 $\boldsymbol{A}=(A_{kl})_{s\times t}$，$\boldsymbol{B}=(B_{kl})_{s\times t}$，如果 $\boldsymbol{A}$ 与 $\boldsymbol{B}$ 对应的子块 $\boldsymbol{A}_{kl}$ 和 $\boldsymbol{B}_{kl}$ 都是同型矩阵，则 $\boldsymbol{A}+\boldsymbol{B}=(\boldsymbol{A}_{kl}+\boldsymbol{B}_{kl})_{s\times t}$.

例如 $\begin{pmatrix} \boldsymbol{A}_{11} & \boldsymbol{A}_{12} \\ \boldsymbol{A}_{21} & \boldsymbol{A}_{22} \end{pmatrix}+\begin{pmatrix} \boldsymbol{B}_{11} & \boldsymbol{B}_{12} \\ \boldsymbol{B}_{21} & \boldsymbol{B}_{22} \end{pmatrix}=\begin{pmatrix} \boldsymbol{A}_{11}+\boldsymbol{B}_{11} & \boldsymbol{A}_{12}+\boldsymbol{B}_{12} \\ \boldsymbol{A}_{21}+\boldsymbol{B}_{21} & \boldsymbol{A}_{22}+\boldsymbol{B}_{22} \end{pmatrix}$，其中子矩阵 $\boldsymbol{A}_{ij}$ 与对应的 $\boldsymbol{B}_{ij}$

$(i,j=1,2)$是同一个矩阵.

(2) 分块矩阵的数乘

设分块矩阵 $\boldsymbol{A}=(\boldsymbol{A}_{ij})_{s\times t}$,$k$ 是一个数,则 $k\boldsymbol{A}=(kA_{ij})_{s\times t}$.

(3) 分块矩阵的乘法

设 $\boldsymbol{A}$ 是 $m\times p$ 矩阵,$\boldsymbol{B}$ 是 $p\times n$ 矩阵,如果将 $\boldsymbol{A}$ 分块为分块矩阵 $(\boldsymbol{A}_{kl})_{r\times s}$,$\boldsymbol{B}$ 分块为 $s\times t$ 分块矩阵 $(B_{kl})_{s\times t}$,且 $\boldsymbol{A}$ 的列的分法与 $\boldsymbol{B}$ 的行的分法完全一致,则

$$\boldsymbol{AB}=\begin{pmatrix}\boldsymbol{A}_{11} & \boldsymbol{A}_{12} & \cdots & \boldsymbol{A}_{1s}\\ \boldsymbol{A}_{21} & \boldsymbol{A}_{22} & \cdots & \boldsymbol{A}_{2s}\\ \vdots & \vdots & & \vdots\\ \boldsymbol{A}_{r1} & \boldsymbol{A}_{r2} & \cdots & \boldsymbol{A}_{rs}\end{pmatrix}\begin{pmatrix}\boldsymbol{B}_{11} & \boldsymbol{B}_{12} & \cdots & \boldsymbol{B}_{1t}\\ \boldsymbol{B}_{21} & \boldsymbol{B}_{22} & \cdots & \boldsymbol{B}_{2t}\\ \vdots & \vdots & & \vdots\\ \boldsymbol{B}_{s1} & \boldsymbol{A}_{s2} & \cdots & \boldsymbol{A}_{st}\end{pmatrix}=\boldsymbol{C}=(\boldsymbol{C}_{kl})_{r\times t}$$

其中 $\boldsymbol{C}$ 是 $r\times t$ 分块矩阵,并且

$$\boldsymbol{C}_{kl}=\sum_{i=1}^{s}\boldsymbol{A}_{ki}\boldsymbol{B}_{il}\ (k=1,2,\cdots,r;l=1,2,\cdots,t)$$

特别的,若同阶方阵 $\boldsymbol{A}$ 与 $\boldsymbol{B}$ 可以分成同型的分块对角阵(简称为准对角阵),

即
$$\boldsymbol{A}=\begin{pmatrix}\boldsymbol{A}_1 & & & \\ & \boldsymbol{A}_2 & & \\ & & \ddots & \\ & & & \boldsymbol{A}_s\end{pmatrix},\boldsymbol{B}=\begin{pmatrix}\boldsymbol{B}_1 & & & \\ & \boldsymbol{B}_2 & & \\ & & \ddots & \\ & & & \boldsymbol{B}_s\end{pmatrix}$$

其中 $\boldsymbol{A}_i$ 和 $\boldsymbol{B}_i$ 是同阶方阵$(i=1,2,\cdots,s)$,则有

$$\boldsymbol{A}+\boldsymbol{B}=\begin{pmatrix}\boldsymbol{A}_1+\boldsymbol{B}_1 & & & \\ & \boldsymbol{A}_2+\boldsymbol{B}_2 & & \\ & & \ddots & \\ & & & \boldsymbol{A}_s+\boldsymbol{B}_s\end{pmatrix}$$

$$\boldsymbol{AB}=\begin{pmatrix}\boldsymbol{A}_1\boldsymbol{B}_1 & & & \\ & \boldsymbol{A}_2\boldsymbol{B}_2 & & \\ & & \ddots & \\ & & & \boldsymbol{A}_s\boldsymbol{B}_s\end{pmatrix}$$

$|\boldsymbol{A}|=|\boldsymbol{A}_1||\boldsymbol{A}_2|\cdots|\boldsymbol{A}_s|$.

(4) 分块矩阵的转置

(5) 分块矩阵 $\boldsymbol{A}=(A_{kl})_{s\times t}$的转置矩阵

$$\boldsymbol{A}^{\mathrm{T}}=(\boldsymbol{A}_{lk}^{\mathrm{T}})_{t\times s},\text{例如 }\boldsymbol{A}=\begin{pmatrix}\boldsymbol{A}_{11} & \boldsymbol{A}_{12} & \boldsymbol{A}_{13}\\ \boldsymbol{A}_{21} & \boldsymbol{A}_{22} & \boldsymbol{A}_{23}\end{pmatrix},\text{则}\boldsymbol{A}^{\mathrm{T}}=\begin{pmatrix}\boldsymbol{A}_{11}^{\mathrm{T}} & \boldsymbol{A}_{21}^{\mathrm{T}}\\ \boldsymbol{A}_{12}^{\mathrm{T}} & \boldsymbol{A}_{22}^{\mathrm{T}}\\ \boldsymbol{A}_{13}^{\mathrm{T}} & \boldsymbol{A}_{23}^{\mathrm{T}}\end{pmatrix}.$$

(6) 准对角阵的逆矩阵

设矩阵 $\boldsymbol{A}$ 可以分块为准对角阵

$$\boldsymbol{A}=\begin{pmatrix}\boldsymbol{A}_1 & & & \\ & \boldsymbol{A}_2 & & \\ & & \ddots & \\ & & & \boldsymbol{A}_s\end{pmatrix}$$

其中 $\boldsymbol{A}_i\,(i=1,2,\cdots,s)$ 可逆，则

$$\boldsymbol{A}^{-1}=\begin{pmatrix}\boldsymbol{A}_1^{-1} & & & \\ & \boldsymbol{A}_2^{-1} & & \\ & & \ddots & \\ & & & \boldsymbol{A}_s^{-1}\end{pmatrix}$$

由于行列式 $|\boldsymbol{A}|=|\boldsymbol{A}_1||\boldsymbol{A}_2|\cdots|\boldsymbol{A}_s|$，所以 $|\boldsymbol{A}|\neq 0$ 的充分必要条件是 $|\boldsymbol{A}_i|\neq 0$ $(i=1,2,\cdots,s)$，从而 $\boldsymbol{A}$ 可逆等阶于 $\boldsymbol{A}_1,\boldsymbol{A}_2,\cdots,\boldsymbol{A}_s$，都可逆，可以证明当 $\boldsymbol{A},\boldsymbol{B}$ 可逆时 $\begin{pmatrix}0 & \boldsymbol{A}\\ \boldsymbol{B} & 0\end{pmatrix}^{-1}=\begin{pmatrix}0 & \boldsymbol{B}^{-1}\\ \boldsymbol{A}^{-1} & 0\end{pmatrix}$.

【例 2.24】 设 $\boldsymbol{A}=\begin{pmatrix}\boldsymbol{B} & 0\\ \boldsymbol{C} & \boldsymbol{D}\end{pmatrix}$，其中 $\boldsymbol{B},\boldsymbol{D}$ 为可逆矩阵，证明：$\boldsymbol{A}$ 可逆，并求 $\boldsymbol{A}^{-1}$.

证 因为 $|\boldsymbol{A}|=|\boldsymbol{B}||\boldsymbol{D}|\neq 0$，所以 $\boldsymbol{A}$ 可逆. 设 $\boldsymbol{A}^{-1}=\begin{pmatrix}\boldsymbol{X} & \boldsymbol{Y}\\ \boldsymbol{Z} & \boldsymbol{T}\end{pmatrix}$，

则应有 $$\begin{pmatrix}\boldsymbol{B} & 0\\ \boldsymbol{C} & \boldsymbol{D}\end{pmatrix}\begin{pmatrix}\boldsymbol{X} & \boldsymbol{Y}\\ \boldsymbol{Z} & \boldsymbol{T}\end{pmatrix}=\begin{pmatrix}\boldsymbol{BX} & \boldsymbol{BY}\\ \boldsymbol{CX}+\boldsymbol{DZ} & \boldsymbol{CY}+\boldsymbol{DT}\end{pmatrix}=\begin{pmatrix}\boldsymbol{E}_1 & 0\\ 0 & \boldsymbol{E}_2\end{pmatrix}$$

其中，$\boldsymbol{E}_1,\boldsymbol{E}_2$ 分别是与 $\boldsymbol{B},\boldsymbol{D}$ 同阶的单位矩阵，从而

$\boldsymbol{BX}=\boldsymbol{E}_1\Rightarrow\boldsymbol{X}=\boldsymbol{B}^{-1}$，

$\boldsymbol{BY}=0\Rightarrow\boldsymbol{Y}=\boldsymbol{B}^{-1}0=0$，

$\boldsymbol{CX}+\boldsymbol{DZ}=0\Rightarrow\boldsymbol{DZ}=-\boldsymbol{CX}=-\boldsymbol{CB}^{-1}\Rightarrow\boldsymbol{Z}-\boldsymbol{DT}^{-1}\boldsymbol{CB}^{-1}$，

$\boldsymbol{CY}+\boldsymbol{DT}=\boldsymbol{E}_2\Rightarrow\boldsymbol{DT}=\boldsymbol{E}_2-\boldsymbol{CY}=\boldsymbol{E}_2\Rightarrow\boldsymbol{T}=\boldsymbol{D}^{-1}$，

即 $\boldsymbol{A}^{-1}=\begin{pmatrix}\boldsymbol{B}^{-1} & 0\\ -\boldsymbol{D}^{-1}\boldsymbol{CB}^{-1} & \boldsymbol{D}^{-1}\end{pmatrix}$.

【例 2.25】 求矩阵

$$\boldsymbol{A}=\begin{pmatrix}2 & 1 & 0 & 0 & 0\\ 1 & 2 & 0 & 0 & 0\\ 1 & 2 & 1 & 0 & 0\\ 0 & -3 & 0 & 1 & 0\\ 3 & 0 & 0 & 0 & 1\end{pmatrix}$$的逆矩阵.

解　将矩阵分块为 $\boldsymbol{A}=\begin{pmatrix} B & 0 \\ C & D \end{pmatrix}$，其中 $\boldsymbol{B}=\begin{pmatrix} 2 & 1 \\ 1 & 2 \end{pmatrix}$，$\boldsymbol{D}=\boldsymbol{E}_3$，$\boldsymbol{C}=\begin{pmatrix} 1 & 2 \\ 0 & -3 \\ 3 & 0 \end{pmatrix}$，$\boldsymbol{B}^{-1}=\begin{pmatrix} \frac{2}{3} & -\frac{1}{3} \\ -\frac{1}{3} & \frac{2}{3} \end{pmatrix}$，$\boldsymbol{D}^{-1}=\boldsymbol{E}_3$，

$$\boldsymbol{D}^{-1}\boldsymbol{C}\boldsymbol{B}^{-1}=\begin{pmatrix} 1 & 2 \\ 0 & -3 \\ 3 & 0 \end{pmatrix}\begin{pmatrix} \frac{2}{3} & -\frac{1}{3} \\ -\frac{1}{3} & \frac{2}{3} \end{pmatrix}=\begin{pmatrix} 0 & 1 \\ 1 & -2 \\ 2 & -1 \end{pmatrix}$$

利用例 2.24 的结果，得

$$\boldsymbol{A}^{-1}=\begin{pmatrix} \boldsymbol{B}^{-1} & 0 \\ -\boldsymbol{D}^{-1}\boldsymbol{C}\boldsymbol{B}^{-1} & \boldsymbol{D}^{-1} \end{pmatrix}=\begin{pmatrix} \frac{2}{3} & -\frac{1}{3} & 0 & 0 & 0 \\ -\frac{1}{3} & \frac{2}{3} & 0 & 0 & 0 \\ 0 & -1 & 1 & 0 & 0 \\ -1 & 2 & 0 & 1 & 0 \\ -2 & 1 & 0 & 0 & 1 \end{pmatrix}$$

【例 2.26】　设

$$\boldsymbol{A}=\begin{pmatrix} 0 & 0 & 0 & 1 & 2 \\ 0 & 0 & 0 & 2 & 5 \\ 1 & 0 & 0 & 0 & 0 \\ 0 & 2 & 0 & 0 & 0 \\ 0 & 0 & 3 & 0 & 0 \end{pmatrix}$$

求 $\boldsymbol{A}$ 的逆矩阵.

解　记 $\boldsymbol{A}_1=\begin{pmatrix} 1 & 2 \\ 2 & 5 \end{pmatrix}$，$\boldsymbol{A}_2=\begin{pmatrix} 1 & 0 & 0 \\ 0 & 2 & 0 \\ 0 & 0 & 3 \end{pmatrix}$

则
$$\boldsymbol{A}=\begin{pmatrix} 0 & A_1 \\ A_2 & 0 \end{pmatrix}，又\ \boldsymbol{A}_1^{-1}=\begin{pmatrix} 5 & -2 \\ -2 & 1 \end{pmatrix}，\boldsymbol{A}_2^{-1}=\begin{pmatrix} 1 & 0 & 0 \\ 0 & \frac{1}{2} & 0 \\ 0 & 0 & \frac{1}{3} \end{pmatrix}$$

所以 $A^{-1}=\begin{pmatrix}0 & A_2^{-1}\\ A_1^{-1} & 0\end{pmatrix}=\begin{pmatrix}0 & 0 & 1 & 0 & 0\\ 0 & 0 & 0 & \frac{1}{2} & 0\\ 0 & 0 & 0 & 0 & \frac{1}{3}\\ 5 & -2 & 0 & 0 & 0\\ -2 & 1 & 0 & 0 & 0\end{pmatrix}$ 利用分块矩阵的记号，可得

$\begin{vmatrix}A & C\\ 0 & B\end{vmatrix}=|A|\,|B|.$

同理有 $\begin{vmatrix}A & C\\ 0 & B\end{vmatrix}=\begin{vmatrix}A & 0\\ 0 & B\end{vmatrix}=|A|\,|B|.$

但是，应当注意，一般地

$$\begin{vmatrix}0 & A\\ B & C\end{vmatrix}=\begin{vmatrix}0 & A\\ B & 0\end{vmatrix}\neq -|A|\,|B|$$

设 A 为 k 阶矩阵，B 为 m 阶矩阵，则

例

$$\left|\begin{array}{ccccc:ccc} * & * & * & * & * & 1 & 0 & 0\\ * & * & * & * & * & 1 & 2 & 0\\ * & * & * & * & * & 1 & 2 & 3\\ \hdashline 0 & 0 & 0 & 0 & -1 & 0 & 0 & 0\\ 0 & 0 & 0 & -2 & 0 & 0 & 0 & 0\\ 0 & 0 & -3 & 0 & 0 & 0 & 0 & 0\\ 0 & -4 & 0 & 0 & 0 & 0 & 0 & 0\\ -5 & 0 & 0 & 0 & 0 & 0 & 0 & 0\end{array}\right|$$

$$=(-1)^{3\times5}\begin{vmatrix}1 & 0 & 0\\ 1 & 2 & 0\\ 1 & 2 & 3\end{vmatrix}\begin{vmatrix} & & & & -1\\ & & & -2 & \\ & & -3 & & \\ & -4 & & & \\ -5 & & & & \end{vmatrix}$$

$$=-3!\times(-1)^{\frac{5\times4}{2}}(-1)^5 5!=3!\times5!=720$$

2.5 矩阵的初等变换、矩阵的秩和初等矩阵

2.5.1 矩阵的初等变换

定义 2.11 对矩阵施行如下 3 种变换：

(1) 变换矩阵第 i 行与第 j 行的位置($r_1 \leftrightarrow r_j$，称为对换)；

(2) 用非零数 k 乘矩阵的第 i 行(kr_i，称为倍乘)；

(3) 把矩阵的第 i 行的 k 倍加到第 j 行上($r_j + kr_i$，称为倍加).

以上 3 种变换统称为矩阵的行初等变换.

将定义中的行换成列，即对矩阵的列作类似的 3 种变换，称为矩阵的列初等变换. 矩阵的行初等变换和列初等变换统称为**矩阵的初等变换**.

求解线性方程组的消元法可以通过对其增广矩阵施行初等变换来实现.

定义 2.12 若矩阵满足以下两个条件：

(1) 如果存在零行(即元素全为零的行)，则所有的零行都位于非零行(即元素不全为零的行)的下方；

(2) 每一非零行首个非零元(非零元最左边的非零元素)所在的列中，位于该非零元下方以及它们左边的所有元素为零，则称该矩阵为阶梯形矩阵.

根据定义 2.12，$\begin{pmatrix} 1 & 2 & 3 \\ 0 & 4 & 5 \\ 0 & 0 & 6 \end{pmatrix}$，$\begin{pmatrix} 1 & 2 & 3 & 4 & 5 \\ 0 & 0 & 6 & 7 & 8 \\ 0 & 0 & 0 & 9 & 10 \end{pmatrix}$，$\begin{pmatrix} 2 & -2 & -1 & 1 \\ 0 & 1 & -1 & 1 \\ 0 & 0 & 0 & 1 \\ 0 & 0 & 0 & 0 \end{pmatrix}$

都是阶梯形矩阵，而矩阵

$$\begin{pmatrix} 1 & 2 & 3 & 4 & 5 \\ 0 & 0 & 0 & 6 & 7 \\ 0 & 0 & 8 & 9 & 10 \end{pmatrix}, \begin{pmatrix} 1 & 2 & 3 \\ 2 & 4 & 6 \\ 0 & 0 & 0 \end{pmatrix}, \begin{pmatrix} 0 & 0 & 0 & 4 \\ 0 & 0 & 4 & 3 \\ 0 & 4 & 3 & 2 \\ 4 & 3 & 2 & 1 \end{pmatrix}$$

都不是阶梯形矩阵.

定义 2.13 阶梯形矩阵若满足：

(1) 每个非零行数的首个非零元为 1；

(2) 每个非零行的首个非零元所在的列的其他元素全为零，则称它为规范(或简化)的阶梯形矩阵.

阶梯形矩阵或规范的阶梯形矩阵是线性代数中重要的矩阵，不难证明以下定理：

定理 2.3 任何矩阵都可以通过单纯的行初等变换化为阶梯形矩阵或规范的阶梯形

矩阵.

【例 2.27】 用行初等变换将矩阵

$$A=\begin{pmatrix}1&-1&1&2\\2&-2&-3&1\\3&2&-5&0\end{pmatrix}$$

化为规范的阶梯形矩阵.

解 $A\xrightarrow{r_2-2r_1}\begin{pmatrix}1&-1&-1&2\\0&0&-1&-3\\3&2&-5&0\end{pmatrix}\xrightarrow{r_3-3r_1}\begin{pmatrix}1&-1&-1&2\\0&0&-1&-3\\0&5&-2&-6\end{pmatrix}$

$\xrightarrow{r_3-2r_2}\begin{pmatrix}1&-1&-1&2\\0&0&-1&-3\\0&5&0&0\end{pmatrix}\xrightarrow{r_2\leftrightarrow r_3}\begin{pmatrix}1&-1&-1&2\\0&5&0&0\\0&0&-1&-3\end{pmatrix}$(阶梯形矩阵)

$\xrightarrow{\frac{1}{5}r_2,(-1)r_3}\begin{pmatrix}1&-1&-1&2\\0&1&0&0\\0&0&1&3\end{pmatrix}\xrightarrow{r_1+r_2+r_3}\begin{pmatrix}1&0&0&5\\0&1&0&0\\0&0&1&5\end{pmatrix}$(规范的阶梯形矩阵)

进一步,对 A 的规范的阶梯形矩阵再施行行列初等变换,可将第 4 列元素全化为零

$$\begin{pmatrix}1&0&0&5\\0&1&0&0\\0&0&1&3\end{pmatrix}\xrightarrow{c_4-5c_1-3c_3}\begin{pmatrix}1&0&0&0\\0&1&0&0\\0&0&1&0\end{pmatrix}$$

对任何矩阵 A 一定可以通过一系列初等变换化为形如

$$\begin{pmatrix}E_r&0\\0&0\end{pmatrix}$$

的矩阵,该矩阵称为 A 的标准型.

定义 2.14 如果矩阵 A 经过有限次初等变换变为矩阵 B,则称 A 与 B 等阶(或相抵),记为 $A\sim B$ 矩阵 A 通过初等变换化为矩阵 B,一般 $A\neq B$,故两者之间不能用等号“=”相连接,可用“→”,“～”等记号相连接.

任何矩阵都与它的标准型等阶.

矩阵之间的等阶关系具有如下性质:

(1) 自反性:$A\sim A$;

(2) 对称性:$A\sim B$,则 $B\sim A$;

(3) 传递性:$A\sim B$,$B\sim C$,则 $A\sim C$.

(4) 数学中把具有上述 3 条性质的关系互称为等价关系.例如两个线性方程组同解,也称这两个方程组等价.

2.5.2 矩阵的秩

根据上节结论，任何矩阵都可通过行初等变换化为阶梯形矩阵，虽然同一矩阵的阶梯形矩阵不一定唯一，但这些阶梯矩阵所含非零行的行数是一个确定的值，这是矩阵的一个重要属性.

定义 2.15 在矩阵 $\boldsymbol{A}=(a_{ij})_{m\times n}$ 中任取 k 行和 k 列 $(1\leqslant k\leqslant \min\{m,n\})$，位于这 k 行 k 列的交叉点上的 k^2 个元素按照原来的顺序排成 k 阶行列式称为 $\boldsymbol{A}$ 的一个 k 阶子式.

定义 2.16 若矩阵 $\boldsymbol{A}=(a_{ij})_{m\times n}$ 存在一个 r 阶子式不等于零，而它的所有 $r+1$ 阶子式（如果存在的话）全为零，则称 r 为矩阵 $\boldsymbol{A}$ 的秩，记为 $r(\boldsymbol{A})$. 即 $r(\boldsymbol{A})=r$，并规定零矩阵的秩为零.

如果矩阵的所有 $r+1$ 阶子式全为零，那么它的所有大于 $r+1$ 的阶子式一定全为零，所以矩阵的秩即矩阵中不为零的子式是最高阶数.

对于 n 阶可逆矩阵 $\boldsymbol{A}$，因为 $|\boldsymbol{A}|\neq 0$，所以其最高阶非零子式为 $|\boldsymbol{A}|$，故 $r(\boldsymbol{A})=n$. 因此，可逆矩阵也称为满秩矩阵，奇异矩阵又称降秩矩阵.

由定义容易得知，对逆矩阵 $\boldsymbol{A}$ 若存在一个 r 阶子式不为零，则 $r(\boldsymbol{A})\geqslant r$；若矩阵 $\boldsymbol{A}$ 的任一 r 阶子式都为零，则 $r(\boldsymbol{A})<r$.

显然 $m\times n$ 矩阵 $\boldsymbol{A}$ 的秩满足 $0\leqslant r(\boldsymbol{A})\leqslant \min\{m,n\}$.

矩阵 $\boldsymbol{A}$ 与其转置矩阵 $\boldsymbol{A}^{\mathrm{T}}$ 的秩相同，$r(\boldsymbol{A})=r(\boldsymbol{A}^{\mathrm{T}})$.

【例 2.28】 求下列矩阵的秩

$$\boldsymbol{A}=\begin{pmatrix}3&2&1&-1\\0&2&3&0\\-3&4&8&1\end{pmatrix},\boldsymbol{B}=\begin{pmatrix}2&-1&0&3&-2\\0&3&1&-2&5\\0&0&0&3&-4\\0&0&0&0&0\end{pmatrix}$$

解 在 $\boldsymbol{A}$ 中，存在一个二阶子式 $\begin{vmatrix}3&2\\0&2\end{vmatrix}=6\neq 0$，且所有的三阶子式（共有 $C_4^3=4$ 个）

$$\begin{vmatrix}3&2&1\\0&2&3\\-3&4&8\end{vmatrix},\begin{vmatrix}3&2&-1\\0&2&0\\-3&4&1\end{vmatrix},\begin{vmatrix}3&1&-1\\0&3&0\\-3&8&1\end{vmatrix},\begin{vmatrix}2&1&-1\\2&3&0\\4&8&1\end{vmatrix}$$

全为零，所以 $r(\boldsymbol{A})=2$.

由于 $\boldsymbol{B}$ 是阶梯形矩阵，有 3 个非零行，故存在一个非零的三阶子式，如 $\begin{vmatrix}2&-1&3\\0&3&-2\\0&0&3\end{vmatrix}$，显然它的所有四阶子式全为零，所以 $r(\boldsymbol{B})=3$.

当矩阵的行数和列数较大时，按定义求秩一般很麻烦，而对于阶梯形矩阵，只要数一下非零行的行数即可.那么,是否可以先用初等变换把矩阵化为阶梯形,再确定该矩阵的秩呢?问题是这两个矩阵之间的秩是否相等?先给出如下述定理:

定理 2.4 矩阵的初等变换不改变矩阵的秩.

求矩阵 **A** 的秩的一般步骤是,先对矩阵 **A** 进行初等变换,把矩阵 **A** 化为阶梯形矩阵,根据定理 2.4,该阶梯矩阵的秩即矩阵 **A** 的秩.

【例 2.29】 求矩阵

$$\mathbf{A}=\begin{pmatrix}1&-1&2&1&0\\2&-2&4&-2&0\\3&0&6&-1&1\\0&3&0&0&1\end{pmatrix}$$

的秩.

解

$$\mathbf{A}\xrightarrow[r_3-3r_1]{r_2-2r_1}\begin{pmatrix}1&-1&2&1&0\\0&0&0&-4&0\\0&3&0&-4&1\\0&3&0&0&1\end{pmatrix}\xrightarrow{r_4-r_3}\begin{pmatrix}1&-1&2&1&0\\0&0&0&-4&0\\0&3&0&-4&1\\0&0&0&4&0\end{pmatrix}$$

$$\xrightarrow{r_2\to r_3}\begin{pmatrix}1&-1&2&1&0\\0&3&0&-4&1\\0&0&0&-4&0\\0&0&0&4&0\end{pmatrix}\xrightarrow{r_4+r_3}\begin{pmatrix}1&-1&2&1&0\\0&3&0&-4&1\\0&0&0&-4&0\\0&0&0&0&0\end{pmatrix}$$

所以 $r(\mathbf{A})=3$.

【例 2.30】 设矩阵

$$\mathbf{A}=\begin{pmatrix}1&a&a\\a&1&a\\a&a&1\end{pmatrix}$$

的秩为 2,求常数 a 的值.

解 已知三阶矩阵 **A** 的秩 $r(\mathbf{A})=2$,所以 $|\mathbf{A}|=0$,而

$$|\mathbf{A}|=\begin{vmatrix}1&a&a\\a&1&a\\a&a&1\end{vmatrix}=(2a+1)\begin{vmatrix}1&a&a\\1&1&a\\1&a&1\end{vmatrix}$$

$$=(2a+1)\begin{vmatrix}1&a&a\\0&1-a&0\\0&0&1-a\end{vmatrix}=(2a+1)(1-a)^2$$

故 $a=1$ 或 $a=\frac{1}{2}$.

当 $a=1$ 时：

$$\boldsymbol{A}=\begin{pmatrix}1&1&1\\1&1&1\\1&1&1\end{pmatrix}\rightarrow\begin{pmatrix}1&1&1\\0&0&0\\0&0&0\end{pmatrix}$$

即 $r(\boldsymbol{A})=1$，不符合要求.

当 $a=\frac{-1}{2}$ 时：

$$\boldsymbol{A}=\begin{pmatrix}1&-\frac{1}{2}&-\frac{1}{2}\\-\frac{1}{2}&1&-\frac{1}{2}\\-\frac{1}{2}&-\frac{1}{2}&1\end{pmatrix}\rightarrow\begin{pmatrix}1&-\frac{1}{2}&-\frac{1}{2}\\0&3&-3\\0&0&0\end{pmatrix}$$

$r(\boldsymbol{A})=2$，故 $a=-\frac{1}{2}$. 为所求值.

线性方程组解的情形与该方程组的系数矩阵和增广矩阵的秩密切相关. 给出的 n 元线性方程组

$$\begin{cases}a_{11}x_1+a_{12}x_2+\cdots a_{1n}x_n=b_1\\a_{21}x_1+a_{22}x_2+\cdots+a_{2n}x_n=b_2\\\cdots\\a_{m1}x_1+a_{m2}x_2+\cdots+a_{mn}x_n=b_m\end{cases}\tag{1}$$

简记为

$$\boldsymbol{AX}=b$$

显然，对方程组的增广矩阵 $\bar{\boldsymbol{A}}$ 进行单纯的行初等变换可化为阶梯形矩阵：

$$\bar{\boldsymbol{A}}=\begin{pmatrix}a_{11}&a_{12}&\cdots&a_{1n}&b_1\\a_{21}&a_{22}&\cdots&a_{2n}&b_2\\\vdots&\vdots&&\vdots&\vdots\\a_{m1}&a_{m2}&\cdots&a_{mn}&b_m\end{pmatrix}\rightarrow\begin{pmatrix}c_{11}&\cdots&c_{1j_2}&\cdots&c_{1j_r}&\cdots&c_{1n}&d_1\\&&c_{2j_2}&\cdots&c_{2j_r}&\cdots&c_{2n}&d_2\\&&&\ddots&\vdots&&\vdots&\vdots\\&&&&c_{rj_r}&\cdots&c_{rn}&d_r\\&&&&&&&d_{r+1}\\&&&&&&&0\\&&&&&&&\vdots\\&&&&&&&0\end{pmatrix}$$

为方便讨论，不妨设 $j_l=l(l=2,3,\cdots,r)$，即增广矩阵 $\bar{\boldsymbol{A}}$经过行初等变换可化为阶梯形矩阵

$$
\rightarrow \begin{pmatrix}
c_{11} & c_{12} & \cdots & c_{1r} & c_{1,r+1} & \cdots & c_{1n} & d_1 \\
 & c_{22} & \cdots & c_{2r} & c_{2,r+1} & \cdots & c_{2n} & d_2 \\
 & & \ddots & \vdots & \vdots & & \vdots & \vdots \\
 & & & c_{rr} & c_{r,r+1} & \cdots & c_{rn} & d_r \\
 & & & & & & & d_{r+1} \\
 & & & & & & & 0 \\
 & & & & & & & \vdots \\
 & & & & & & & 0
\end{pmatrix} = \boldsymbol{A}'
$$

其中，$c_{ii} \neq 0\,(i=1,2,\cdots r)$. 这里 $\boldsymbol{A}$ 是方程组(1)的系数矩阵，$\boldsymbol{A}$ 的阶梯形矩阵非零行的行数，等于矩阵 $\boldsymbol{A}$ 的秩 $r(\boldsymbol{A})$.

矩阵所对应的线性方程组解的情形如下：

(1) 当 $d_{r+1} \neq 0$，即 $r=r(\boldsymbol{A}) \neq r(\bar{\boldsymbol{A}})=r+1$ 时，方程组无解；

(2) 当 $d_{r+1}=0$，即 $r=r(\boldsymbol{A})=r(\bar{\boldsymbol{A}})$时，方程组有解，且有两种情形：

(a) $r=n$，方程组(1)与

$$
\begin{cases}
c_{11}x_1 + c_{12}x_2 + \cdots + c_{1n}x_n = d_1 \\
\qquad c_{22}x_2 + \cdots + c_{2n}x_n = d_2 \\
\qquad\qquad \vdots \\
\qquad\qquad c_{nn}x_n = d_n
\end{cases} \tag{2}
$$

同解. 由于方程组(2)的系数矩阵的行列式 $|\boldsymbol{C}| = c_{11}c_{22}\cdots c_{nn} \neq 0$，根据克莱姆法则，方程组有唯一解.

(b) $r \leqslant n$，相应的方程组为

$$
\begin{cases}
c_{11}x_1 + c_{12}x_2 + \cdots + c_{1r}x_r + c_{1,r+1}x_{r+1} + \cdots c_{1n}x_n = d_1 \\
\qquad c_{22}x_2 + \cdots + c_{2r}x_r + c_{2,r+1} + \cdots c_{2n}x_n = d_2 \\
\qquad\qquad \vdots \\
\qquad c_{rr}x_r + c_{r,r+1}x_{r+1} + \cdots + c_{rn}x_n = d_r
\end{cases} \tag{3}
$$

将 $x_{r+1}, x_{r+2}, \cdots, x_n$ 的一组值，由方程组(3)可唯一地确定 $x_1, x_2, \cdots, x_r$ 的值，即此时方程组(3)有依赖于 $n-r$ 个变量的无穷多组解，这里的 $n-r$ 个变量 $x_{r+1}, x_{r+2}, \cdots, x_n$ 称为自由未知量.

综上所述可得如下定理.

定理 2.5 n 元非齐次线性方程组有解的充分必要条件是$r(\boldsymbol{A})=r(\bar{\boldsymbol{A}})$，并且当 $r(\boldsymbol{A})=r(\bar{\boldsymbol{A}})=n$ 时，方程组有唯一的解；

当 $r(\boldsymbol{A})=r(\bar{\boldsymbol{A}})<n$ 时，方程组有无穷多解.

而当 $r(\boldsymbol{A})<r(\bar{\boldsymbol{A}})$时，方程组无解.

推论1 n 元齐次线性方程组 $\boldsymbol{AX}=0$ 必有零解，$\boldsymbol{AX}=0$ 有非零解的充分必要条件是 $r(\boldsymbol{A})<n$. 换言之，n 元齐次线性方程组只有零解的充分必要条件是 $r(\boldsymbol{A})=n$.

推论2 齐次线性方程组当方程的个数 m 小于未知量的个数 n，即 $m<n$ 时必有非零解；当 $m=n$ 时，方程组有非零解的充分必要条件是系数行列式 $|\boldsymbol{A}|=0$.

求解线性方程组的步骤如下：

(1) 用行初等变换将方程组的增广矩阵 $\bar{\boldsymbol{A}}$ 化为阶梯形矩阵，求得 $r(\boldsymbol{A})$，$r(\bar{\boldsymbol{A}})$；

(2) 当 $r(\boldsymbol{A})<r(\bar{\boldsymbol{A}})$ 时，方程组无解；

当 $r(\boldsymbol{A})=r(\bar{\boldsymbol{A}})$ 时，继续将 $\bar{\boldsymbol{A}}$ 化为规范的阶梯形矩阵，根据此矩阵求出方程组的所有解.

由于齐次线性方程组的常数列元素全为零，求解时只需对系数矩阵进行初等变换，将其化为阶梯形矩阵或规范的阶梯形矩阵即可.

【例 2.31】 讨论下列方程组的解

$$\begin{cases}2x_1-x_2+3x_3=1\\4x_1-2x_2+5x_3=4\\2x_1-x_2+4x_3=0\end{cases}$$

解
$$\bar{\boldsymbol{A}}=\left(\begin{array}{ccc:c}2&-1&3&1\\4&-2&5&4\\2&-1&4&0\end{array}\right)\xrightarrow[r_3-r_1]{r_2-2r_1}\left(\begin{array}{ccc:c}2&-1&3&1\\0&0&-1&2\\0&0&1&-1\end{array}\right)$$
$$\xrightarrow{r_3+r_2}\left(\begin{array}{ccc:c}2&-1&3&1\\0&0&-1&2\\0&0&0&1\end{array}\right)$$

从 $\bar{\boldsymbol{A}}$ 的阶梯矩阵可知 $r(\boldsymbol{A})=2$，$r(\bar{\boldsymbol{A}})=3$，故方程组无解.

【例 2.32】 求解齐次线性方程组

$$\begin{cases}x_1+2x_2+2x_3+x_4=0\\2x_1+x_2-2x_3-2x_4=0\\x_1-x_2-4x_3-3x_4=0\end{cases}$$

解
$$\boldsymbol{A}=\begin{pmatrix}1&2&2&1\\2&1&-2&-2\\1&-1&-4&-3\end{pmatrix}\to\begin{pmatrix}1&2&2&1\\0&-3&-6&-4\\0&-3&-6&-4\end{pmatrix}$$
$$\to\begin{pmatrix}1&2&2&1\\0&-3&-6&-4\\0&0&0&0\end{pmatrix}\to\begin{pmatrix}1&2&2&1\\0&1&2&\frac{4}{3}\\0&0&0&0\end{pmatrix}\to\begin{pmatrix}1&0&-2&-\frac{5}{3}\\0&1&2&\frac{4}{3}\\0&0&0&0\end{pmatrix}$$

与原方程组同解的最简方程组为

$$\begin{cases} x_1 = 2x_3 + \dfrac{5}{3}x_4 \\ x_2 = -2x_3 - \dfrac{4}{3}x_4 \end{cases}$$

取 $x_3 = k_1, x_4 = k_2$，得

$$\begin{cases} x_1 = 2k_1 + \dfrac{5}{3}k_2 \\ x_2 = -2k_1 - \dfrac{4}{3}k_2 \\ x_3 = k_1 \\ x_4 = k_2 \end{cases}$$

其中，k_1, k_2 为任意常数.

【例 2.33】 设 $\boldsymbol{A} = \begin{pmatrix} 1 & 1 & -1 \\ 2 & a+2 & -3 \\ 0 & -3a & a+2 \end{pmatrix}, b = \begin{pmatrix} 1 \\ 3 \\ -3 \end{pmatrix}$，讨论当 a 为何值时，线性方程组 $\boldsymbol{A}X = b$ 无解，有唯一解，有无穷多解？在有解时求出其所有解.

$$\bar{\boldsymbol{A}} = \begin{pmatrix} 1 & 1 & -1 & 1 \\ 0 & a & -1 & 1 \\ 0 & -3a & a+2 & -3 \end{pmatrix}\begin{pmatrix} 1 & 1 & -1 & 1 \\ 2 & a+2 & -3 & 3 \\ 0 & -3a & a+2 & -3 \end{pmatrix}$$

$$\rightarrow \begin{pmatrix} 1 & 1 & -1 & 1 \\ 0 & a & -1 & 1 \\ 0 & 0 & a-1 & 0 \end{pmatrix}$$

(1) 当 $a \neq 0$ 且时 $r(\boldsymbol{A}) = r(\bar{\boldsymbol{A}}) = 3 = n$，方程组有一对解，此时

$$\bar{\boldsymbol{A}} = \begin{pmatrix} 1 & 1 & -1 & 1 \\ 0 & a & -1 & 1 \\ 0 & 0 & a-1 & 0 \end{pmatrix} \rightarrow \begin{pmatrix} 1 & 1 & -1 & 1 \\ 0 & 1 & -\dfrac{1}{a} & \dfrac{1}{a} \\ 0 & 0 & 1 & 0 \end{pmatrix}$$

$$\rightarrow \begin{pmatrix} 1 & 1 & 0 & 1 \\ 0 & 1 & 0 & \dfrac{1}{a} \\ 0 & 0 & 1 & 0 \end{pmatrix} \rightarrow \begin{pmatrix} 1 & 0 & 0 & 1-\dfrac{1}{a} \\ 0 & 1 & 0 & \dfrac{1}{a} \\ 0 & 0 & 1 & 0 \end{pmatrix}$$

由规范的阶梯矩阵立即有

$$\begin{cases} x_1 = 1 - \dfrac{1}{a} \\ x_2 = \dfrac{1}{a} \\ x_3 = 0 \end{cases}$$

(2) 当 $a=1$ 时

$$\bar{\mathbf{A}} \to \begin{pmatrix} 1 & 1 & -1 & 1 \\ 0 & 1 & -1 & 1 \\ 0 & 0 & 0 & 0 \end{pmatrix} \to \begin{pmatrix} 1 & 0 & 0 & 0 \\ 0 & 1 & -1 & 1 \\ 0 & 0 & 0 & 0 \end{pmatrix}$$

$r(\mathbf{A})=r(\bar{\mathbf{A}})=2<n=3$，故方程组有无穷多解，且解依赖于一个自由未知量 $x_3=c$，则方程组的全部解为

$$\begin{cases} x_1 = 0 \\ x_2 = 1+c \\ x_3 = c \end{cases}$$

其中，c 为任意常数；

(3) 当 $a=0$ 时

$$\bar{\mathbf{A}} \to \begin{pmatrix} 1 & 1 & -1 & 1 \\ 0 & 0 & -1 & 1 \\ 0 & 0 & -1 & 0 \end{pmatrix} \to \begin{pmatrix} 1 & 1 & -1 & 1 \\ 0 & 0 & 0 & 1 \\ 0 & 0 & -1 & 0 \end{pmatrix} \to \begin{pmatrix} 1 & 1 & -1 & 1 \\ 0 & 0 & -1 & 0 \\ 0 & 0 & 0 & 1 \end{pmatrix}$$

$r(\mathbf{A})=2<r(\bar{\mathbf{A}})=3$，故方程组无解.

【例 2.34】 讨论 a,b 满足什么条件时，齐次线性方程组

$$\begin{cases} ax_1 + x_2 + x_3 = 0 \\ x_1 + bx_2 + x_3 = 0 \\ x_1 + bx_2 + x_3 = 0 \end{cases}$$

有非零解.

解 根据推论 2.5 的推论 2，所给的其次线性方程组有非零解的充分必要条件是 $|a|=0$，因为

$$|\mathbf{A}| = \begin{vmatrix} a & 1 & 1 \\ 1 & b & 1 \\ 1 & 2b & 1 \end{vmatrix} = \begin{vmatrix} a & 1 & 1 \\ a & b & 1 \\ 0 & b & 0 \end{vmatrix} = \begin{vmatrix} a & 1 & 1 \\ 1 & 0 & 1 \\ 0 & b & 0 \end{vmatrix}$$

$$= \begin{vmatrix} a-1 & 1 & 1 \\ 0 & 0 & 1 \\ 0 & b & 0 \end{vmatrix} = -(a-1)b$$

所以当 $a=1$ 或 $b=0$ 时，方程组有非零解.

2.4.3 初等矩阵

定义 2.17 单位矩阵经过一次初等变换所得到的矩阵称为**初等矩阵**.

对应于 3 种初等变换有 3 种初等矩阵：

(1) 初等对换矩阵——互换 $\boldsymbol{E}$ 的第 i 行与第 j 行(后互换 $\boldsymbol{E}$ 的第 i 列于第 j 列)

$$\boldsymbol{P}(i,j)=\begin{pmatrix}1 & & & & & & & \\ & \ddots & & & & & & \\ & & 0 & & & 1 & & \\ & & & 1 & & & & \\ & & & & \ddots & & & \\ & & & & & 1 & & \\ & & 1 & & & 0 & & \\ & & & & & & \ddots & \\ & & & & & & & 1\end{pmatrix}\text{第 } i \text{ 行}$$

第 j 行　　第 i 列　　第 j 列

(2) 初等倍乘矩阵——用非零数 k 乘 $\boldsymbol{E}$ 的第 i 行(或列)

$$\boldsymbol{P}(i(k),j)=\begin{pmatrix}1 & & & & & & \\ & \ddots & & & & & \\ & & 1 & & & & \\ & & & k & & & \\ & & & & 1 & & \\ & & & & & \ddots & \\ & & & & & & 1\end{pmatrix}\text{第 } i \text{ 行}$$

第 i 列

(3) 初等倍加矩阵——把 $\boldsymbol{E}$ 的第 i 行的 k 倍加到第 j 行上(或把第 j 列的 k 倍加到 i 列上)

$$\boldsymbol{P}(i(k),j)=\begin{pmatrix}1 & & & & & & \\ & \ddots & & & & & \\ & & 1 & & & & \\ & & & \ddots & & & \\ & & k & & 1 & & \\ & & & & & \ddots & \\ & & & & & & 1\end{pmatrix}\text{第 } i \text{ 行}$$

容易验证 3 种初等矩阵都是可逆矩阵,且

$$\boldsymbol{P}\ (i,j)^{-1}=\boldsymbol{P}(i,j),\boldsymbol{P}\ (i(k))^{-1}=\boldsymbol{P}\left(i\left(\frac{1}{k}\right)\right)$$

$$\boldsymbol{P}(i(k),j)^{-1}=\boldsymbol{P}(i(-k),j)$$

对矩阵施行某种行(列)初等变换,只要用相应的初等矩阵左(右)乘该矩阵即可.例如设矩阵

$$\boldsymbol{A}=\begin{pmatrix}3&2&-2\\6&3&2\end{pmatrix}$$

对 $\boldsymbol{A}$ 作行变换,如把 $\boldsymbol{A}$ 的第一行的(-2)倍加到第二行上,可用二阶初等函数加矩阵乘矩阵 $\boldsymbol{A}$ 得到,即

$$\boldsymbol{P}(1(-2),2)\boldsymbol{A}=\begin{pmatrix}1&0\\-2&1\end{pmatrix}\begin{pmatrix}3&2&-2\\6&3&2\end{pmatrix}=\begin{pmatrix}3&2&-2\\0&-1&6\end{pmatrix}$$

若要将 $\boldsymbol{A}$ 的第 3 列的(-3)倍加到第 1 列上,则要用到三阶初等加倍矩阵右乘 $\boldsymbol{A}$ 得到即

$$\boldsymbol{AP}(1(-3),3)=\begin{pmatrix}3&2&-2\\6&3&2\end{pmatrix}\begin{pmatrix}1&0&0\\0&1&0\\-3&0&1\end{pmatrix}=\begin{pmatrix}9&2&-2\\0&3&2\end{pmatrix}$$

一般地,初等变换与初等矩阵的关系如下:

定理 2.6 设 $\boldsymbol{A}$ 为 $m\times n$ 矩阵,对 $\boldsymbol{A}$ 施行一次行初等变换,相当于在 $\boldsymbol{A}$ 的左边乘上一个相应的 m 阶初等矩阵;而对 $\boldsymbol{A}$ 施行一次列初等变换,相当于在 $\boldsymbol{A}$ 的右边乘上一个相应的 n 阶初等矩阵.

已经知道任何矩阵 $\boldsymbol{A}$ 都可以通过若干次初等行变换化为规范的阶梯形矩阵,再通过初等列变换 $\boldsymbol{A}$ 一定可以化为形如

$$\begin{pmatrix}E_r&0\\0&0\end{pmatrix}$$

的标准型,其中 $\boldsymbol{E}_r$ 为 r 阶单位矩阵;r 是单位矩阵的秩;矩阵 $\boldsymbol{A}$ 的标准型是唯一的.

由于对矩阵做一系列初等变换相当于用一系列初等矩阵左乘或右乘该矩阵,即有如下定理:

定理 2.7 设 $\boldsymbol{A}$ 是 $m\times n$ 矩阵,且 $r(\boldsymbol{A})=r$,则一定存在 m 阶可逆矩阵 $\boldsymbol{P}$ 和 n 阶可逆矩阵 $\boldsymbol{Q}$,使得

$$\boldsymbol{PAQ}=\begin{pmatrix}E_r&0\\0&0\end{pmatrix}_{m\times n}$$

其中,E_r 为 r 阶单位矩阵.

对于可逆矩阵,由于其规范的阶梯形矩阵即单位矩阵,从而有以下定理:

定理 2.8 任何可逆矩阵经过若干次初等行变换可化为单位矩阵.

推论 1 矩阵 $\boldsymbol{A}$ 可逆的充要条件是 $\boldsymbol{A}$ 可以表示为一系列初等矩阵的乘积.

推论 2 如果对方阵 $\boldsymbol{A}$ 和同阶的单位矩阵 $\boldsymbol{E}$ 作相同的初等行变换,那么当它使 $\boldsymbol{A}$ 变成 $\boldsymbol{E}$ 的同时,$\boldsymbol{E}$ 就变成了 $\boldsymbol{A}^{-1}$. $(\boldsymbol{A}\mid\boldsymbol{E})\xrightarrow{\text{初等行变换}}(\boldsymbol{E}\mid\boldsymbol{A}^{-1})$.

【例 2.35】 求矩阵

$$A=\begin{pmatrix}1&2&3\\2&1&2\\1&3&3\end{pmatrix}$$

的逆矩阵.

解

$$(A\,|\,E)=\left(\begin{array}{ccc|ccc}1&2&3&1&0&0\\2&1&2&0&1&0\\1&3&3&0&0&1\end{array}\right)$$

$$\xrightarrow[r_3-r_1]{r_2-2r_1}\left(\begin{array}{ccc|ccc}1&2&3&1&0&0\\0&-3&-4&-2&1&0\\0&1&0&-1&0&1\end{array}\right)$$

$$\xrightarrow[r_1-2r_3]{r_2+3r_3}\left(\begin{array}{ccc|ccc}1&0&3&3&0&-2\\0&0&-4&-5&1&3\\0&1&0&-1&0&1\end{array}\right)$$

$$\xrightarrow{r_2\leftrightarrow r_3}\left(\begin{array}{ccc|ccc}1&0&3&3&0&-2\\0&1&0&-1&0&1\\0&0&-4&-5&1&3\end{array}\right)$$

$$\xrightarrow{-\frac{1}{4}r_3}\left(\begin{array}{ccc|ccc}1&0&3&3&0&-2\\0&1&0&-1&0&1\\0&0&1&\frac{5}{4}&-\frac{1}{4}&-\frac{3}{4}\end{array}\right)$$

$$\xrightarrow{r_1-3r_3}\left(\begin{array}{ccc|ccc}1&0&0&-\frac{3}{4}&\frac{3}{4}&\frac{1}{4}\\0&1&0&-1&0&1\\0&0&1&\frac{5}{4}&\frac{-1}{4}&\frac{-3}{4}\end{array}\right)$$

故

$$A^{-1}=\begin{pmatrix}-\frac{3}{4}&\frac{3}{4}&\frac{1}{4}\\-1&0&1\\\frac{5}{4}&\frac{-1}{4}&\frac{-3}{4}\end{pmatrix}$$

【例 2.36】 求矩阵

$$A=\begin{pmatrix}1&-2&-1&-2\\4&1&2&1\\2&5&4&-1\\1&1&1&1\end{pmatrix}$$

的逆矩阵.

解

$$(\boldsymbol{A}|\boldsymbol{E})=\left(\begin{array}{cccc|cccc}1&-2&-1&-2&1&0&0&0\\4&1&2&1&0&1&0&0\\2&5&4&-1&0&0&1&0\\1&1&1&1&0&0&0&1\end{array}\right)$$

$$\longrightarrow\left(\begin{array}{cccc|cccc}1&-2&-1&-2&1&0&0&0\\0&9&6&9&-4&1&0&0\\0&9&6&3&-2&0&1&0\\0&3&2&3&-1&0&0&1\end{array}\right)$$

$$\longrightarrow\left(\begin{array}{cccc|cccc}1&-2&-1&-2&1&0&0&0\\0&0&0&0&-1&1&0&-3\\0&9&6&3&-2&0&1&0\\0&3&2&3&-1&0&0&-1\end{array}\right)$$

由于最后一个矩阵中左边的方阵不满秩,故不能化为单位矩阵,从而 $\boldsymbol{A}$ 不可逆.

初等变换求逆矩阵的原理还可用于求矩阵 $\boldsymbol{A}^{-1}\boldsymbol{B}$.

由于 $\boldsymbol{A}^{-1}(\boldsymbol{A}|\boldsymbol{B})=(\boldsymbol{A}^{-1}\boldsymbol{A}|\boldsymbol{A}^{-1}\boldsymbol{B})=(\boldsymbol{E}|\boldsymbol{A}^{-1}\boldsymbol{B})$,因此,对矩阵 $[\boldsymbol{A}|\boldsymbol{B}]$ 施行行初等变换,当 $\boldsymbol{A}$ 变成 $\boldsymbol{E}$ 时,$\boldsymbol{B}$ 就变成了 $\boldsymbol{A}^{-1}\boldsymbol{B}$

$$(\boldsymbol{A}|\boldsymbol{B})\xrightarrow{\text{行初等变换}}(\boldsymbol{E}|\boldsymbol{A}^{-1}\boldsymbol{B})$$

若要求 $\boldsymbol{B}\boldsymbol{A}^{-1}$,由于 $(\boldsymbol{B}\boldsymbol{A}^{-1})^{\mathrm{T}}=(\boldsymbol{A}^{\mathrm{T}})^{-1}\boldsymbol{B}^{\mathrm{T}}$,可用上述方法求得 $(\boldsymbol{B}\boldsymbol{A}^{-1})^{\mathrm{T}}$.

【例 2.37】 求矩阵 $\boldsymbol{X}$ 使 $\boldsymbol{A}\boldsymbol{X}=\boldsymbol{B}$,其中

$$\boldsymbol{A}=\begin{pmatrix}1&2&3\\2&2&1\\3&4&3\end{pmatrix},\quad \boldsymbol{B}=\begin{pmatrix}2&5\\3&1\\4&3\end{pmatrix}$$

解 若 $\boldsymbol{A}$ 可逆,则 $\boldsymbol{X}=\boldsymbol{A}^{-1}\boldsymbol{B}$

$$(\boldsymbol{A}|\boldsymbol{B})=\left(\begin{array}{ccc|cc}1&2&3&2&5\\2&1&2&3&1\\1&3&3&4&3\end{array}\right)\to\left(\begin{array}{ccc|cc}1&2&3&2&5\\0&-2&-5&-1&-9\\0&0&-1&-1&-3\end{array}\right)$$

$$\to\left(\begin{array}{ccc|cc}1&0&-2&1&-4\\0&-2&0&4&6\\0&0&1&1&3\end{array}\right)\to\left(\begin{array}{ccc|cc}1&0&0&3&2\\0&1&0&-2&-3\\0&0&1&1&3\end{array}\right)$$

$$\boldsymbol{X}=\begin{pmatrix}3&2\\-2&-3\\1&3\end{pmatrix}$$

【例 2.38】 解矩形方阵

$$XA = B$$

其中

$$A = \begin{pmatrix} 5 & 3 & 1 \\ 1 & -3 & -2 \\ -5 & 2 & 1 \end{pmatrix}, \quad B = \begin{pmatrix} -8 & 3 & 0 \\ -5 & 9 & 0 \end{pmatrix}$$

解 可将原方程转置，先求解 $A^{\mathrm{T}}X^{\mathrm{T}} = B^{\mathrm{T}}$，即

$$\begin{pmatrix} 5 & 3 & 1 \\ 1 & -3 & -2 \\ -5 & 2 & 1 \end{pmatrix}^{\mathrm{T}} X^{\mathrm{T}} = \begin{pmatrix} -8 & 3 & 0 \\ -5 & 9 & 0 \end{pmatrix}$$

因为

$$(A^{\mathrm{T}} \mid B^{\mathrm{T}}) = \left(\begin{array}{ccc|cc} 5 & 1 & -5 & -8 & -5 \\ 3 & -3 & 2 & 3 & 9 \\ 1 & -2 & 1 & 0 & 0 \end{array}\right)$$

$$\rightarrow \left(\begin{array}{ccc|cc} 1 & -2 & 1 & 0 & 0 \\ 0 & 3 & -1 & 3 & 9 \\ 0 & 11 & -10 & -8 & -5 \end{array}\right)$$

$$\rightarrow \left(\begin{array}{ccc|cc} 1 & -2 & 1 & 0 & 0 \\ 0 & 1 & -\frac{1}{3} & 1 & 3 \\ 0 & 0 & 1 & 3 & 6 \end{array}\right)$$

$$\rightarrow \left(\begin{array}{ccc|cc} 1 & 0 & 0 & 1 & 4 \\ 0 & 1 & 0 & 2 & 5 \\ 0 & 0 & 1 & 3 & 4 \end{array}\right)$$

$$= (E \mid X^{\mathrm{T}})$$

$$X = \begin{pmatrix} 1 & 4 \\ 2 & 5 \\ 3 & 6 \end{pmatrix}^{\mathrm{T}} = \begin{pmatrix} 1 & 2 & 3 \\ 4 & 5 & 6 \end{pmatrix}$$

矩阵 A 的逆矩阵也可以通过初等变换得到，此时应构造 $\begin{pmatrix} A \\ E \end{pmatrix}$ 并作列初等变换，即

$$\begin{pmatrix} A \\ E \end{pmatrix} \xrightarrow{\text{列初等变换}} \begin{pmatrix} E \\ A^{-1} \end{pmatrix}$$

同样求解方程 $YA = B$，即 $Y = BA^{-1}$，也可按如下方法作列初等变换得到

$$\begin{pmatrix} A \\ B \end{pmatrix} \xrightarrow{\text{列初等变换}} \begin{pmatrix} E \\ BA^{-1} \end{pmatrix}$$

习　题　2

基本题

1. 设 $A=\begin{pmatrix}1&1&2\\-1&0&1\\1&1&1\end{pmatrix}$，$B=\begin{pmatrix}2&0&1\\1&1&0\\2&0&3\end{pmatrix}$，求 $2AB-A$，AB^{T} 及 $B^{\mathrm{T}}A$.

2. 计算下列乘积

(1) $\begin{pmatrix}2&1&3\\1&2&1\\3&3&2\end{pmatrix}\begin{pmatrix}1\\1\\1\end{pmatrix}$；

(2) $\begin{pmatrix}1\\2\\3\end{pmatrix}(2\quad 1\quad -1\quad 4)$

(3) $(2\quad 1\quad 3)\begin{pmatrix}1\\-1\\1\end{pmatrix}$

(4) $(1\quad -1\quad 2)\begin{pmatrix}2&1&3\\1&2&1\\3&3&2\end{pmatrix}\begin{pmatrix}1\\2\\1\end{pmatrix}$

3. 已知两个线性变换

$$\begin{cases}x_1=y_1+y_2+y_3\\x_2=y_1-y_2+y_3\\x_3=y_1+2y_2+2y_3\end{cases},\quad\begin{cases}y_1=z_1-z_2-z_3\\y_2=-z_1+2y_2-z_3\\y_3=z_1-2z_2+z_3\end{cases}$$

求从变量 z_1,z_2,z_3 到变量 x_1,x_2,x_3 的线性变换.

4. 设 $A=\begin{pmatrix}1&2\\1&3\end{pmatrix}$，$B=\begin{pmatrix}1&0\\1&2\end{pmatrix}$，问

(1) $AB=BA$ 吗?

(2) $(A+B)^2=A^2+2AB+B^2$ 吗?

(3) $(A-B)(A+B)=A^2-B^2$ 吗? 为什么?

5. 举反例说明下列结论是错误的

(1) 若 $A^2=0$，则 $A=0$；

(2) 若 $A^2=A$，则 $A=0$ 或 $A=E$；

(3) 若 $AX=AY$ 且 $A\neq 0$ 则 $X=Y$.

6. 求下列方阵中的 K 次幂，其中 $K=2,3,\cdots$

(1) 设 $A=\begin{pmatrix}1&\lambda\\0&1\end{pmatrix}$，求 A^K；

（2）设 $\boldsymbol{B}=\begin{pmatrix}1 & 0\\ \lambda & 1\end{pmatrix}$，求 $\boldsymbol{B}^K$；

（3）设 $\boldsymbol{A}=\begin{pmatrix}\lambda & 1 & 0\\ 0 & \lambda & 1\\ 0 & 0 & \lambda\end{pmatrix}$，求 $\boldsymbol{A}^K$.

7. 证明下列结论成立

（1）设 $\boldsymbol{A},\boldsymbol{B}$ 为 n 阶方阵，且 $\boldsymbol{A}$ 为对称矩阵，证明 $\boldsymbol{B}^{\mathrm{T}}\boldsymbol{A}\boldsymbol{B}$ 也是对称矩阵；

（2）设 $\boldsymbol{A},\boldsymbol{B}$ 均为 n 阶对称矩阵，证明 $\boldsymbol{AB}$ 是对称矩阵的充要条件是 $\boldsymbol{AB}=\boldsymbol{BA}$；

（3）设列矩阵 $\boldsymbol{X}=(x_1,x_2,\cdots,x_n)^{\mathrm{T}}$ 满足 $\boldsymbol{X}^{\mathrm{T}}\boldsymbol{X}=1$，$\boldsymbol{H}=\boldsymbol{E}-2\boldsymbol{X}\boldsymbol{X}^{\mathrm{T}}$，证明 $\boldsymbol{H}$ 是对称矩阵，且 $\boldsymbol{H}^{\mathrm{T}}\boldsymbol{H}=\boldsymbol{E}$.

8. 求下列矩阵的逆阵

（1）$\begin{pmatrix}1 & 2\\ 2 & 3\end{pmatrix}$

（2）$\begin{pmatrix}a & b\\ c & d\end{pmatrix}$，$ad-bc\neq 0$

（3）$\begin{pmatrix}1 & 2 & 3\\ 2 & 2 & 1\\ 3 & 4 & 3\end{pmatrix}$

（4）$\begin{pmatrix}1 & & & \\ & 2 & & \\ & & \ddots & \\ & & & n\end{pmatrix}$

9. 求下列矩阵方程

（1）$\begin{pmatrix}2 & 5\\ 1 & 3\end{pmatrix}\boldsymbol{X}=\begin{pmatrix}4 & -6\\ 2 & 1\end{pmatrix}$

（2）$\boldsymbol{X}\begin{pmatrix}1 & 2 & 3\\ 2 & 2 & 1\\ 3 & 4 & 3\end{pmatrix}=\begin{pmatrix}1 & 1 & 1\\ 1 & 0 & -1\end{pmatrix}$

（3）$\begin{pmatrix}2 & 5\\ 1 & 3\end{pmatrix}\boldsymbol{X}\begin{pmatrix}1 & 2 & 3\\ 2 & 2 & 1\\ 3 & 4 & 3\end{pmatrix}=\begin{pmatrix}1 & 0 & 1\\ 1 & 1 & 1\end{pmatrix}$

（4）$\begin{pmatrix}0 & 1 & 0\\ 1 & 0 & 0\\ 0 & 0 & 1\end{pmatrix}\boldsymbol{X}\begin{pmatrix}1 & 0 & 0\\ 0 & 0 & 1\\ 0 & 1 & 0\end{pmatrix}=\begin{pmatrix}1 & -4 & 3\\ 2 & 0 & -1\\ 1 & -2 & 0\end{pmatrix}$

10. 已知线性变换

$$\begin{cases}x_1=y_1+2y_2+y_3\\ x_2=5y_1+3y_2+y_3\\ x_3=3y_1+3y_2+2y_3\end{cases}$$

求从变量 x_1,x_2,x_3 到变量 y_1,y_2,y_3 的线性变换.

11. 设 $\boldsymbol{A}^K=0$(K 为正整数),证明:

$$(\boldsymbol{E}-\boldsymbol{A})^{-1}=\boldsymbol{E}+\boldsymbol{A}+\boldsymbol{A}^2+\cdots+\boldsymbol{A}^{K-1}$$

12. 设 n 阶方阵 $\boldsymbol{A}$ 及 s 阶方阵 $\boldsymbol{B}$ 都可逆,验证下列结论

(1) $\begin{pmatrix}0 & \boldsymbol{A}\\ \boldsymbol{B} & 0\end{pmatrix}^{-1}=\begin{pmatrix}0 & \boldsymbol{B}^{-1}\\ \boldsymbol{A}^{-1} & 0\end{pmatrix}$　　(2) $\begin{pmatrix}\boldsymbol{A} & 0\\ \boldsymbol{C} & \boldsymbol{B}\end{pmatrix}^{-1}=\begin{pmatrix}\boldsymbol{A}^{-1} & 0\\ \boldsymbol{B}^{-1}\boldsymbol{C}\boldsymbol{A}^{-1} & \boldsymbol{B}^{-1}\end{pmatrix}$

13. 求下列矩阵的逆矩阵

(1) $\begin{pmatrix}5 & 2 & 0 & 0\\ 2 & 1 & 0 & 0\\ 0 & 0 & 8 & 3\\ 0 & 0 & 5 & 2\end{pmatrix}$　　(2) $\begin{pmatrix}1 & 0 & 0 & 0\\ 1 & 2 & 0 & 0\\ 2 & 1 & 3 & 0\\ 1 & 2 & 1 & 4\end{pmatrix}$

14. 把下列矩阵化为最简形

(1) $\begin{pmatrix}1 & 0 & 2 & -1\\ 2 & 0 & 3 & 1\\ 3 & 0 & 4 & 3\end{pmatrix}$　　(2) $\begin{pmatrix}0 & 2 & -3 & 1\\ 0 & 3 & -4 & 3\\ 0 & 4 & -7 & -1\end{pmatrix}$

(3) $\begin{pmatrix}1 & -1 & 3 & -4 & 3\\ 3 & -3 & 5 & -4 & 1\\ 2 & -2 & 3 & -2 & 0\\ 3 & -3 & 4 & -2 & 1\end{pmatrix}$　　(4) $\begin{pmatrix}2 & 3 & 1 & -3 & -7\\ 1 & 2 & 0 & -2 & -4\\ 3 & -2 & 8 & 3 & 0\\ 2 & -3 & 7 & 4 & 3\end{pmatrix}$

15. 利用矩阵的初等变换,求下列矩阵的逆矩阵

(1) $\begin{pmatrix}1 & 2 & 3\\ 2 & 2 & 1\\ 3 & 4 & 3\end{pmatrix}$　　(2) $\begin{pmatrix}3 & -2 & 0 & -1\\ 0 & 2 & 2 & 1\\ 1 & -2 & -3 & -2\\ 0 & 1 & 2 & 1\end{pmatrix}$

16. 求下列矩阵的秩,并求一个最高阶非零子式

(1) $\begin{pmatrix}1 & 2 & 2 & 1\\ 2 & 1 & -2 & -2\\ 1 & -1 & -4 & -3\end{pmatrix}$　　(2) $\begin{pmatrix}1 & -2 & 3 & -1 & 1\\ 3 & -1 & 5 & -3 & 2\\ 2 & 1 & 2 & -2 & 3\end{pmatrix}$

提高题

1. 证明方阵 $\boldsymbol{A}$ 满足 $\boldsymbol{A}^2-\boldsymbol{A}\boldsymbol{E}-2\boldsymbol{E}=0$,证明 $\boldsymbol{A}$ 与 $\boldsymbol{A}+2\boldsymbol{E}$ 都可逆,并求 $\boldsymbol{A}^{-1}$ 及 $(\boldsymbol{A}+2\boldsymbol{E})^{-1}$.

2. 设 $\boldsymbol{A}=\begin{pmatrix} 0 & 3 & 3 \\ 1 & 1 & 0 \\ -1 & 2 & 3 \end{pmatrix}$,$\boldsymbol{AB}=\boldsymbol{A}+2\boldsymbol{B}$ 求 $\boldsymbol{B}$.

3. 设 $\boldsymbol{A}=\begin{pmatrix} 1 & 0 & 1 \\ 0 & 2 & 0 \\ 1 & 0 & 1 \end{pmatrix}$,且 $\boldsymbol{AB}+\boldsymbol{E}=\boldsymbol{A}^2+\boldsymbol{B}$,求 $\boldsymbol{B}$.

4. 设矩阵 $\boldsymbol{A}$,$\boldsymbol{B}$ 及 $\boldsymbol{A}+\boldsymbol{B}$ 都可逆,证明 $\boldsymbol{A}^{-1}+\boldsymbol{B}^{-1}$ 也可逆,并求其逆阵.

第3章　线性方程组

在第1章里已经研究过未知量的个数和方程的个数相等的线性方程组,并且在系数行列式不等于零的条件下,给出唯一解,即克莱姆法则.求解线性方程组是线性代数的重要内容之一,此类问题在科学技术和经济管理领域有着相当广泛的应用,因此,对线性方程组的研究具有十分重要的意义.本章首先讨论了一般线性方程组的解法,为了在理论上深入研究与此有关的问题,将介绍向量及线性运算,向量组的线性相关性等有关概念和性质,并运用向量和矩阵的知识,研究线性方程组的解的性质和解的结构等内容.

3.1　线性方程组的消元解法

首先,回忆一下中学解线性方程组的过程

引例　解线性方程组

$$\begin{cases} x_1 + 2x_2 - x_3 = 0 \\ 3x_2 - 2x_3 = -8 \\ x_2 + 3x_3 = 23 \end{cases} \tag{1}$$

解　上面方程组第3个方程两边乘以-3加到第2个方程上,得

$$\begin{cases} x_1 + 2x_2 - x_3 = 0 \\ -11x_3 = -77 \\ x_2 + 3x_3 = 23 \end{cases}$$

上面方程组第2个方程两边乘以-1,和第3个方程交换位置,得

$$\begin{cases} x_1 + 2x_2 - x_3 = 0 \\ x_2 + 3x_3 = 23 \\ 11x_3 = 77 \end{cases} \tag{2}$$

形如(2)的方程组称为阶梯形方程组,并且它和原方程组(1)同解,这就完成了消元的过程,再回代求解.

方程组(2)的第三个方程两边除以 11$\left(乘以\frac{1}{11}\right)$,求得 $x_3=7$,在代入第 2 个方程,求得 $x_2=2$,最后求出 $x_1=3$,所以原方程组的解为

$$\begin{cases}x_1 = 3\\x_2 = 2\\x_3 = 7\end{cases}$$

在上述求解过程中,对方程组反复进行了以下 3 种变换：

(1) 交换两个方程的位置;

(2) 用一个非零常数乘以某个方程的两边;

(3) 将一个方程适当倍数加到另一个方程上.

这三种变换均称为线性方程组的初等变换.可以证明:方程组的初等变换把方程组化为同解方程组.

用消元法解线性方程组的过程就是对线性方程组反复地进行行初等变换将原方程组化为阶梯形方程组,显然这个阶梯形方程组和原方程组同解,解这个阶梯形方程组就得到原方程组的解.

仔细观察一下上面的求解过程,可以看出,只是对各方程的系数和常数项进行运算.事实上,上述消元和回代过程都是针对由方程组的系数和常数项组成的矩阵进行的.如引例中方程组的系数和常数项组成的矩阵

$$\begin{pmatrix}1 & 2 & -1 & 0\\0 & 3 & -2 & -8\\0 & 1 & 3 & 23\end{pmatrix}$$

进行初等行变换

$$\begin{pmatrix}1 & 2 & -1 & 0\\0 & 3 & -2 & -8\\0 & 1 & 3 & 23\end{pmatrix}\longrightarrow\begin{pmatrix}1 & 2 & -1 & 0\\0 & 0 & -11 & -77\\0 & 1 & 3 & 23\end{pmatrix}\longrightarrow\begin{pmatrix}1 & 2 & -1 & 0\\0 & 0 & 1 & 7\\0 & 1 & 3 & 23\end{pmatrix}$$

$$\longrightarrow\begin{pmatrix}1 & 2 & 0 & 7\\0 & 0 & 1 & 7\\0 & 1 & 0 & 2\end{pmatrix}\longrightarrow\begin{pmatrix}1 & 0 & 0 & 3\\0 & 0 & 1 & 7\\0 & 1 & 0 & 2\end{pmatrix}\longrightarrow\begin{pmatrix}1 & 0 & 0 & 3\\0 & 1 & 0 & 2\\0 & 0 & 1 & 7\end{pmatrix}$$

于是原方程组的解为$\begin{cases}x=3\\y=2\\z=7\end{cases}$

从引例中可以得到如下启示,用消元法解三元线性方程组的过程,相当于对该方程组的系数矩阵与常数项矩阵放到一起构成的矩阵作初等行变换.对一般线性方程组是否有同样的结论?答案是肯定的,下面就一般线性方程组的求解问题进行讨论.

m 个方程 n 个未知量的线性方程组

$$\begin{cases} a_{11}x_1 + a_{12}x_2 + \cdots + a_{1n}x_n = b_1 \\ a_{21}x_1 + a_{22}x_2 + \cdots + a_{2n}x_n = b_2 \\ \qquad \vdots \\ a_{m1}x_1 + a_{m2}x_2 + \cdots + a_{mn}x_n = b_m \end{cases} \tag{3.1}$$

矩阵形式为

$$\boldsymbol{Ax} = \boldsymbol{b} \tag{3.2}$$

其中 $\boldsymbol{A}=\begin{pmatrix} a_{11} & a_{12} & \cdots & a_{1n} \\ a_{21} & a_{22} & \cdots & a_{2n} \\ \cdots & \cdots & \cdots & \cdots \\ a_{m1} & a_{m2} & \cdots & a_{mn} \end{pmatrix}$，$\boldsymbol{x}=\begin{pmatrix} x_1 \\ x_2 \\ \vdots \\ x_n \end{pmatrix}$，$\boldsymbol{b}=\begin{pmatrix} b_1 \\ b_2 \\ \vdots \\ b_m \end{pmatrix}$

$\boldsymbol{A}$ 称为(3.1)的系数矩阵，$\boldsymbol{b}$ 称为(3.1)的常数项矩阵，$\boldsymbol{x}$ 称为 n 元未知量矩阵.

把方程组(3.1)的系数矩阵与常数项矩阵放到一起构成的矩阵

$$(\boldsymbol{A} \quad \boldsymbol{b}) = \begin{pmatrix} a_{11} & a_{12} & \cdots & a_{1n} & b_1 \\ a_{21} & a_{22} & \cdots & a_{2n} & b_2 \\ \vdots & \vdots & & \vdots & \vdots \\ a_{m1} & a_{m2} & \cdots & a_{mn} & b_m \end{pmatrix}$$

称为线性方程组(3.1)的增广矩阵.

当 $b\neq 0$，即($b_1,b_2,\cdots,b_m$ 不全为零)时，方程组(3.1)称为非齐次的线性方程组；

当 $b=0$，即($b_1,b_2,\cdots,b_m$ 全为零)时，方程组为

$$\begin{cases} a_{11}x_1 + a_{12}x_2 + \cdots + a_{1n}x_n = 0 \\ a_{21}x_1 + a_{22}x_2 + \cdots + a_{2n}x_n = 0 \\ \qquad \vdots \\ a_{m1}x_1 + a_{m2}x_2 + \cdots + a_{mn}x_n = 0 \end{cases} \tag{3.3}$$

称其为方程组(3.1)对应的齐次线性方程组.

显然，齐次线性方程组的矩阵形式为 $\quad \boldsymbol{Ax}=\boldsymbol{o} \quad (3.4)$

定理 3.1 n 元非齐次线性方程组 $\boldsymbol{Ax}=\boldsymbol{b}$ 有解的充分必要条件是 $r(\boldsymbol{A})=r(\boldsymbol{A} \quad \boldsymbol{b})=r$. 且当 $r=n$ 时，有唯一解；当 $r<n$ 时，有无穷多解.

定理 3.1 也称为线性方程组有解的判定定理.

证 必要性

设非齐次线性方程组 $\boldsymbol{Ax}=\boldsymbol{b}$ 有解，要证 $r(\boldsymbol{A})=r(\boldsymbol{A} \quad \boldsymbol{b})$.

用反证法，假设 $r(\boldsymbol{A})<r(\boldsymbol{A} \quad \boldsymbol{b})$，用初等行变换化增广矩阵($\boldsymbol{A} \quad \boldsymbol{b}$)可化成最简形矩阵

$$\begin{pmatrix} 1 & 0 & \cdots & 0 & b_{1r+1} & \cdots & b_{1n} & d_1 \\ 0 & 1 & \cdots & 0 & b_{2r+1} & \cdots & b_{2n} & d_2 \\ \vdots & \vdots & & \vdots & \vdots & & \vdots & \vdots \\ 0 & 0 & \cdots & 1 & b_{rr+1} & \cdots & b_{rn} & d_r \\ 0 & 0 & \cdots & \cdots & 0 & \cdots & 0 & 1 \\ \vdots & \vdots & & \vdots & \vdots & & \vdots & \vdots \\ 0 & 0 & \cdots & \cdots & 0 & \cdots & 0 & 0 \end{pmatrix}$$

于是得到与原方程组 $\boldsymbol{Ax}=\boldsymbol{b}$ 同解的方程组

$$\begin{cases} x_1 + b_{1r+1}x_{r+1} + \cdots + b_{1n}x_n = d_1 \\ x_2 + b_{2r+1}x_{r+1} + \cdots + b_{2n}x_n = d_2 \\ \qquad\vdots \\ x_r + b_{rr+1}x_{r+1} + \cdots + b_{rn}x_n = d_r \\ \qquad 0 = 1 \end{cases}$$

因为它含有矛盾方程 $0=1$,所以这个方程组无解,这与原方程组有解矛盾.

故 $r(\boldsymbol{A})=r(\boldsymbol{A}\quad\boldsymbol{b})$.

充分性　设 $r(\boldsymbol{A})=r(\boldsymbol{A}\quad\boldsymbol{b})=r$

(1) 如果 $r=n$ 时,用初等行变换化增广矩阵$(\boldsymbol{A}\quad\boldsymbol{b})$为行最简形矩阵 $\boldsymbol{B}$,则

$$\boldsymbol{B}=\begin{pmatrix} 1 & 0 & 0 & \cdots & 0 & d_1 \\ 0 & 1 & 0 & \cdots & 0 & d_2 \\ 0 & 0 & 1 & \cdots & 0 & d_3 \\ \vdots & \vdots & \vdots & & \vdots & \vdots \\ 0 & 0 & 0 & \cdots & 1 & d_n \end{pmatrix}, \text{此时方程组有唯一解} \begin{cases} x_1 = d_1 \\ x_2 = d_2 \\ \quad\vdots \\ x_n = d_n \end{cases}$$

(2) 如果 $r<n$ 时,用初等行变换化增广矩阵$(\boldsymbol{A}\quad\boldsymbol{b})$为行最简形矩阵 $\boldsymbol{B}$,则 $\boldsymbol{B}$,中含 r 个非零行 ,不妨设

$$\boldsymbol{B}=\begin{pmatrix} 1 & 0 & \cdots & 0 & b_{1r+1} & \cdots & b_{1n} & d_1 \\ 0 & 1 & \cdots & 0 & b_{2r+1} & \cdots & b_{2n} & d_2 \\ \vdots & \vdots & & \vdots & \vdots & & \vdots & \vdots \\ 0 & 0 & \cdots & 1 & b_{rr+1} & \cdots & b_{rn} & d_r \\ 0 & 0 & \cdots & \cdots & 0 & \cdots & 0 & 0 \\ \vdots & \vdots & & \vdots & \vdots & & \vdots & \vdots \\ 0 & 0 & \cdots & \cdots & 0 & \cdots & 0 & 0 \end{pmatrix}$$

$\boldsymbol{B}$ 对应的方程组为 $\begin{cases} x_1=d_1-b_{1r+1}x_{r+1}-\cdots-b_{1n}x_n \\ x_2=d_2-b_{2r+1}x_{r+1}-\cdots-b_{2n}x_n \\ \quad\vdots \\ x_r=d_r-b_{rr+1}x_{r+1}-\cdots-b_{rn}x_n \end{cases}$

令 $x_{r+1}=c_1,x_{r+2}=c_2,\cdots,x_n=c_{n-r}$，其中 $c_1,c_2,\cdots,c_{n-r}$ 为任意常数，则方程组 $Ax=b$ 有如下无穷多解：$\begin{cases} x_1=d_1-b_{1r+1}c_1-\cdots-b_{1n}c_{n-r} \\ x_2=d_2-b_{2r+1}c_1-\cdots-b_{2n}c_{n-r} \\ \quad\vdots \\ x_r=d_r-b_{rr+1}c_1-\cdots-b_{rn}c_{n-r} \\ x_{r+1}=c_1 \\ x_{r+2}=c_2 \\ \vdots \\ x_n=c_{n-r} \end{cases}$

因此得到，求解非齐次线性方程组 $\boldsymbol{Ax}=\boldsymbol{b}$ 的解的步骤：

(1) 用初等行变换将增广矩阵 $(\boldsymbol{A}\quad\boldsymbol{b})$ 化为行阶梯形矩阵，从 $(\boldsymbol{A}\quad\boldsymbol{b})$ 的行阶梯形矩阵可同时看出 $r(\boldsymbol{A}),r(\boldsymbol{A}\quad\boldsymbol{b})$，如果 $r(\boldsymbol{A})<r(\boldsymbol{A}\quad\boldsymbol{b})$，则方程组无解；

(2) 如果 $r(\boldsymbol{A})=r(\boldsymbol{A}\quad\boldsymbol{b})$，进一步将 $\boldsymbol{B}$ 化为行最简形；

(3) 如果 $r(\boldsymbol{A})=r(\boldsymbol{A}\quad\boldsymbol{b})=n$，方程有唯一解，根据 $\boldsymbol{B}$ 的行最简形矩阵可直接写出方程组的解；

(4) 如果 $r(\boldsymbol{A})=r(\boldsymbol{A}\quad\boldsymbol{b})=r<n$，方程有无穷多解，把行最简形中的 r 个非零行的首非零元所对应的未知数取作非自由未知数，其余的 $n-r$ 未知数作为自由未知数移到方程右边，并令自由求知数分别等于 $c_1,c_2,\cdots,c_{n-r}$，即可写出方程的通解.

【例 3.1】 判别线性方程组是否有解

$$\begin{cases} x_1-x_2+4x_3+3x_4=1 \\ 2x_1+7x_2+x_3-x_4=2 \\ x_1+8x_2-3x_3-4x_4=3 \end{cases}$$

解　对增广矩阵 $(\boldsymbol{A}\quad\boldsymbol{b})$ 施行初等行变换

$$(\boldsymbol{A}\quad\boldsymbol{b})=\begin{pmatrix} 1 & -1 & 4 & 3 & 1 \\ 2 & 7 & 1 & -1 & 2 \\ 1 & 8 & -3 & -4 & 3 \end{pmatrix}\longrightarrow\begin{pmatrix} 1 & -1 & 4 & 3 & 1 \\ 0 & 9 & -7 & -7 & 0 \\ 0 & 9 & -7 & -7 & 2 \end{pmatrix}\longrightarrow\begin{pmatrix} 1 & -1 & 4 & 3 & 1 \\ 0 & 9 & -7 & -7 & 0 \\ 0 & 0 & 0 & 0 & 2 \end{pmatrix}$$

因为 $r(\boldsymbol{A})=2\neq r(\boldsymbol{A}\quad\boldsymbol{b})=3$，所以该线性方程组无解.

【例 3.2】 解线性方程组

$$\begin{cases} x_1 - x_2 + 2x_3 = 1 \\ x_1 - 2x_2 - x_3 = 2 \\ 3x_1 - x_2 + 5x_3 = 3 \\ 2x_1 - 2x_2 - 3x_3 = 4 \end{cases}$$

解 对增广矩阵$(\boldsymbol{A} \quad \boldsymbol{b})$施行初等行变换

$$(\boldsymbol{A} \quad \boldsymbol{b}) = \begin{pmatrix} 1 & -1 & 2 & 1 \\ 1 & -2 & -1 & 2 \\ 3 & -1 & 5 & 3 \\ 2 & -2 & -3 & 4 \end{pmatrix} \longrightarrow \begin{pmatrix} 1 & -1 & 2 & 1 \\ 0 & -1 & -3 & 1 \\ 0 & 2 & -1 & 0 \\ 0 & 0 & -7 & 2 \end{pmatrix} \longrightarrow \begin{pmatrix} 1 & -1 & 2 & 1 \\ 0 & 1 & 3 & -1 \\ 0 & 0 & -7 & 2 \\ 0 & 0 & -7 & 2 \end{pmatrix}$$

$$\longrightarrow \begin{pmatrix} 1 & -1 & 2 & 1 \\ 0 & 1 & 3 & -1 \\ 0 & 0 & 7 & -2 \\ 0 & 0 & 0 & 0 \end{pmatrix} \longrightarrow \begin{pmatrix} 1 & 0 & 0 & \frac{10}{7} \\ 0 & 1 & 0 & -\frac{1}{7} \\ 0 & 0 & 1 & -\frac{2}{7} \\ 0 & 0 & 0 & 0 \end{pmatrix}$$

因为 $r(\boldsymbol{A}) = r(\boldsymbol{A} \quad \boldsymbol{b}) = 3$,故方程组有唯一解.由最简形矩阵得唯一解为

$$x_1 = \frac{10}{7}, x_2 = -\frac{1}{7}, x_3 = -\frac{2}{7}$$

【例 3.3】 解线性方程组

$$\begin{cases} x_1 - 2x_2 + 3x_3 - 4x_4 = 4 \\ \qquad x_2 - x_3 + x_4 = -3 \\ x_1 + 3x_2 \qquad - 3x_4 = 1 \\ \quad -7x_2 + 3x_3 + x_4 = -3 \end{cases}$$

解 对增广矩阵$(\boldsymbol{A} \quad \boldsymbol{b})$施行初等行变换

$$(\boldsymbol{A} \quad \boldsymbol{b}) = \begin{pmatrix} 1 & -2 & 3 & -4 & 4 \\ 0 & 1 & -1 & 1 & -3 \\ 1 & 3 & 0 & -3 & 1 \\ 0 & -7 & 3 & 1 & -3 \end{pmatrix} \longrightarrow \begin{pmatrix} 1 & -2 & 3 & -4 & 4 \\ 0 & 1 & -1 & 1 & -3 \\ 0 & 5 & -3 & 1 & -3 \\ 0 & -7 & 3 & 1 & -3 \end{pmatrix} \longrightarrow \begin{pmatrix} 1 & -2 & 3 & -4 & 4 \\ 0 & 1 & -1 & 1 & -3 \\ 0 & 0 & 2 & -4 & 12 \\ 0 & 0 & -4 & 8 & -24 \end{pmatrix}$$

$$\longrightarrow \begin{pmatrix} 1 & -2 & 3 & -4 & 4 \\ 0 & 1 & -1 & 1 & -3 \\ 0 & 0 & 1 & -2 & 6 \\ 0 & 0 & 0 & 0 & 0 \end{pmatrix} \longrightarrow \begin{pmatrix} 1 & 0 & 0 & 0 & -8 \\ 0 & 1 & 0 & -1 & 3 \\ 0 & 0 & 1 & -2 & 6 \\ 0 & 0 & 0 & 0 & 0 \end{pmatrix}$$

因为 $r(\mathbf{A})=r(\mathbf{A}\quad \boldsymbol{b})=3<4$，所以方程组有无数解，其解为 $\begin{cases}x_1=-8\\x_2=3+x_4\\x_3=6+2x_4\end{cases}$，其中 $x_4=c$（c 为任意常数），则原方程组的解表示为

$$\begin{cases}x_1=-8\\x_2=3+c\\x_3=6+c\end{cases}$$

【例 3.4】 k 取何值时，线性方程组

$$\begin{cases}x_1+x_2+x_3=k\\kx_1+x_2+x_3=1\\x_1+x_2+kx_3=1\end{cases}$$

有解，求出其解.

解　对增广矩阵 $(\mathbf{A}\quad \boldsymbol{b})$ 施行初等行变换

$$(\mathbf{A}\quad \boldsymbol{b})=\begin{pmatrix}1&1&1&k\\k&1&1&1\\1&1&k&1\end{pmatrix}\longrightarrow\begin{pmatrix}1&1&1&k\\0&1-k&1-k&1-k^2\\0&0&k-1&1-k\end{pmatrix}$$

(1) 当 $k\neq1$ 时，$r(\mathbf{A})=r(\mathbf{A}\quad \boldsymbol{b})=3$，方程组有唯一解

$$\begin{cases}x_1=-1\\x_2=k+2\\x_3=-1\end{cases}$$

(2) 当 $k=1$ 时，$r(\mathbf{A})=r(\mathbf{A}\quad \boldsymbol{b})=1<3$，方程组有无穷多解，设 $x_2=c_1$，$x_3=c_2$（c_1，c_2 为任意实数），于是得到方程组的一般解

$$\begin{cases}x_1=1-c_1-c_2\\x_2=c_1\\x_3=c_2\end{cases}$$

将定理 3.1 应用到齐次线性方程组 $\mathbf{A}\boldsymbol{x}=\boldsymbol{o}$，由于齐次线性方程组的增广矩阵的最后一列元全为零，因此在任何情况下都有 $r(\mathbf{A})=r(\mathbf{A}\quad \boldsymbol{b})$，从而有

定理 3.2　n 元齐次线性方程组 $\mathbf{A}\boldsymbol{x}=\boldsymbol{o}$ 的系数矩阵 $\mathbf{A}$ 的秩为 r，那么

(1) 当 $r(\mathbf{A})=n$ 时，方程组仅有零解；

(2) 当 $r(\mathbf{A})=r<n$ 时，方程组除零解外，还有非零解，即有无穷多解.

由于 $m\times n$ 矩阵 $\mathbf{A}$ 的秩 $r(\mathbf{A})\leqslant\min(m,n)$，由此得到

推论　当 $m<n$ 时，齐次线性方程组有非零解.

【例 3.5】 求下列齐次线性方程组的通解.

$$\begin{cases} x_1+2x_2+2x_3+x_4=0 \\ 2x_1+x_2-2x_3-2x_4=0 \\ x_1-x_2-4x_3-3x_4=0 \end{cases}$$

解 由于 $m=3<n=4$，方程组必有非零解.

$$\boldsymbol{A}=\begin{pmatrix} 1 & 2 & 2 & 1 \\ 2 & 1 & -2 & -2 \\ 1 & -1 & -4 & -3 \end{pmatrix} \longrightarrow \begin{pmatrix} 1 & 2 & 2 & 1 \\ 0 & -3 & -6 & -4 \\ 0 & -3 & -6 & -4 \end{pmatrix} \longrightarrow \begin{pmatrix} 1 & 0 & -2 & -\frac{5}{3} \\ 0 & 1 & 2 & \frac{4}{3} \\ 0 & 0 & 0 & 0 \end{pmatrix}$$

因为 $r(\boldsymbol{A})=2<4$，得到与原方程组同解的方程组

$$\begin{cases} x_1=2x_3+\frac{5}{3}x_4 \\ x_2=-2x_3-\frac{4}{3}x_4 \end{cases}$$

设 $x_3=c_1, x_4=c_2$（c_1, c_2 为任意常数），于是得到原方程组的一般解为

$$\begin{cases} x_1=2c_1+\frac{5}{3}c_2 \\ x_2=-2c_1-\frac{4}{3}c_2 \end{cases}$$

3.2 *n* 维向量及其线性运算

3.2.1 *n* 维向量

定义 3.1 由 n 个实数组成的有序数组$(a_1, a_2, \cdots, a_n)$称为 n 维向量，其中第 i 个数 a_i 称为向量 $\boldsymbol{\alpha}$ 的(第 i 个)分量. 一般用 $\boldsymbol{\alpha}, \boldsymbol{\beta}, \boldsymbol{\gamma}$ 等希腊字母表示，有时也用 a, b, o, x, y 等拉丁字母表示.

$\boldsymbol{\alpha}=(a_1, a_2, \cdots, a_n)$，称为 n 维行向量.

有时也可记为 $\boldsymbol{\alpha}=\begin{pmatrix} a_1 \\ a_2 \\ \vdots \\ a_n \end{pmatrix}$ 称为 n 维列向量.

要把列(行)向量写成行(列)$(j=1,2,\cdots,n)$可用转置记号，例如

$$\boldsymbol{\alpha}=\begin{pmatrix}a_1\\a_2\\\vdots\\a_n\end{pmatrix}=(a_1\quad a_2\quad\cdots\quad a_n)^{\mathrm{T}}$$

矩阵 $\boldsymbol{A}=\begin{pmatrix}a_{11}&a_{12}&\cdots&a_{1n}\\a_{21}&a_{22}&\cdots&a_{2n}\\\vdots&\vdots&&\vdots\\a_{m1}&a_{m2}&\cdots&a_{mn}\end{pmatrix}$中的每一行$(a_{i1},a_{i2},\cdots,a_{in})(i=1,2,\cdots,m)$都是 n 维行向量.

每一列$\begin{pmatrix}a_{1j}\\a_{2j}\\\vdots\\a_{mj}\end{pmatrix}(j=1,2,\cdots,n)$都是 m 维列向量.

所有分量都为零的向量称为零向量,记为 $\mathbf{0}$,即 $\mathbf{0}=(0,0,\cdots,0)$.

n 维向量 $\boldsymbol{\alpha}=(a_1,a_2,\cdots,a_n)$的各分量的相反数所组成的向量,称为 $\boldsymbol{\alpha}$ 的负向量,记为 $-\boldsymbol{\alpha}$,即 $-\boldsymbol{\alpha}=-(a_1,a_2,\cdots,a_n)$.

如果 n 维向量 $\boldsymbol{\alpha}=(a_1,a_2,\cdots,a_n)$与 $\boldsymbol{\beta}=(b_1,b_2,\cdots,b_n)$的对应分量都相等,即 $a_i=b_i(i=1,\cdots,n)$,则称这两个向量相等,记作 $\boldsymbol{\alpha}=\boldsymbol{\beta}$.

定义 3.2(向量加法)　两个 n 维向量 $\boldsymbol{\alpha}=(a_1,a_2,\cdots,a_n)$与 $\boldsymbol{\beta}=(b_1,b_2,\cdots,b_n)$的对应分量的和所组成的向量,称为向量 $\boldsymbol{\alpha}$ 与 $\boldsymbol{\beta}$ 的和,记作 $\boldsymbol{\alpha}+\boldsymbol{\beta}$. 即

$$\boldsymbol{\alpha}+\boldsymbol{\beta}=(a_1+b_1,a_2+b_2,\cdots,a_n+b_n)$$

由向量的加法和负向量的定义可定义向量减法

$$\boldsymbol{\alpha}-\boldsymbol{\beta}=\boldsymbol{\alpha}+(-\boldsymbol{\beta})=(a_1-b_1,a_2-b_2,\cdots,a_n-b_n)$$

定义 3.3(数与向量的乘积)　n 维向量 $\boldsymbol{\alpha}=(a_1,a_2,\cdots,a_n)$的各个分量都乘以 k(k 是实数)所组成的向量,称为数 k 与向量 $\boldsymbol{\alpha}$ 和乘积(简称数乘),记为 $k\boldsymbol{\alpha}$,即

$$k\boldsymbol{\alpha}=(ka_1,ka_2,\cdots,ka_n)$$

向量的加、减及数乘运算统称为向量的线性运算.

定义 3.4　所有 n 维实向量的集合记为 $\mathbf{R}^n$,我们称 $\mathbf{R}^n$ 为实 n 维向量空间,它是指在 $\mathbf{R}^n$ 中定义了加法及数乘这两种运算,并且这两种运算满足以下 8 条规律:

(1) $\boldsymbol{\alpha}+\boldsymbol{\beta}=\boldsymbol{\beta}+\boldsymbol{\alpha}$

(2) $(\boldsymbol{\alpha}+\boldsymbol{\beta})+\boldsymbol{\gamma}=\boldsymbol{\alpha}+(\boldsymbol{\beta}+\boldsymbol{\gamma})$

(3) $\boldsymbol{\alpha}+\mathbf{0}=\boldsymbol{\alpha}$

(4) $\boldsymbol{\alpha}-\boldsymbol{\alpha}=\boldsymbol{o}$

(5) $k(\boldsymbol{\alpha}+\boldsymbol{\beta})=k\boldsymbol{\alpha}+k\boldsymbol{\beta}$

(6) $(k+l)\boldsymbol{\alpha}=k\boldsymbol{\alpha}+l\boldsymbol{\alpha}$

(7) $(kl)\boldsymbol{\alpha}=k(l\boldsymbol{\alpha})$

(8) $1\cdot\boldsymbol{\alpha}=\boldsymbol{\alpha}$

其中 $\boldsymbol{\alpha},\boldsymbol{\beta},\boldsymbol{\gamma}$ 都是 n 维向量，$\boldsymbol{o}$ 是维 n 零向量，k,l 为任意实数.

【例 3.6】 设 $\boldsymbol{\alpha}_1=(5,-1,3,2,4)$，$\boldsymbol{\alpha}_2=(3,1,-2,2,1)$，且 $3\boldsymbol{\alpha}_1+\boldsymbol{\beta}=4\boldsymbol{\alpha}_2$，求 $\boldsymbol{\beta}$.

解　因为 $3\boldsymbol{\alpha}_1+\boldsymbol{\beta}=4\boldsymbol{\alpha}_2$

所以

$$\begin{aligned}\boldsymbol{\beta}&=4\boldsymbol{\alpha}_2-3\boldsymbol{\alpha}_1\\&=4(3,1,-2,2,1)-3(5,-1,3,2,4)\\&=(12,4,-8,8,4)-(15,-3,9,6,12)\\&=(-3,7,-17,2,-8)\end{aligned}$$

3.2.2　向量组的线性组合

定义 3.5　设向量组 $\boldsymbol{\beta},\boldsymbol{\alpha}_1,\boldsymbol{\alpha}_2,\cdots,\boldsymbol{\alpha}_s$，如果存在一组数 $k_1,k_2,\cdots,k_s$，使得

$$\boldsymbol{\beta}=k_1\boldsymbol{\alpha}_1+k_2\boldsymbol{\alpha}_2+\cdots+k_s\boldsymbol{\alpha}_s$$

成立，则称向量 $\boldsymbol{\beta}$ 是向量组 $\boldsymbol{\alpha}_1,\boldsymbol{\alpha}_2,\cdots,\boldsymbol{\alpha}_s$ 的线性组合，或称向量 $\boldsymbol{\beta}$ 能由向量组 $\boldsymbol{\alpha}_1,\boldsymbol{\alpha}_2,\cdots,\boldsymbol{\alpha}_s$ 线性表示.

【例 3.7】 零向量是任何一组向量组的线性组合.

因为

$$\mathbf{0}=0\cdot\boldsymbol{\alpha}_1+0\cdot\boldsymbol{\alpha}_2+\cdots+0\cdot\boldsymbol{\alpha}_n$$

【例 3.8】 任一个 n 维向量 $\boldsymbol{\alpha}=(a_1,a_2,\cdots,a_n)$ 都是 n 维向量组.

$\boldsymbol{\varepsilon}_1=(1,0,\cdots0,0)$，$\boldsymbol{\varepsilon}_2=(0,1,\cdots,0,0)$，$\cdots$，$\boldsymbol{\varepsilon}_n=(0,0,\cdots,0,1)$ 的线性组合.

其中，$\boldsymbol{\varepsilon}_1,\boldsymbol{\varepsilon}_2,\cdots,\boldsymbol{\varepsilon}_n$ 称为 R^n 初始单位向量组.

因为

$$\begin{aligned}\boldsymbol{\alpha}&=(a_1,a_2,\cdots,a_n)\\&=a_1(1,0,\cdots,0)+a_2(0,1,\cdots,0)+\cdots+a_n(0,0,\cdots,1)\\&=a_1\varepsilon_1+\varepsilon_2a_2+\cdots+a_n\varepsilon_n\end{aligned}$$

所以向量 $\boldsymbol{\alpha}=(a_1,a_2,\cdots,a_n)$ 是初始单位向量组 $\boldsymbol{\varepsilon}_1,\boldsymbol{\varepsilon}_2,\cdots,\boldsymbol{\varepsilon}_n$ 的线性组合.

【例 3.9】 向量组 $\boldsymbol{\alpha}_1,\boldsymbol{\alpha}_2,\cdots,\boldsymbol{\alpha}_s$ 中的任一向量 $\boldsymbol{\alpha}_i(1\leqslant i\leqslant s)$ 都可以由这个向量组线性表示.

因为 $\boldsymbol{\alpha}_i=0\cdot\alpha_1+\cdots+0\cdot\alpha_{i-1}+1\cdot\alpha_i+0\cdot\alpha_{i+1}+\cdots+0\cdot\alpha_s$

利用向量运算可以将一般线性方程组

$$\begin{cases}a_{11}x_1+a_{12}x_2+\cdots+a_{1n}x_n=b_1\\a_{21}x_1+a_{22}x_2+\cdots+a_{2n}x_n=b_2\\\qquad\qquad\vdots\\a_{m1}x_1+a_{m2}x_2+\cdots+a_{mn}x_n=b_m\end{cases}\tag{3.1}$$

写成下列向量形式

$$x_1\alpha_1+x_2\alpha_2+\cdots+x_n\alpha_n=\boldsymbol{\beta}\tag{3.5}$$

其中系数矩阵 $\boldsymbol{A}=(a_{ij})_{m\times n}(i=1,2,\cdots,m;j=1,2,\cdots,n)$，$\boldsymbol{A}$ 的第 j 列及方程组的常数项可以用 m 维列向量表示，即

$$\boldsymbol{\alpha}_1=\begin{pmatrix}a_{11}\\a_{21}\\\vdots\\a_{m1}\end{pmatrix},\boldsymbol{\alpha}_2=\begin{pmatrix}a_{12}\\a_{22}\\\vdots\\a_{m2}\end{pmatrix},\cdots,\boldsymbol{\alpha}_n=\begin{pmatrix}a_{1n}\\a_{2n}\\\vdots\\a_{mn}\end{pmatrix},\boldsymbol{\beta}_1=\begin{pmatrix}b_1\\b_2\\\vdots\\b_m\end{pmatrix}$$

$\boldsymbol{\alpha}_1,\boldsymbol{\alpha}_2,\cdots,\boldsymbol{\alpha}_n$ 称为矩阵的列向量组．

这样，就可以借助于向量讨论线性方程组．

方程组(3.1)是否有解，就等价于是否存在一组数 $k_1,k_2,\cdots,k_n$ 使得下列线性关系式成立

$$\beta=k_1\alpha_1+k_2\alpha_2+\cdots+k_n\alpha_n$$

综上可得：向量 $\boldsymbol{\beta}$ 可由向量组 $\boldsymbol{\alpha}_1,\boldsymbol{\alpha}_2,\cdots,\boldsymbol{\alpha}_n$ 线性表示的充分必要条件是线性方程组(3.1)有解．进一步，如果方程组(3.1)有唯一解，说明 $\boldsymbol{\beta}$ 可由向量组 $\boldsymbol{\alpha}_1,\boldsymbol{\alpha}_2,\cdots,\boldsymbol{\alpha}_n$ 线性表示，并且表示法唯一；如果方程组(3.1)有无穷多个解，则说明 $\boldsymbol{\beta}$ 可由向量组 $\boldsymbol{\alpha}_1,\boldsymbol{\alpha}_2,\cdots,\boldsymbol{\alpha}_n$ 线性表示，并且表示法不唯一．

【例 3.10】 设向量组 $\boldsymbol{\alpha}_1=(1,2,-1)$，$\boldsymbol{\alpha}_2=(2,3,0)$，$\boldsymbol{\alpha}_3=(-1,0,3)$，$\boldsymbol{\alpha}_4=(-2,-2,4)$，判别 $\boldsymbol{\alpha}_4$ 是否可由 $\boldsymbol{\alpha}_1,\boldsymbol{\alpha}_2,\boldsymbol{\alpha}_3$ 线性表示；若可以，求其表示式．

解　设 $\boldsymbol{\alpha}_4=k_1\boldsymbol{\alpha}_1+k_2\boldsymbol{\alpha}_2+k_3\boldsymbol{\alpha}_3$，即

$$(-2,-2,4)=k_1(1,2,-1)+k_2(2,3,0)+k_3(-1,0,3)$$

由此可得以 k_1,k_2,k_3 为未知量的线性方程组

$$\begin{cases}k_1+2k_2-k_3=-2\\2k_1+3k_2=-2\\-k_1+3k_3=4\end{cases}$$

解得 $k_1=-1,k_2=0,k_3=1$

即 $\boldsymbol{\alpha}_4$ 可由 $\boldsymbol{\alpha}_1,\boldsymbol{\alpha}_2,\boldsymbol{\alpha}_3$ 线性表示，且 $\boldsymbol{\alpha}_4=-\boldsymbol{\alpha}_1+\boldsymbol{\alpha}_3$．

定理 3.3　设向量 $\boldsymbol{\beta}=\begin{pmatrix}b_1\\b_2\\\vdots\\b_m\end{pmatrix}$，向量 $\boldsymbol{\alpha}_j=\begin{pmatrix}a_{1j}\\a_{2j}\\\vdots\\a_{mj}\end{pmatrix}(j=1,2,\cdots,n.)$，则向量 $\boldsymbol{\beta}$ 可由向量组 $\boldsymbol{\alpha}_1,\boldsymbol{\alpha}_2,\cdots,\boldsymbol{\alpha}_n$ 线性表示的充分必要条件是以 $\boldsymbol{\alpha}_1,\boldsymbol{\alpha}_2,\cdots,\boldsymbol{\alpha}_n$ 为列向量的矩阵与以 $\boldsymbol{\alpha}_1,\boldsymbol{\alpha}_2,\cdots,\boldsymbol{\alpha}_n,\boldsymbol{\beta}$ 为列向量的矩阵有相同的秩．

证　线性方程组

$$x_1\boldsymbol{\alpha}_1+x_2\boldsymbol{\alpha}_2+\cdots+x_n\boldsymbol{\alpha}_n=\boldsymbol{\beta}$$

有解的充分必要条件是：系数矩阵和增广矩阵的秩相同．这就是说 $\boldsymbol{\beta}$ 可由 $\boldsymbol{\alpha}_1,\boldsymbol{\alpha}_2,\cdots,\boldsymbol{\alpha}_n$ 线性表示的充分必要条件是以 $\boldsymbol{\alpha}_1,\boldsymbol{\alpha}_2,\cdots,\boldsymbol{\alpha}_n$ 为列向量的矩阵与以 $\boldsymbol{\alpha}_1,\boldsymbol{\alpha}_2,\cdots,\boldsymbol{\alpha}_n,\boldsymbol{\beta}$ 为列

向量的矩阵有相同的秩.

定理 3.3 也可以叙述为:对于向量 $\boldsymbol{\beta}$ 和向量组 $\boldsymbol{\alpha}_1,\boldsymbol{\alpha}_2,\cdots,\boldsymbol{\alpha}_n$,其中 $\boldsymbol{\beta}=(b_1,b_2,\cdots,b_m)$,$\boldsymbol{\alpha}_j=(a_{1j},a_{2j},\cdots,a_{mj})(j=1,2,\cdots,n)$,向量 $\boldsymbol{\beta}$ 可由向量组 $\boldsymbol{\alpha}_1,\boldsymbol{\alpha}_2,\cdots,\boldsymbol{\alpha}_n$ 线性表示的充分必要条件是以 $\boldsymbol{\alpha}_1^{\mathrm{T}},\boldsymbol{\alpha}_2^{\mathrm{T}},\cdots,\boldsymbol{\alpha}_n^{\mathrm{T}}$ 为列向量的矩阵与以 $\boldsymbol{\alpha}_1^{\mathrm{T}},\boldsymbol{\alpha}_2^{\mathrm{T}},\cdots,\boldsymbol{\alpha}_n^{\mathrm{T}},\boldsymbol{\beta}^{\mathrm{T}}$ 为列向量的矩阵有相同的秩.

【例 3.11】 判断向量 $\boldsymbol{\beta}_1=(4,3,-1,11)$ 与 $\boldsymbol{\beta}_2=(4,3,0,11)$ 是否为向量组 $\boldsymbol{\alpha}_1=(1,2,-1,5)$,$\alpha_2=(2,-1,1,1)$ 的线性组合;若是,写出表示式.

解 设 $k_1\boldsymbol{\alpha}_1+k_2\boldsymbol{\alpha}_2=\boldsymbol{\beta}_1$,对矩阵$(\boldsymbol{\alpha}_1^{\mathrm{T}}\quad\boldsymbol{\alpha}_2^{\mathrm{T}}\quad\boldsymbol{\beta}^{\mathrm{T}})$施以初等行变换

$$\begin{pmatrix}1&2&4\\2&-1&3\\-1&1&-1\\5&1&11\end{pmatrix}\longrightarrow\begin{pmatrix}1&2&4\\0&-5&-5\\0&3&3\\0&-9&-9\end{pmatrix}\longrightarrow\begin{pmatrix}1&2&4\\0&1&1\\0&0&0\\0&0&0\end{pmatrix}\longrightarrow\begin{pmatrix}1&0&2\\0&1&1\\0&0&0\\0&0&0\end{pmatrix}$$

易见,$r(\boldsymbol{\alpha}_1^{\mathrm{T}}\quad\boldsymbol{\alpha}_2^{\mathrm{T}})=r(\boldsymbol{\alpha}_1^{\mathrm{T}}\quad\boldsymbol{\alpha}_2^{\mathrm{T}}\quad\boldsymbol{\beta}_1^{\mathrm{T}})=2$

故 $\boldsymbol{\beta}_1$ 可由 $\boldsymbol{\alpha}_1,\boldsymbol{\alpha}_2$ 线性表示,且由上面最后一个矩阵知,取 $k_1=2,k_2=1$ 可使

$$\boldsymbol{\beta}_1=2\boldsymbol{\alpha}_1+\boldsymbol{\alpha}_2$$

类似地,对矩阵$(\boldsymbol{\alpha}_1^{\mathrm{T}}\quad\boldsymbol{\alpha}_2^{\mathrm{T}}\quad\boldsymbol{\beta}_2^{\mathrm{T}})$施以初等行变换

$$\begin{pmatrix}1&2&4\\2&-1&3\\-1&1&0\\5&1&11\end{pmatrix}\longrightarrow\begin{pmatrix}1&2&4\\0&-5&-5\\0&3&4\\0&-9&-9\end{pmatrix}\longrightarrow\begin{pmatrix}1&2&4\\0&1&1\\0&0&1\\0&0&0\end{pmatrix}$$

易见 $r(\boldsymbol{\alpha}_1^{\mathrm{T}}\quad\boldsymbol{\alpha}_2^{\mathrm{T}})=2$,$r(\boldsymbol{\alpha}_1^{\mathrm{T}}\quad\boldsymbol{\alpha}_2^{\mathrm{T}}\quad\boldsymbol{\beta}^{\mathrm{T}})=3$

故 $\boldsymbol{\beta}_2$ 不能由 $\boldsymbol{\alpha}_1,\boldsymbol{\alpha}_2$ 线性表示.

3.3 向量组的线性相关性

3.3.1 线性相关性的概念

定义 3.6 对于向量组 $\boldsymbol{\alpha}_1,\boldsymbol{\alpha}_2,\cdots,\boldsymbol{\alpha}_s$,若存在不全为零的数 $k_1,k_2,\cdots,k_s$,使得

$$k_1\boldsymbol{\alpha}_1+k_2\boldsymbol{\alpha}_2+\cdots+k_s\boldsymbol{\alpha}_s=\mathbf{0}$$

成立,则称向量组 $\boldsymbol{\alpha}_1,\boldsymbol{\alpha}_2,\cdots,\boldsymbol{\alpha}_s$ 线性相关;否则称向量组 $\boldsymbol{\alpha}_1,\boldsymbol{\alpha}_2,\cdots,\boldsymbol{\alpha}_s$ 线性无关,也就是说当且仅当 $k_1=k_2=\cdots=k_s=0$ 时成立,则称向量组 $\boldsymbol{\alpha}_1,\boldsymbol{\alpha}_2,\cdots,\boldsymbol{\alpha}_s$ 线性无关.

如 $\boldsymbol{\alpha}_1=\begin{pmatrix}3\\-6\end{pmatrix}$,$\boldsymbol{\alpha}_2=\begin{pmatrix}-2\\4\end{pmatrix}$线性相关;而 $\boldsymbol{\beta}_1=\begin{pmatrix}1\\2\end{pmatrix}$,$\boldsymbol{\beta}_2=\begin{pmatrix}-1\\1\end{pmatrix}$线性无关.

由定义可得：

(1) 单独一个零向量线性相关；

(2) 单独一个非零向量线性无关；

(3) $\boldsymbol{R}^n$ 中的初始单位向量组 $\boldsymbol{\varepsilon}_1,\boldsymbol{\varepsilon}_2,\cdots,\boldsymbol{\varepsilon}_n$ 线性无关.

若 $k_1\boldsymbol{\varepsilon}_1+k_2\boldsymbol{\varepsilon}_2+\cdots+k_n\boldsymbol{\varepsilon}_n=\boldsymbol{0}$，即

$$k_1(1,0,\cdots,0)+k_2(0,1,\cdots,0)+\cdots+k_n(0,0,\cdots,1)=(0,0,\cdots,0)$$

即
$$(k_1,k_2,\cdots,k_n)=(0,0,\cdots,0)$$

于是只有 $k_1=k_2=\cdots=k_n=0$，故 $\boldsymbol{\varepsilon}_1,\boldsymbol{\varepsilon}_2,\cdots,\boldsymbol{\varepsilon}_n$ 线性无关.

【例 3.12】 讨论向量组 $\boldsymbol{\alpha}_1=(1,1,1),\boldsymbol{\alpha}_2(0,2,5),\boldsymbol{\alpha}_3=(1,3,6)$的线性相关性.

解　令 $k_1\boldsymbol{\alpha}_1+k_2\boldsymbol{\alpha}_2+k_3\boldsymbol{\alpha}_3=0$

即
$$k_1(1,1,1)+k_2(0,2,5)+k_3(1,3,6)=(0,0,0)$$

则
$$\begin{cases}k_1+k_3=0\\k_1+2k_2+3k_3=0\\k_1+5k_2+6k_3=0\end{cases}$$

方程组的解为$\begin{cases}k_1=k_2\\k_3=-k_2\end{cases}$

其中，k_2 为任意数，所以方程组有非零解，即存在不全为零的数 k_1,k_2,k_3，使得

$$k_1\boldsymbol{\alpha}_1+k_2\boldsymbol{\alpha}_2+k_3\boldsymbol{\alpha}_3=0$$

因此向量组 $\boldsymbol{\alpha}_1,\boldsymbol{\alpha}_2,\boldsymbol{\alpha}_3$ 线性相关.

由上面的例子可以看出，向量组的线性相关性也可以用齐次线性方程组是否有非零解来判别.

$m\times n$ 齐次线性方程组

$$\begin{cases}a_{11}x_1+a_{12}x_2+\cdots+a_{1n}x_n=0\\a_{21}x_1+a_{22}x_2+\cdots+a_{2n}x_n=0\\\quad\vdots\\a_{m1}x_1+a_{m2}x_2+\cdots+a_{mn}x_n=0\end{cases}\tag{3.3}$$

的向量形式

$$x_1\boldsymbol{\alpha}_1+x_2\boldsymbol{\alpha}_2+\cdots+x_n\boldsymbol{\alpha}_n=0\tag{3.6}$$

记

$$\boldsymbol{\alpha}_j=\begin{pmatrix}a_{1j}\\a_{2j}\\\vdots\\a_{mj}\end{pmatrix}\quad(j=1,\cdots,n)$$

有了这种对应，判别一个向量组是否线性相关可通过判别齐次线性方程组是否有非零解得到，这便是下列的定理.

定理 3.4 向量组 $\boldsymbol{\alpha}_1,\boldsymbol{\alpha}_2,\cdots,\boldsymbol{\alpha}_n$ 线性相关(无关)的充分必要条件是齐次线性方程组

$$x_1\boldsymbol{\alpha}_1+x_2\boldsymbol{\alpha}_2+\cdots+x_n\boldsymbol{\alpha}_n=0 \text{ 有非零解(仅有零解)}.$$

由此得到对于 m 维列向量组 $\boldsymbol{\alpha}_1,\boldsymbol{\alpha}_2,\cdots,\boldsymbol{\alpha}_n$，其中 $\boldsymbol{\alpha}_j=\begin{pmatrix}a_{1j}\\a_{2j}\\\vdots\\a_{mj}\end{pmatrix}\quad(j=1,2,\cdots,n)$ 线性相关的充分必要条件是以 $\boldsymbol{\alpha}_1,\boldsymbol{\alpha}_2,\cdots,\boldsymbol{\alpha}_n$ 为列向量的矩阵秩小于向量的个数 n.

推论 1 当 $m=n$ 时，即 n 个 n 维向量 $\boldsymbol{\alpha}_1=\begin{pmatrix}a_{11}\\a_{21}\\\vdots\\a_{n1}\end{pmatrix},\boldsymbol{\alpha}_2=\begin{pmatrix}a_{12}\\a_{22}\\\vdots\\a_{n2}\end{pmatrix},\cdots,\boldsymbol{\alpha}_n=\begin{pmatrix}a_{1n}\\a_{2n}\\\vdots\\a_{nn}\end{pmatrix}$

线性无关的充分条件是行列式 $D=\begin{vmatrix}a_{11}&a_{12}&\cdots&a_{1n}\\a_{21}&a_{22}&\cdots&a_{2n}\\\vdots&\vdots&&\vdots\\a_{n1}&a_{n2}&\cdots&a_{nn}\end{vmatrix}\neq0$

或者说，n 个 n 维向量 $\boldsymbol{\alpha}_1=\begin{pmatrix}a_{11}\\a_{21}\\\vdots\\a_{n1}\end{pmatrix},\boldsymbol{\alpha}_2=\begin{pmatrix}a_{12}\\a_{22}\\\vdots\\a_{n2}\end{pmatrix},\cdots,\boldsymbol{\alpha}_n=\begin{pmatrix}a_{1n}\\a_{2n}\\\vdots\\a_{nn}\end{pmatrix}$

线性相关的充分条件是行列式 $D=\begin{vmatrix}a_{11}&a_{12}&\cdots&a_{1n}\\a_{21}&a_{22}&\cdots&a_{2n}\\\vdots&\vdots&&\vdots\\a_{n1}&a_{n2}&\cdots&a_{nn}\end{vmatrix}=0$

推论 2 当向量组中所含向量个数大于向量的维数时，此向量组线性相关.

【例 3.13】 讨论向量组 $\boldsymbol{\alpha}_1=\begin{pmatrix}1\\2\\1\end{pmatrix},\boldsymbol{\alpha}_2=\begin{pmatrix}1\\-1\\3\end{pmatrix},\boldsymbol{\alpha}_3=\begin{pmatrix}2\\7\\0\end{pmatrix}$ 的线性相关性.

解 对矩阵 $(\boldsymbol{\alpha}_1\quad\boldsymbol{\alpha}_2\quad\boldsymbol{\alpha}_3)$ 施行初等变换

$$(\boldsymbol{\alpha}_1\quad\boldsymbol{\alpha}_2\quad\boldsymbol{\alpha}_3)=\begin{pmatrix}1&1&2\\2&-1&7\\1&3&0\end{pmatrix}\longrightarrow\begin{pmatrix}1&1&2\\0&-3&3\\0&2&-2\end{pmatrix}\longrightarrow\begin{pmatrix}1&1&2\\0&-3&3\\0&0&0\end{pmatrix}$$

知 $r(\boldsymbol{\alpha}_1\quad\boldsymbol{\alpha}_2\quad\boldsymbol{\alpha}_3)=2<3$，所以向量组 $\boldsymbol{\alpha}_1,\boldsymbol{\alpha}_2,\boldsymbol{\alpha}_3$ 线性相关.

【例 3.14】 已知向量组 $\boldsymbol{\alpha},\boldsymbol{\beta},\boldsymbol{\gamma}$ 线性无关，证明向量组 $\boldsymbol{\alpha}+\boldsymbol{\beta},\boldsymbol{\beta}+\boldsymbol{\gamma},\boldsymbol{\gamma}+\boldsymbol{\alpha}$ 也线性无关.

证 设有一组数 k_1,k_2,k_3，使

$$k_1(\boldsymbol{\alpha}+\boldsymbol{\beta})+k_2(\boldsymbol{\beta}+\boldsymbol{\gamma})+k_3(\boldsymbol{\gamma}+\boldsymbol{\alpha})=0 \quad ①$$

成立，整理得$(k_1+k_3)\boldsymbol{\alpha}+(k_1+k_2)\boldsymbol{\beta}+(k_2+k_3)\boldsymbol{\gamma}=0$

因为向量组 $\boldsymbol{\alpha},\boldsymbol{\beta},\boldsymbol{\gamma}$ 线性无关，所以有

$$\begin{cases} k_1 \quad\quad +k_3=0 \\ k_1+k_2 \quad\quad =0 \\ \quad\quad k_2+k_3=0 \end{cases} \quad ②$$

由于此齐次线性方程组的系数行列式 $\begin{vmatrix} 1 & 0 & 1 \\ 1 & 1 & 0 \\ 0 & 1 & 1 \end{vmatrix}=2\neq 0$

故方程组②仅零解，即当 $k_1=k_2=k_3=0$ 时①式才成立，

所以向量组 $\boldsymbol{\alpha}+\boldsymbol{\beta},\boldsymbol{\beta}+\boldsymbol{\gamma},\boldsymbol{\gamma}+\boldsymbol{\alpha}$ 线性无关.

3.3.2　线性相关性的判定

定理 3.5　向量组 $\boldsymbol{\alpha}_1,\boldsymbol{\alpha}_2,\cdots,\boldsymbol{\alpha}_s(s\geqslant 2)$线性相关的充分必要条件是：其中至少有一个向量是其余 $s-1$ 个向量的线性组合.

证　① 必要性

若向量组 $\boldsymbol{\alpha}_1,\boldsymbol{\alpha}_2,\cdots,\boldsymbol{\alpha}_s$ 线性相关，则存在一组不全为零的数 $k_1,k_2,\cdots k_s$，

使关系式 $k_1\boldsymbol{\alpha}_1+k_2\boldsymbol{\alpha}_2+\cdots+k_s\boldsymbol{\alpha}_s=0$ 成立.

不妨设 $k_1\neq 0$，于是

$$\boldsymbol{\alpha}_1=\left(-\frac{k_2}{k_1}\right)\boldsymbol{\alpha}_2+\left(-\frac{k_3}{k_1}\right)\boldsymbol{\alpha}_3+\cdots+\left(-\frac{k_s}{k_1}\right)\boldsymbol{\alpha}_s$$

即 $\boldsymbol{\alpha}_1$ 为 $\boldsymbol{\alpha}_2,\boldsymbol{\alpha}_3,\cdots,\boldsymbol{\alpha}_s$ 线性组合.

② 充分性

如果向量组 $\boldsymbol{\alpha}_1,\boldsymbol{\alpha}_2,\cdots,\boldsymbol{\alpha}_s$ 中至少有一个向量是其余 $s-1$ 个向量的线性组合，不妨设

$$\boldsymbol{\alpha}_1=k_2\boldsymbol{\alpha}_2+k_3\boldsymbol{\alpha}_3+\cdots+k_s\boldsymbol{\alpha}_s$$

因此存在一组不全为零的数$-1,k_2,k_3\cdots k_3$ 使

$$(-1)\boldsymbol{\alpha}_1+k_2\boldsymbol{\alpha}_2+k_3\boldsymbol{\alpha}_3+\cdots+k_s\boldsymbol{\alpha}_s=0$$

成立，所以 $\boldsymbol{\alpha}_1,\boldsymbol{\alpha}_2,\cdots,\boldsymbol{\alpha}_s$ 线性相关.

由定理 3.5 可以得到下面推论

推论 3　向量组 $\boldsymbol{\alpha}_1,\boldsymbol{\alpha}_2,\cdots,\boldsymbol{\alpha}_s(s\geqslant 2)$线性无关的充分必要条件是其中每一个向量都不能由其余 $s-1$ 个向量线性表示.

定理 3.6　若向量组 $\boldsymbol{\alpha}_1,\boldsymbol{\alpha}_2,\cdots,\boldsymbol{\alpha}_s$ 线性无关，而向量组 $\boldsymbol{\beta},\boldsymbol{\alpha}_1,\boldsymbol{\alpha}_2,\cdots,\boldsymbol{\alpha}_s$ 线性相关，则向量 $\boldsymbol{\beta}$ 可由向量组 $\boldsymbol{\alpha}_1,\boldsymbol{\alpha}_2,\cdots,\boldsymbol{\alpha}_s$ 线性表示，且表达式唯一.

证　先证 $\boldsymbol{\beta}$ 可由向量组 $\boldsymbol{\alpha}_1,\boldsymbol{\alpha}_2,\cdots,\boldsymbol{\alpha}_s$ 线性表示.

因为 $\boldsymbol{\beta},\boldsymbol{\alpha}_1,\boldsymbol{\alpha}_2,\cdots,\boldsymbol{\alpha}_s$ 线性相关，所以存在一组不全为零的数 $k,k_1,k_2,\cdots k_2$ 使得

$$k\boldsymbol{\beta}+k_1\boldsymbol{\alpha}_1+k_2\boldsymbol{\alpha}_2+k_3\boldsymbol{\alpha}_3+\cdots+k_s\boldsymbol{\alpha}_s=0$$

成立.这里必有 $k\neq0$,否则,若 $k=0$,上式成为

$$k_1\boldsymbol{\alpha}_1+k_2\boldsymbol{\alpha}_2+k_3\boldsymbol{\alpha}_3+\cdots+k_s\boldsymbol{\alpha}_s=0$$

且 $k_1,k_2,k_3\cdots k_s$ 不全为零,从而得出 $\boldsymbol{\alpha}_1,\boldsymbol{\alpha}_2,\cdots,\boldsymbol{\alpha}_3$ 线性相关,这与 $\boldsymbol{\alpha}_1,\boldsymbol{\alpha}_2,\cdots,\boldsymbol{\alpha}_s$ 线性无关矛盾.因此,$k\neq0$,故

$$\boldsymbol{\beta}=-\frac{k_1}{k}\boldsymbol{\alpha}_1-\frac{k_2}{k}\boldsymbol{\alpha}_2-\cdots-\frac{k_s}{k}\boldsymbol{\alpha}_s$$

即 $\boldsymbol{\beta}$ 是向量组 $\boldsymbol{\alpha}_1,\boldsymbol{\alpha}_2,\cdots,\boldsymbol{\alpha}_s$ 线性表示.

再证表示法唯一.

如果 $\boldsymbol{\beta}=h_1\boldsymbol{\alpha}_1+h_2\boldsymbol{\alpha}_2+\cdots+h_s\boldsymbol{\alpha}_s$

且 $\boldsymbol{\beta}=l_1\boldsymbol{\alpha}_1+l_2\boldsymbol{\alpha}_2+\cdots+l_s\boldsymbol{\alpha}_s$

则有 $(h_1-l_1)\boldsymbol{\alpha}_1+(h_2-l_2)\boldsymbol{\alpha}_2+\cdots+(h_s-l_s)\boldsymbol{\alpha}_s=0$ 成立.

由 $\boldsymbol{\alpha}_1,\boldsymbol{\alpha}_2,\cdots,\boldsymbol{\alpha}_s$ 线性无关可知

$$h_1-l_1=h_2-l_2=\cdots=h_s-l_s=0$$

即 $h_1=l_1,h_2=l_2,\cdots,h_s=l_s$,所以表示法是唯一的.

定理 3.7 若向量组中有一部分向量组(称为部分组)线性相关,则整个向量组线性相关.

证 设向量组 $\boldsymbol{\alpha}_1,\boldsymbol{\alpha}_2,\cdots,\boldsymbol{\alpha}_s$ 中有 r 个($r\leqslant s$)向量的部分组线性相关,

不妨设 $\boldsymbol{\alpha}_1,\boldsymbol{\alpha}_2,\cdots,\boldsymbol{\alpha}_r$ 线性相关,则存在一组不全为零的数 $k_1,k_2,\cdots k_r$,使

$$k_1\boldsymbol{\alpha}_1+k_2\boldsymbol{\alpha}_2+k_3\boldsymbol{\alpha}_3+\cdots+k_r\boldsymbol{\alpha}_r=0$$

成立,因而存在一组不全为零的数 $k_1,k_2,\cdots k_r,0,0,\cdots,0$,使

$$k_1\boldsymbol{\alpha}_1+k_2\boldsymbol{\alpha}_2+\cdots+k_r\boldsymbol{\alpha}_r+0\cdot\boldsymbol{\alpha}_{r+1}+\cdots+0\cdot\boldsymbol{\alpha}_s=0$$

成立.即 $\boldsymbol{\alpha}_1,\boldsymbol{\alpha}_2,\cdots,\boldsymbol{\alpha}_s$ 线性相关.

例如:含有零向量的向量组线性相关.

推论 4 若向量组线性无关,则它的任意一个部分组线性无关.

如,n 维单位向量组 $\boldsymbol{\varepsilon}_1,\boldsymbol{\varepsilon}_s,\cdots,\boldsymbol{\varepsilon}_n$ 线性无关,因此它的任意一个部分组线性无关.

定理 3.8 如果 n 维向量组 $\boldsymbol{\alpha}_1,\boldsymbol{\alpha}_2,\cdots,\boldsymbol{\alpha}_s$ 线性无关,则在每个向量上都添加 m 个分量,所得到的 $n+m$ 维向量组 $\boldsymbol{\alpha}_1^*,\boldsymbol{\alpha}_2^*,\cdots,\boldsymbol{\alpha}_s^*$ 也线性无关.

3.3.3 向量组之间的线性表示

定义 3.7 若有向量组(Ⅰ)$\boldsymbol{\alpha}_1,\boldsymbol{\alpha}_2,\cdots,\boldsymbol{\alpha}_s$ 中的每一个向量 $\boldsymbol{\alpha}_i$($1\leqslant i\leqslant s$)均可由向量组(Ⅱ)$\boldsymbol{\beta}_1,\boldsymbol{\beta}_2,\cdots,\boldsymbol{\beta}_t$ 线性表示,则称向量组(Ⅰ)可由向量组(Ⅱ)线性表示.

若向量组(Ⅰ)与向量组(Ⅱ)可相互线性表示,则称向量组(Ⅰ)与(Ⅱ)等价.

等价向量组具有以下性质:

(1) 自身性:向量组与其本身等价;

(2) 对称性：向量组(Ⅰ)与(Ⅱ)等价，向量组(Ⅱ)也与组(Ⅰ)等价；

(3) 传递性：若向量组(Ⅰ)与(Ⅱ)等价，向量(Ⅱ)与(Ⅲ)等价，则向量组(Ⅰ)与(Ⅲ)等价.

【例 3.15】 证明向量组 $\boldsymbol{\alpha}_1=\begin{pmatrix}1\\2\end{pmatrix}$，$\boldsymbol{\alpha}_2=\begin{pmatrix}1\\1\end{pmatrix}$与单位向量组 $\boldsymbol{\varepsilon}_1,\boldsymbol{\varepsilon}_2$ 等价.

证　显然向量组 $\boldsymbol{\alpha}_1,\boldsymbol{\alpha}_2$ 可以由单位向量组 $\boldsymbol{\varepsilon}_1,\boldsymbol{\varepsilon}_2$ 线性表示. 反之，也有

$$\varepsilon_1=\begin{pmatrix}1\\0\end{pmatrix}=(-1)\begin{pmatrix}1\\2\end{pmatrix}+2\begin{pmatrix}1\\1\end{pmatrix}=(-1)\boldsymbol{\alpha}_1+2\boldsymbol{\alpha}_2$$

$$\boldsymbol{\varepsilon}_2=\begin{pmatrix}0\\1\end{pmatrix}=\begin{pmatrix}1\\2\end{pmatrix}+(-1)\begin{pmatrix}1\\1\end{pmatrix}=\boldsymbol{\alpha}_1+(-1)\boldsymbol{\alpha}_2$$

所以向量组 $\boldsymbol{\alpha}_1,\boldsymbol{\alpha}_2$ 与单位向量组 $\boldsymbol{\varepsilon}_1,\boldsymbol{\varepsilon}_2$ 等价.

定理 3.9　若向量组(Ⅱ)：$\boldsymbol{\beta}_1,\boldsymbol{\beta}_2,\cdots\boldsymbol{\beta}_t$ 可由向量组(Ⅰ)：$\boldsymbol{\alpha}_1,\boldsymbol{\alpha}_2,\cdots,\boldsymbol{\alpha}_s$ 线性表示，且 $s<t$，则向量组(Ⅱ)线性相关.

证　由定理条件知，向量组 $\boldsymbol{\beta}_1,\boldsymbol{\beta}_2,\cdots,\boldsymbol{\beta}_t$ 可由向量组 $\boldsymbol{\alpha}_1,\boldsymbol{\alpha}_2,\cdots,\boldsymbol{\alpha}_s$ 线性表出，故可设

$$\begin{aligned}\boldsymbol{\beta}_1&=a_{11}\boldsymbol{\alpha}_1+a_{21}\boldsymbol{\alpha}_2+\cdots+a_{s1}\boldsymbol{\alpha}_s\\ \boldsymbol{\beta}_2&=a_{12}\boldsymbol{\alpha}_1+a_{22}\boldsymbol{\alpha}_2+\cdots+a_{s2}\boldsymbol{\alpha}_s\\ \vdots\ &\quad\vdots\qquad\quad\vdots\qquad\quad\vdots\qquad\quad\vdots\\ \boldsymbol{\beta}_t&=a_{1t}\boldsymbol{\beta}_1+a_{2t}\boldsymbol{\beta}_2+\cdots+a_{st}\boldsymbol{\alpha}_s\end{aligned}\qquad ①$$

如果存在一组数 $k_1,k_2,\cdots,k_t$，使

$$k_1\boldsymbol{\beta}_1+k_2\boldsymbol{\beta}_2+\cdots+k_t\boldsymbol{\beta}_t=0\qquad ②$$

成立，将①代入②，得

$$\begin{aligned}&k_1(a_{11}\boldsymbol{\alpha}_1+a_{21}\boldsymbol{\alpha}_2+\cdots+a_{s1}\boldsymbol{\alpha}_s)\\&\quad+k_2(a_{12}\boldsymbol{\alpha}_1+a_{22}\boldsymbol{\alpha}_2+\cdots+a_{s2}\boldsymbol{\alpha}_s)\\&\quad+\cdots\ \cdots\ \cdots\ \cdots\ \cdots\ \cdots\\&\quad+k_t(a_{1t}\boldsymbol{\beta}_1+a_{2t}\boldsymbol{\beta}_2+\cdots+a_{st}\boldsymbol{\alpha}_s)=0\end{aligned}\qquad ③$$

整理后得

$$\begin{cases}a_{11}k_1+a_{12}k_2+\cdots+a_{1t}k_t=0\\a_{21}k_1+a_{22}k_2+\cdots+a_{2t}k_t=0\\\vdots\qquad\quad\vdots\qquad\ \vdots\quad\ \vdots\quad\ \vdots\\a_{s1}k_1+a_{s2}k_2+\cdots+a_{st}k_t=0\end{cases}\qquad ④$$

因为 $s<t$，故齐次线性方程组

$$\begin{cases}a_{11}x_1+a_{12}x_2+\cdots+a_{1t}x_t=0\\a_{21}x_1+a_{22}x_2+\cdots+a_{2t}x_t=0\\\vdots\qquad\quad\vdots\qquad\ \vdots\quad\ \vdots\quad\ \vdots\\a_{s1}x_1+a_{s2}x_2+\cdots+a_{st}x_t=0\end{cases}\qquad ⑤$$

有非零解. 因此可取 $k_1,k_2,\cdots,k_t$ 为上述齐次线性方程组⑤的一个非零解,使得④成立,因而可使③成立,即有一组不全为零的数 $k_1,k_2,\cdots,k_t$ 使②成立.

所以向量组(Ⅱ)线性相关.

这个定理的另一个说法是:若向量组(Ⅱ):$\boldsymbol{\beta}_1,\boldsymbol{\beta}_2,\cdots,\boldsymbol{\beta}_t$ 可由向量组(Ⅰ):$\boldsymbol{\alpha}_1,\boldsymbol{\alpha}_2,\cdots,\boldsymbol{\alpha}_s$ 线性表示,且向量组(Ⅱ)线性无关,则 $s\geqslant t$.

推论 若向量组(Ⅰ):$\boldsymbol{\alpha}_1,\boldsymbol{\alpha}_2,\cdots\boldsymbol{\alpha}_s$,与(Ⅱ):$\boldsymbol{\beta}_1,\boldsymbol{\beta}_2,\cdots,\boldsymbol{\beta}_t$ 可以互相线性表示,如果(Ⅰ)(Ⅱ)都是线性无关的,则 $s=t$.

【例 3.16】 设向量组 $\boldsymbol{\alpha}_1,\boldsymbol{\alpha}_2,\boldsymbol{\alpha}_3$ 线性相关,向量组 $\boldsymbol{\alpha}_2,\boldsymbol{\alpha}_3,\boldsymbol{\alpha}_4$ 线性无关,证明

(1) $\boldsymbol{\alpha}_1$ 能由 $\boldsymbol{\alpha}_2,\boldsymbol{\alpha}_3$ 线性表示;

(2) $\boldsymbol{\alpha}_4$ 不能由 $\boldsymbol{\alpha}_1,\boldsymbol{\alpha}_2,\boldsymbol{\alpha}_3$ 线性表示.

证 (1) 因 $\boldsymbol{\alpha}_2,\boldsymbol{\alpha}_3,\boldsymbol{\alpha}_4$ 线性无关,由推论 4 知,$\boldsymbol{\alpha}_2,\boldsymbol{\alpha}_3$ 线性无关,而 $\boldsymbol{\alpha}_1,\boldsymbol{\alpha}_2,\boldsymbol{\alpha}_3$ 线性相关,由定理 3.6 知 $\boldsymbol{\alpha}_1$ 能由 $\boldsymbol{\alpha}_2,\boldsymbol{\alpha}_3$ 线性表示.

(2) 用反证法. 假设 $\boldsymbol{\alpha}_4$ 能由 $\boldsymbol{\alpha}_1,\boldsymbol{\alpha}_2,\boldsymbol{\alpha}_3$ 线性表示,而由(1)知 $\boldsymbol{\alpha}_1$ 能由 $\boldsymbol{\alpha}_2,\boldsymbol{\alpha}_3$ 线性表示,因此 $\boldsymbol{\alpha}_4$ 能由 $\boldsymbol{\alpha}_2,\boldsymbol{\alpha}_3$ 线性表示,这与 $\boldsymbol{\alpha}_2,\boldsymbol{\alpha}_3,\boldsymbol{\alpha}_4$ 线性无关矛盾.

3.4 向量组的秩

3.4.1 极大线性无关组

一个向量组所含向量的个数可能很多,有时甚至是无穷多个,能不能通过它的一部分向量来研究,一个线性相关向量组,只要所含的向量不全是零,就一定存在线性无关的一部分向量. 在这些线性相关的部分向量组中,最重要的就是所谓的极大线性无关组.

定义 3.8 设有向量组 $\boldsymbol{\alpha}_1,\boldsymbol{\alpha}_2,\cdots,\boldsymbol{\alpha}_s$ (Ⅰ)

而 $\boldsymbol{\alpha}_{j1},\boldsymbol{\alpha}_{j2},\cdots,\boldsymbol{\alpha}_{jr}(r\leqslant s)$ (Ⅱ)是向量组(Ⅰ)的一个部分向量组.

如果满足:(1) 向量组(Ⅱ)$\boldsymbol{\alpha}_{j1},\boldsymbol{\alpha}_{j2},\cdots,\boldsymbol{\alpha}_{jr}$线性无关;

(2) 向量组(Ⅰ)中任意 $r+1$ 个向量都线性相关.

则称向量组(Ⅱ)是向量组(Ⅰ)的一个极大线性无关向量组(简称极大无关组).

【例 3.17】 求全体 n 维向量构成的向量组的极大无关组.

解 因为 R^n 中的单位向量组 $\boldsymbol{\varepsilon}_1,\boldsymbol{\varepsilon}_2,\cdots,\boldsymbol{\varepsilon}_n$ 线性无关,又对任一 n 维向量 $\boldsymbol{\alpha}=(a_1,a_2,\cdots,a_n)$,都有 $\boldsymbol{\alpha}=a_1\boldsymbol{\varepsilon}_1+a_2\boldsymbol{\varepsilon}_2+\cdots+a_n\boldsymbol{\varepsilon}_n$,所以 $\boldsymbol{\varepsilon}_1,\boldsymbol{\varepsilon}_2,\cdots,\boldsymbol{\varepsilon}_n$ 是全体 n 维向量构成的向量组中的一个极大无关组.

【例 3.18】 设有向量组 $\boldsymbol{\alpha}_1=(1,0,0)$，$\boldsymbol{\alpha}_2=(0,1,0)$，$\boldsymbol{\alpha}_3=(0,0,1)$，$\boldsymbol{\alpha}_4=(1,1,1)$，$\boldsymbol{\alpha}_5=(1,1,0)$，求向量组的极大线性无关组.

解 因为 $\boldsymbol{\alpha}_1,\boldsymbol{\alpha}_2,\boldsymbol{\alpha}_3$ 线性无关，很显然 $\boldsymbol{\alpha}_1,\boldsymbol{\alpha}_2,\boldsymbol{\alpha}_3,\boldsymbol{\alpha}_4,\boldsymbol{\alpha}_5$ 都可由 $\boldsymbol{\alpha}_1,\boldsymbol{\alpha}_2,\boldsymbol{\alpha}_3$ 线性表示.

根据定义 $\boldsymbol{\alpha}_1,\boldsymbol{\alpha}_2,\boldsymbol{\alpha}_3$ 是 $\boldsymbol{\alpha}_1,\boldsymbol{\alpha}_2,\boldsymbol{\alpha}_3\boldsymbol{\alpha}_4,\boldsymbol{\alpha}_5$ 的一个极大线性无关组.

实际上，$\boldsymbol{\alpha}_1,\boldsymbol{\alpha}_3,\boldsymbol{\alpha}_4$ 也是 $\boldsymbol{\alpha}_1,\boldsymbol{\alpha}_2,\boldsymbol{\alpha}_3,\boldsymbol{\alpha}_4,\boldsymbol{\alpha}_5$ 的一个极大线性无关组.

由上面的例子说明，一个向量组的极大线性无关组可能不止一个，那么极大无关组所含有的向量个数是否都相同呢?

定理 3.10 如果 $\boldsymbol{\alpha}_{j1},\boldsymbol{\alpha}_{j2},\cdots,\boldsymbol{\alpha}_{jr}$ 是 $\boldsymbol{\alpha}_1,\boldsymbol{\alpha}_2,\cdots,\boldsymbol{\alpha}_s$ 的线性无关部分组，它是极大线性无关组的充分必要条件是：$\boldsymbol{\alpha}_1,\boldsymbol{\alpha}_2,\cdots,\boldsymbol{\alpha}_s$ 每一个向量都可由向量组 $\boldsymbol{\alpha}_{j1},\boldsymbol{\alpha}_{j2},\cdots,\boldsymbol{\alpha}_{jr}$ 线性表示.

证 必要性

若 $\boldsymbol{\alpha}_{j1},\boldsymbol{\alpha}_{j2},\cdots,\boldsymbol{\alpha}_{jr}$ 是 $\boldsymbol{\alpha}_1,\boldsymbol{\alpha}_2,\cdots,\boldsymbol{\alpha}_s$ 的一个极大无关组，则当 j 是 $j_1,j_2,\cdots,j_r$ 中的数时，显然 $\boldsymbol{\alpha}_j$ 可由 $\boldsymbol{\alpha}_{j1},\boldsymbol{\alpha}_{j2},\cdots,\boldsymbol{\alpha}_{jr}$ 线性表示；而当 j 不是 $j_1,j_2,\cdots,j_r$ 中的数时，$\boldsymbol{\alpha}_j,\boldsymbol{\alpha}_{j1},\boldsymbol{\alpha}_{j2},\cdots,\boldsymbol{\alpha}_{jr}$ 线性相关，又 $\boldsymbol{\alpha}_{j1},\boldsymbol{\alpha}_{j2},\cdots,\boldsymbol{\alpha}_{jr}$ 线性无关，由上节定理 3.6 知 $\boldsymbol{\alpha}_j$ 可由 $\boldsymbol{\alpha}_{j1},\boldsymbol{\alpha}_{j2},\cdots,\boldsymbol{\alpha}_{jr}$ 线性表示.

充分性

如果 $\boldsymbol{\alpha}_1,\boldsymbol{\alpha}_2,\cdots,\boldsymbol{\alpha}_s$ 可由 $\boldsymbol{\alpha}_{j1},\boldsymbol{\alpha}_{j2},\cdots,\boldsymbol{\alpha}_{jr}$ 线性表示，则 $\boldsymbol{\alpha}_1,\boldsymbol{\alpha}_2,\cdots,\boldsymbol{\alpha}_s$ 中任何包含 $r+1(s>r)$ 个向量的部分组都线性相关，于是 $\boldsymbol{\alpha}_{j1},\boldsymbol{\alpha}_{j2},\cdots,\boldsymbol{\alpha}_{jr}$ 是极大无关组.

由定理 3.10 知，向量组与其极大线性无关组可相互线性表示，即向量组与其极大无关组等价. 由向量组的传递性知，一个向量组的极大无关组所含有的向量个数相同.

3.4.2 向量组的秩

定义 3.9 向量组 $\boldsymbol{\alpha}_1,\boldsymbol{\alpha}_2,\cdots,\boldsymbol{\alpha}_s$ 的极大线性无关向量组所含向量的个数称为向量组的秩，记作 $r(\boldsymbol{\alpha}_1,\cdots,\boldsymbol{\alpha}_s)$.

规定：由零向量组成的向量组的秩为 0.

如，例 3.17 中 $r_{R^n}=n$；

例 3.18 中向量组极大无关组的向量个数为 3，$r(\boldsymbol{\alpha}_1,\boldsymbol{\alpha}_2,\boldsymbol{\alpha}_3,\boldsymbol{\alpha}_4,\boldsymbol{\alpha}_5)=3$.

3.4.3 矩阵与向量组秩的关系

$m\times n$ 矩阵 $\boldsymbol{A}$ 的列向量组 $\boldsymbol{\alpha}_1,\boldsymbol{\alpha}_2,\cdots,\boldsymbol{\alpha}_n$ 的秩称为矩阵 $\boldsymbol{A}$ 的列秩；行向量组 $\boldsymbol{\alpha}_1^{\mathrm{T}},\boldsymbol{\alpha}_2^{\mathrm{T}},\cdots,\boldsymbol{\alpha}_m^{\mathrm{T}}$ 的秩称为矩阵 $\boldsymbol{A}$ 的行秩.

显然，$m\times n$ 矩阵 $\boldsymbol{A}$ 的列秩$\leqslant n$，行秩$\leqslant m$.

如 $\boldsymbol{A}=\begin{pmatrix}1&1&3&1\\0&2&-1&4\\0&0&0&5\end{pmatrix}$，列向量组的秩为 3；行向量组的秩等于 3.

定理 3.11 设 $\boldsymbol{A}$ 为 $m\times n$ 矩阵,则矩阵 $\boldsymbol{A}$ 的秩等于它的列向量组的秩,也等于它的行向量组的秩.

证 设矩阵 $\boldsymbol{A}=(\alpha_1,\alpha_2,\cdots,\alpha_n)$, 且 $r(\boldsymbol{A})=r$,则由矩阵的秩的定义知, 存在 $\boldsymbol{A}$ 的 r 阶子式 $D_r\neq 0$,从而 D_r 所在的 r 个列向量线性无关;又由于 $\boldsymbol{A}$ 中所有的 $r+1$ 阶子式 $D_{r+1}=0$,故 $\boldsymbol{A}$ 中的任意 $r+1$ 个列向量都线性相关. 因此, D_r 所在的 r 列是 $\boldsymbol{A}$ 的列向量组的一个最大无关组,所以 $\boldsymbol{A}$ 的列向量组的秩等于 r .

同理可证, 矩阵 $\boldsymbol{A}$ 的行向量组的秩也等于矩阵 $\boldsymbol{r}$.

推论 矩阵 $\boldsymbol{A}$ 的列向量组的秩与行向量组的秩相等.

可以证明,矩阵的初等行(列)变换不改变其列(行)向量间的线性关系,并进一步有,矩阵的初等行(列)变换不改变矩阵列(行)向量组的线性相关性,从而它提供了求极大无关组的方法.

以向量组中各分量为列向量组成矩阵后,只作初等行变换将该矩阵化为行阶梯形矩阵,则可直接写出所求向量组的极大无关组.

同理,也可以以向量组中各分量为行向量组成矩阵,通过作初等列变换来求向量组的极大无关组.

【例 3.19】 设向量组:$\boldsymbol{\alpha}_1=(2,4,2)$,$\boldsymbol{\alpha}_2=(1,1,0)$,$\boldsymbol{\alpha}_3=(2,3,1)$,$\boldsymbol{\alpha}_4=(3,5,2)$,试求向量组的秩及其一个极大无关组,并将其余向量用这个极大无关组线性表示.

解 对矩阵 $\boldsymbol{A}=(\alpha_1^{\mathrm{T}}\quad \alpha_2^{\mathrm{T}}\quad \alpha_3^{\mathrm{T}}\quad \alpha_4^{\mathrm{T}})$仅施初等行变换

$$\boldsymbol{A}=\begin{pmatrix}2&1&2&3\\4&1&3&5\\2&0&1&2\end{pmatrix}\longrightarrow\begin{pmatrix}2&1&2&3\\0&-1&-1&-1\\0&-1&-1&-1\end{pmatrix}\longrightarrow\begin{pmatrix}2&1&2&3\\0&-1&-1&-1\\0&0&0&0\end{pmatrix}$$

$$\longrightarrow\begin{pmatrix}1&0&\frac{1}{2}&1\\0&1&1&1\\0&0&0&0\end{pmatrix}$$

由最后一个矩阵可知,$\boldsymbol{\alpha}_1$,$\boldsymbol{\alpha}_2$ 是矩阵 $\boldsymbol{A}$ 的列向量组的一个极大线性无关组,

故秩 $r(\boldsymbol{\alpha}_1,\boldsymbol{\alpha}_2,\boldsymbol{\alpha}_3,\boldsymbol{\alpha}_4)=2$, 且由 $\boldsymbol{A}$ 的列向量组可见

$$\boldsymbol{\alpha}_3=\frac{1}{2}\boldsymbol{\alpha}_1+\boldsymbol{\alpha}_2,\boldsymbol{\alpha}_4=\boldsymbol{\alpha}_1+\boldsymbol{\alpha}_2$$

【例 3.20】 设 $\boldsymbol{A}$ 是 $m\times n$ 矩阵,$\boldsymbol{B}$ 是 $n\times s$ 矩阵,证明:$\boldsymbol{A}$ 与 $\boldsymbol{B}$ 乘积的秩不大于 $\boldsymbol{A}$ 的秩和 $\boldsymbol{B}$ 的秩,即 $r(\boldsymbol{AB})\leqslant\min(r(\boldsymbol{A}),r(\boldsymbol{B}))$.

证 设 $\boldsymbol{A}=(a_{ij})_{m\times n}=(\alpha_1,\alpha_2,\cdots,\alpha_n)$

$\boldsymbol{B}=(b_{ij})_{n\times s}$,$\boldsymbol{AB}=\boldsymbol{C}=(c_{ij})_{m\times s}=(\gamma_1\quad\gamma_2\cdots\gamma_s)$,则

$$\boldsymbol{C}=(\gamma_1\quad\gamma_2\cdots\gamma_s)=(\alpha_1\quad\alpha_2\cdots\alpha_n)\begin{pmatrix}b_{11}&\cdots&b_{1j}&\cdots&b_{1s}\\b_{21}&\cdots&b_{2j}&\cdots&b_{2s}\\\vdots&\vdots&&&\vdots\\b_{n1}&\cdots&b_{nj}&\cdots&b_{ns}\end{pmatrix}$$

因此有 $\gamma_j=b_{1j}\boldsymbol{\alpha}_1+b_{2j}\boldsymbol{\alpha}_2\cdots+b_{nj}\boldsymbol{\alpha}_j\,(j=1,2,\cdots,s)$，即 $\boldsymbol{AB}$ 的列向量组 $\boldsymbol{\gamma}_1,\boldsymbol{\gamma}_2,\cdots,\boldsymbol{\gamma}_s$ 可由 $\boldsymbol{A}$ 的行向量组 $\boldsymbol{\alpha}_1,\boldsymbol{\alpha}_2,\cdots,\boldsymbol{\alpha}_n$ 线性表示，所以 $\boldsymbol{\gamma}_1,\boldsymbol{\gamma}_2,\cdots,\boldsymbol{\gamma}_s$ 的极大无关组可由 $\boldsymbol{\alpha}_1,\boldsymbol{\alpha}_2,\cdots,\boldsymbol{\alpha}_n$ 的极大无关组线性表示，因此有 $r(\boldsymbol{AB})\leqslant r(\boldsymbol{A})$.

同样类似的方法

$$\text{设 } \boldsymbol{B}=(b_{ij})=\begin{pmatrix}\beta_1\\ \beta_2\\ \vdots\\ \beta_n\end{pmatrix},\boldsymbol{AB}=(a_{ij})\begin{pmatrix}\beta_1\\ \beta_2\\ \vdots\\ \beta_n\end{pmatrix},\text{可以证明 } r(\boldsymbol{AB})\leqslant r(\boldsymbol{B})$$

即
$$r(\boldsymbol{AB})\leqslant\min\,(r(\boldsymbol{A}),r(\boldsymbol{B}))$$

3.5　线性方程组解的结构

本章第一节中已经解决了线性方程组的解的判定问题，得出在方程组有解时，解的情况只有两种可能：有唯一解或有无穷多个解. 唯一解的情况下，当然没有什么结构问题. 在无穷多个解的情况下，需要讨论解与解的关系如何？是否可将全部的解由有限多个解表示出来，这就是所谓的解的结构问题.

3.5.1　齐次线性方程组解的结构

设齐次线性方程组

$$\begin{cases}a_{11}x_1+a_{12}x_2+\cdots+a_{1n}x_n=0\\ a_{21}x_1+a_{22}x_2+\cdots+a_{2n}x_n=0\\ \vdots\qquad\quad\vdots\qquad\quad\vdots\\ a_{m1}x_1+a_{m2}x_2+\cdots+a_{mn}x_n=0\end{cases}\tag{3.3}$$

的矩阵形式为
$$\boldsymbol{Ax}=\boldsymbol{o}\tag{3.4}$$

$$\text{其中 }\boldsymbol{A}=\begin{pmatrix}a_{11}&a_{12}&\cdots&a_{1n}\\ a_{21}&a_{22}&\cdots&a_{2n}\\ \cdots&\cdots&&\cdots\\ a_{m1}&a_{m2}&\cdots&a_{mn}\end{pmatrix}\quad \boldsymbol{x}=\begin{pmatrix}x_1\\ x_2\\ \vdots\\ x_n\end{pmatrix}$$

称 $\boldsymbol{A}$ 为式(3.3)系数矩阵，称 $\boldsymbol{x}$ 为解向量.

齐次线性方程组(3.3)的解具有如下性质：

性质 1　如果 η_1,η_2 分别是齐次线性方程组 $\boldsymbol{Ax}=\boldsymbol{o}$ 的解，则 $\eta_1+\eta_2$ 也是它的解.

证　因为 η_1,η_2 分别是齐次线性方程组 $\boldsymbol{Ax}=\boldsymbol{o}$ 的解，因此 $\boldsymbol{A}\eta_1=\boldsymbol{o},\boldsymbol{A}\eta_2=\boldsymbol{o}$

$$\boldsymbol{A}(\eta_1+\eta_2)=\boldsymbol{A}\eta_1+\boldsymbol{A}\eta_2=\boldsymbol{o}+\boldsymbol{o}=\boldsymbol{o}$$

即 η_1, η_2 也是齐次线性方程组 $\boldsymbol{A}\boldsymbol{x}=\boldsymbol{o}$ 的解.

性质 2 如果 η 是齐次线性方程组 $\boldsymbol{A}\boldsymbol{x}=\boldsymbol{o}$ 的解,则对任意实数 c,$c\eta$ 也是它的解.

证 由于 $\boldsymbol{A}\eta=0$ 得 $\boldsymbol{A}(c\eta)=c(\boldsymbol{A}\eta)=co=\boldsymbol{o}$

即 $c\eta$ 是齐次线性方程组 $Ax=\boldsymbol{o}$ 的解.

由性质 1、2 立即可以推出性质 3.

性质 3 如果 $\eta_1, \eta_2, \cdots \eta_s$ 都是齐次线性方程组 $\boldsymbol{A}\boldsymbol{x}=\boldsymbol{o}$ 的解,则其线性组合 $c_1\eta_1+c_2\eta_2+\cdots+c_s\eta_s$ 也是它的解. 其中 $c_1, c_2, \cdots, c_s$ 都是任意实数.

由此可知,如果一个齐次线性方程组有非零解,则它就有无穷多个解,那么如何把这无穷多个解表示出来呢?也就是方程组的全部解能否通过它的有限个解的线性组合表示出来. 如将它的每个解看成一个向量(也称解向量),这无穷多个解就构成一个 n 维向量组. 若能求出这个向量组的一个"极大无关组",就能用它的线性组合来表示它的全部解. 这个极大无关组在线性方程组的解的理论中,称为齐次线性方程组的基础解系.

定义 3.10 如果 $\eta_1, \eta_2, \cdots, \eta_s$ 是齐次线性方程组 $\boldsymbol{A}\boldsymbol{x}=\boldsymbol{o}$ 的解向量组的一个极大无关组,则称 $\eta_1, \eta_2, \cdots, \eta_s$ 是方程组 $\boldsymbol{A}\boldsymbol{x}=\boldsymbol{o}$ 的一个基础解系.

问题是,任何一个齐次线性方程组是否都有基础解系?如果有的话,如何求出它的基础解系?基础解系中含有多少个解向量?

定理 3.12 如果齐次线性方程组 $\boldsymbol{A}\boldsymbol{x}=\boldsymbol{o}$ 的系数矩阵 $\boldsymbol{A}$ 的秩 $r(\boldsymbol{A})=r<n$,则该方程组的基础解系一定存在,且每个基础解系中所含解向量的个数均等于 $n-r$,其中 n 是方程组所含未知量的个数.

证 因为 $r(\boldsymbol{A})=r<n$,所以对方程组 $\boldsymbol{A}\boldsymbol{x}=\boldsymbol{o}$ 的增广矩阵$(\boldsymbol{A}\quad\boldsymbol{o})$施行初等行变换,可以化为如下形式

$$\begin{pmatrix} 1 & 0 & \cdots & 0 & c_{1r+1} & \cdots & c_{1n} & 0 \\ 0 & 1 & \cdots & 0 & c_{2r+1} & \cdots & c_{2n} & 0 \\ \vdots & \vdots & & \vdots & \vdots & & \vdots & \vdots \\ 0 & 0 & \cdots & 1 & c_{rr+1} & \cdots & c_{rn} & 0 \\ 0 & 0 & \cdots & 0 & 0 & \cdots & 0 & 0 \\ \vdots & \vdots & & \vdots & \vdots & & \vdots & \vdots \\ 0 & 0 & \cdots & 0 & 0 & \cdots & 0 & 0 \end{pmatrix}$$

即方程组 $\boldsymbol{A}\boldsymbol{x}=\boldsymbol{o}$ 与下面的方程组同解

$$\begin{cases} x_1 = -c_{1r+1}x_{r+1} - c_{1r+2}x_{r+2} - \cdots - c_{1n}x_n \\ x_2 = -c_{2r+1}x_{r+1} - c_{2r+2}x_{r+2} - \cdots - c_{2n}x_n \\ \vdots \qquad \vdots \qquad \vdots \qquad \vdots \qquad \vdots \\ x_r = -c_{rr+1}x_{r+1} - c_{rr+2}x_{r+2} - \cdots - c_{rn}x_n \end{cases}$$

其中 $x_{r+1}, x_{r+2}, \cdots, x_n$ 为自由未知量.

对 $n-r$ 个自由未知量分别取 $\begin{pmatrix}1\\0\\\vdots\\0\end{pmatrix},\begin{pmatrix}0\\1\\\vdots\\0\end{pmatrix},\cdots,\begin{pmatrix}0\\0\\\vdots\\1\end{pmatrix}$

可得方程组 $\boldsymbol{Ax}=\boldsymbol{o}$ 的 $n-r$ 个解.

$$\eta_1=\begin{pmatrix}-c_{1r+1}\\-c_{2r+1}\\\vdots\\-c_{rr+1}\\1\\0\\\vdots\\0\end{pmatrix},\eta_2=\begin{pmatrix}-c_{1r+2}\\-c_{2r+2}\\\vdots\\-c_{rr+2}\\0\\1\\\vdots\\0\end{pmatrix},\cdots,\eta_{n-r}=\begin{pmatrix}-c_{1n}\\-c_{2n}\\\vdots\\-c_{rn}\\0\\0\\\vdots\\1\end{pmatrix}$$

现在来证明 $\eta_1,\eta_2,\cdots,\eta_{n-r}$ 就是方程组 $\boldsymbol{Ax}=\boldsymbol{o}$ 的一个基础解系.

首先证明 $\eta_1,\eta_2,\cdots,\eta_{n-r}$ 线性无关.

以解向量 $\boldsymbol{\eta}_1,\boldsymbol{\eta}_2,\cdots,\boldsymbol{\eta}_{n-r}$ 为列构成矩阵.

$$\begin{pmatrix}-c_{1r+1}&-c_{1r+2}&\cdots&-c_{1n}\\-c_{2r+1}&-c_{2r+2}&\cdots&-c_{2n}\\\vdots&\vdots&&\vdots\\-c_{rr+1}&-c_{rr+2}&\cdots&-c_{rn}\\1&0&\cdots&0\\0&1&\cdots&0\\\vdots&\vdots&&\vdots\\0&0&\cdots&1\end{pmatrix},\text{有 } n-r \text{ 阶子式}\begin{vmatrix}1&0&0&\cdots&0\\0&1&0&\cdots&0\\0&0&1&\cdots&0\\\vdots&\vdots&\vdots&&\vdots\\0&0&0&\cdots&1\end{vmatrix}=1\neq0$$

即，$r(\eta_1,\eta_2,\cdots,\eta_{n-r})=n-r$，所以 $\eta_1,\eta_2,\cdots,\eta_{n-r}$ 线性无关.

其次证明方程组 $\boldsymbol{Ax}=\boldsymbol{o}$ 的任意一个解 $\eta=\begin{pmatrix}k_1\\k_2\\\vdots\\k_n\end{pmatrix}$，都是 $\eta_1,\eta_2,\cdots,\eta_{n-r}$ 的线性组合.

由于

$$\begin{cases}k_1=-c_{1r+1}k_{r+1}-c_{1r+2}k_{r+2}-\cdots-c_{1n}k_n\\k_2=-c_{2r+1}k_{r+1}-c_{2r+2}k_{r+2}-\cdots-c_{2n}k_n\\\vdots\qquad\vdots\qquad\vdots\qquad\vdots\qquad\vdots\\k_r=-c_{rr+1}k_{r+1}-c_{rr+2}k_{r+2}-\cdots-c_{rn}k_n\end{cases}$$

所以

$$\eta=\begin{pmatrix}k_1\\k_2\\\vdots\\k_r\\k_{r+1}\\k_{r+2}\\\vdots\\k_n\end{pmatrix}=\begin{pmatrix}-c_{1r+1}k_{r+1} & -c_{1r+2}k_{r+2} & \cdots & -c_{1n}k_n\\-c_{2r+1}k_{r+1} & -c_{2r+2}k_{r+2} & \cdots & -c_{2n}k_n\\\vdots & \vdots & & \vdots\\-c_{rr+1}k_{r+1} & -c_{rr+2}k_{r+2} & \cdots & -c_{rn}k_n\\k_{r+1} & 0 & \cdots & 0\\0 & k_{r+2} & \cdots & 0\\\vdots & \vdots & & \vdots\\0 & 0 & \cdots & k_n\end{pmatrix}$$

$$k_{r+1}\begin{pmatrix}-c_{1r+1}\\-c_{2r+1}\\\vdots\\-c_{rr+1}\\1\\0\\\vdots\\0\end{pmatrix}+k_{r+2}\begin{pmatrix}-c_{1r+1}\\-c_{2r+1}\\\vdots\\-c_{rr+1}\\1\\1\\\vdots\\0\end{pmatrix}+\cdots+k_n\begin{pmatrix}-c_{1n}\\c_{2n}\\\vdots\\-c_{rn}\\0\\0\\\vdots\\1\end{pmatrix}$$

$$=k_{r+1}\eta_1+k_{r+2}\eta_2+\cdots+k_n\eta_{n-r}$$

即 η 是 $\eta_1,\eta_2,\cdots,\eta_{n-r}$ 的线性组合。

所以 $\eta_1,\eta_2,\cdots,\eta_{n-r}$ 是方程组 $\boldsymbol{Ax}=\boldsymbol{o}$ 的一个基础解系，因此方程组 $\boldsymbol{Ax}=\boldsymbol{o}$ 的全部解为 $c_1\eta_1+c_2\eta_2+\cdots+c_{n-r}\eta_{n-r}$（$c_1,c_2,\cdots,c_{n-r}$ 为任意实数）.

定理的证明过程实际上给出了求齐次线性方程组基础解系的具体方法.

(1) 用初等行变换将增广矩阵 $(\boldsymbol{A}\quad\boldsymbol{o})$ 化为阶梯形矩阵；

(2) 写出齐次线性方程组 $\boldsymbol{Ax}=\boldsymbol{o}$ 的一般解；

(3) 写出基础解系；

(4) 求出通解.

【例 3.21】 求如下齐次线性方程组的基础解系.

$$\begin{cases}x_1+2x_2-3x_3-x_4=0\\2x_1+3x_2+x_3+3x_4=0\\-x_1-2x_2+4x_3-5x_4=0\\2x_1+3x_2+2x_3-3x_4=0\end{cases}$$

解 对增广矩阵 $(\boldsymbol{A}\quad\boldsymbol{o})$ 施以如下的初等行变换

$$(\boldsymbol{A}\quad\boldsymbol{o})=\begin{pmatrix}1 & 2 & -3 & -1 & 0\\2 & 3 & 1 & 3 & 0\\-1 & -2 & 4 & -5 & 0\\2 & 3 & 2 & -3 & 0\end{pmatrix}\longrightarrow\begin{pmatrix}1 & 2 & -3 & -1 & 0\\0 & -1 & 7 & 5 & 0\\0 & 0 & 1 & -6 & 0\\0 & -1 & 8 & -1 & 0\end{pmatrix}$$

$$\rightarrow\begin{pmatrix}1 & 2 & -3 & -1 & 0\\0 & -1 & 7 & 5 & 0\\0 & 0 & 1 & -6 & 0\\0 & 0 & 1 & -6 & 0\end{pmatrix}\rightarrow\begin{pmatrix}1 & 0 & 0 & 75 & 0\\0 & -1 & 0 & 47 & 0\\0 & 0 & 1 & -6 & 0\\0 & 0 & 0 & 0 & 0\end{pmatrix}$$

因为 $r(\boldsymbol{A}\quad\boldsymbol{o})=3<4$，因此，原方程组有无穷多个解，由 $n-r=1$ 知，基础解系中仅含 1 个解. 所以方程组的一般解为

$$\begin{cases}x_1=-75x_4\\x_2=47x_4\\x_3=6x_4\end{cases}$$

其中 x_4 为自由未知量.

让自由未知量 $x_4=1$，得到方程组的解 $\eta=\begin{pmatrix}-75\\47\\6\\1\end{pmatrix}$，$\eta$ 就是原方程组的一个基础解系.

因此，方程组的全部解为 $x=c\eta=c\begin{pmatrix}-75\\47\\6\\1\end{pmatrix}$，其中 c 为任意常数.

【例 3.22】 用基础解系表示如下线性方程组的全部解.

$$\begin{cases}x_1-x_2-x_3+x_4=0\\x_1-x_2+x_3-3x_4=0\\x_1-x_2-2x_3+3x_4=0\end{cases}$$

解　$m=3,n=4,m<n$，方程组必有非零解；对增广矩阵$(\boldsymbol{Ao})$施以如下的初等行变换

$$(\boldsymbol{A}\quad\boldsymbol{o})=\begin{pmatrix}1 & -1 & -1 & 1 & 0\\1 & -1 & 1 & -3 & 0\\1 & -1 & -2 & 3 & 0\end{pmatrix}\rightarrow\begin{pmatrix}1 & -1 & -1 & 1 & 0\\0 & 0 & 2 & -4 & 0\\0 & 0 & -1 & 2 & 0\end{pmatrix}$$

$$\rightarrow\begin{pmatrix}1 & -1 & -1 & 1 & 0\\0 & 0 & 1 & -2 & 0\\0 & 0 & 0 & 0 & 0\end{pmatrix}\rightarrow\begin{pmatrix}1 & -1 & 0 & -1 & 0\\0 & 0 & 1 & -2 & 0\\0 & 0 & 0 & 0 & 0\end{pmatrix}$$

因为 $r(\boldsymbol{A})=2<4$，所以方程组有无穷多解，由 $n-r=2$ 知，基础解系中含有 2 个解.

所以方程组的一般解为$\begin{cases}x_1=x_2+x_4\\x_3=2x_4\end{cases}$

取 x_2,x_4 为自由未知量.

令自由未知量　$\begin{pmatrix}x_2\\x_4\end{pmatrix}=\begin{pmatrix}1\\0\end{pmatrix},\begin{pmatrix}0\\1\end{pmatrix}$

分别得方程组的解 $\eta_1=\begin{pmatrix}1\\1\\0\\0\end{pmatrix}$，$\eta_2=\begin{pmatrix}1\\0\\2\\1\end{pmatrix}$ 为原方程组的一个基础解系.

方程组的全部解为

$$\eta=c_1\eta_1+c_2\eta_2=c_1\begin{pmatrix}1\\1\\0\\0\end{pmatrix}+c_2\begin{pmatrix}1\\0\\2\\1\end{pmatrix}$$

其中 c_1,c_2 为任意常数.

【例 3.23】 用基础解系表示如下线性方程组的通解.

$$\begin{cases}x_1+x_2+x_3+4x_4-3x_5=0\\x_1-x_2+3x_3-2x_4-x_5=0\\2x_1+x_2+3x_3+5x_4-5x_5=0\\3x_1+x_2+5x_3+6x_4-7x_5=0\end{cases}$$

解 $m=4,n=5,m<n$，因此所给方程组有无穷多个解. 对增广矩阵 $(\boldsymbol{A}\boldsymbol{o})$ 施以初等行变换：

$$(\boldsymbol{A}\quad\boldsymbol{o})=\begin{pmatrix}1&1&1&4&-3&0\\1&-1&3&-2&-1&0\\2&1&3&5&-5&0\\3&1&5&6&-7&0\end{pmatrix}\longrightarrow\begin{pmatrix}1&1&1&4&-3&0\\0&-2&2&-6&2&0\\0&-1&1&-3&1&0\\0&-2&2&-6&2&0\end{pmatrix}$$

$$\longrightarrow\begin{pmatrix}1&0&2&1&-2&0\\0&0&0&0&0&0\\0&1&-1&3&-1&0\\0&0&0&0&0&0\end{pmatrix}$$

即原方程组与下面方程组同解：

$$\begin{cases}x_1=-2x_3-x_4+2x_5\\x_2=x_3-3x_4+x_5\end{cases}$$ 其中 x_3,x_4,x_5 为自由未知量.

令自由未知量 $\begin{pmatrix}x_3\\x_4\\x_5\end{pmatrix}$ 取值 $\begin{pmatrix}1\\0\\0\end{pmatrix}$，$\begin{pmatrix}0\\1\\0\end{pmatrix}$，$\begin{pmatrix}0\\0\\1\end{pmatrix}$，分别得方程组的解为

$$\eta_1=\begin{pmatrix}-2\\1\\1\\0\\0\end{pmatrix},\eta_2=\begin{pmatrix}-1\\-3\\0\\1\\0\end{pmatrix},\eta_3=\begin{pmatrix}2\\1\\0\\0\\1\end{pmatrix}$$

η_2,η_1,η_3 就是所给方程组的一个基础解系.

因此,方程组的通解为

$$\eta=c_1\eta_1+c_2\eta_2+c_3\eta_3$$
$$=c_1\begin{pmatrix}-2\\1\\1\\0\\0\end{pmatrix}+c_2\begin{pmatrix}-1\\-3\\0\\1\\0\end{pmatrix}+c_3\begin{pmatrix}2\\1\\0\\0\\1\end{pmatrix}$$

其中 c_1,c_2,c_3 为任意常数.

3.5.2　非齐次线性方程组解的结构

设非齐次线性方程组为

$$\begin{cases}a_{11}x_1+a_{12}x_2+\cdots+a_{1n}x_n=b_1\\a_{21}x_1+a_{22}x_2+\cdots+a_{2n}x_n=b_2\\\vdots\qquad\vdots\qquad\qquad\vdots\quad\vdots\\a_{m1}x_1+a_{m2}x_2+\cdots+a_{mn}x_n=b_m\end{cases}\tag{3.1}$$

的矩阵形式为

$$\boldsymbol{Ax}=\boldsymbol{b}\tag{3.2}$$

其中 $b_1,b_2,\cdots,b_m$ 不全为零.

取 $b=0$,得到的齐次线性方程组 $\boldsymbol{Ax}=0$,称为非齐次线性方程组 $\boldsymbol{Ax}=\boldsymbol{b}$ 的导出组.

非齐次线性方程组 $\boldsymbol{Ax}=\boldsymbol{b}$ 的解与其导出组 $\boldsymbol{Ax}=\boldsymbol{o}$ 的解之间有如下关系:

性质 1　如果 η_1,η_2 是非齐次线性方程组 $\boldsymbol{Ax}=\boldsymbol{b}$ 的两个解,则 $\eta_1-\eta_2$ 是其导出组 $\boldsymbol{Ax}=\boldsymbol{o}$ 的解.

证　由 $\boldsymbol{A}\eta_1=\boldsymbol{b},\boldsymbol{A}\eta_2=\boldsymbol{b}$ 得

$$\boldsymbol{A}(\eta_1-\eta_2)=\boldsymbol{A}\eta_1-\boldsymbol{A}\eta_2=\boldsymbol{b}-\boldsymbol{b}=0$$

即 $\eta_1-\eta_2$ 为导出组的解.

性质 2　如果 η_1 是非齐次线性方程组 $\boldsymbol{Ax}=\boldsymbol{b}$ 的一个解,η 为它的导出组 $\boldsymbol{Ax}=0$ 的一个解,则 $\eta_1+\eta$ 也是方程组 $\boldsymbol{Ax}=\boldsymbol{b}$ 的解.

证　由 $\boldsymbol{A}\eta_1=\boldsymbol{b},\boldsymbol{A}\eta=\boldsymbol{o}$,得

$$\boldsymbol{A}(\eta_1+\eta)=\boldsymbol{A}\eta_1+\boldsymbol{A}\eta=\boldsymbol{b}+0=b$$

即 $\eta_1+\eta$ 为非齐次线性方程组 $\boldsymbol{Ax}=\boldsymbol{b}$ 的解.

定理 3.13　设 ξ 是非齐次线性方程组 $\boldsymbol{Ax}=\boldsymbol{b}$ 的一个解,η 是其导出组 $\boldsymbol{Ax}=0$ 的通解,则 $X=\xi+\eta$ 是非齐次线性方程组 $\boldsymbol{Ax}=\boldsymbol{b}$ 的通解.

证　由非齐次线性方程组解的性质 2 可知,$\xi+\eta$ 仍是非齐次线性方程组的一个解.

下面只需证明,非齐次线性方程组的任意一个解 ξ^* 都可以表示成 $\xi+\eta$,其中 η 是齐次线性方程组的某一个解.

因为 ξ^*,ξ 都是非齐次线性方程组的解,由非齐次线性方程组的解的性质 2,可知 ξ^*

$-\xi$是导出组的解.令 $\eta=\xi^{*}-\xi$

则 η 是齐次线性方程组的某一个解,于是得到 $\xi^{*}=\xi+\eta$,即非齐次线性方程组的任意一个解,都是其一个解 ξ 与其导出组某一个解的和.

由此定理可知,如果非齐次线性方程组有解,则只需求出它的一个解(特解)ξ,并求出其导出组的基础解系 $\eta_1,\eta_2,\cdots,\eta_{n-r}$,则非齐次线性方程组的全部解可表示为

$$X=\xi+c_1\eta_1+c_2\eta_2+\cdots+c_{n-r}\eta_{n-r}$$

其中 $c_1,c_2,\cdots,c_{n-r}$为任意实数.

如果非齐次线性方程组的导出组仅有零解,则该非齐次线性方程组只有唯一解,如果其导出组有无穷多解,则它也有无穷多解.

因此对于 n 元非齐次线性方程组,当 $r(\boldsymbol{A}\boldsymbol{b})=r(\boldsymbol{A})=r<n$ 时,可按下列步骤求出它的通解:

(1) 求出 $\boldsymbol{A}\boldsymbol{x}=\boldsymbol{b}$ 的一个特解 ξ^{*};

(2) 求出其导出组 $\boldsymbol{A}\boldsymbol{x}=\boldsymbol{o}$ 的通解 η;

(3) 写出 $\boldsymbol{A}\boldsymbol{x}=\boldsymbol{b}$ 的通解 $X=\xi^{*}+\eta$.

【例 3.24】 求方程组的全部解

$$\begin{cases}x_1+5x_2-x_3-x_4=-1\\x_1-2x_2+x_3+3x_4=3\\3x_1+8x_2-x_3+x_4=1\\x_1-9x_2+3x_3+7x_4=7\end{cases}$$

解 对方程组的增广矩阵$(\boldsymbol{A}\quad\boldsymbol{b})$施行初等行变换

$$(\boldsymbol{A}\quad\boldsymbol{b})=\begin{pmatrix}1&5&-1&-1&-1\\1&-2&1&3&3\\3&8&-1&1&1\\1&-9&3&7&7\end{pmatrix}\longrightarrow\begin{pmatrix}1&5&-1&-1&-1\\0&-7&2&4&4\\0&-7&2&4&4\\0&-14&4&8&8\end{pmatrix}$$

$$\longrightarrow\begin{pmatrix}1&5&-1&-1&-1\\0&-7&2&4&4\\0&0&0&0&0\\0&0&0&0&0\end{pmatrix}\longrightarrow\begin{pmatrix}1&0&\frac{3}{7}&\frac{13}{7}&\frac{13}{7}\\0&-7&2&4&4\\0&0&0&0&0\\0&0&0&0&0\end{pmatrix}$$

$$\longrightarrow\begin{pmatrix}1&0&\frac{3}{7}&\frac{13}{7}&\frac{13}{7}\\0&1&-\frac{2}{7}&-\frac{4}{7}&-\frac{4}{7}\\0&0&0&0&0\\0&0&0&0&0\end{pmatrix}$$

所以原方程组的一般解为

$$\begin{cases} x_1 = \dfrac{13}{7} - \dfrac{3}{7}x_3 - \dfrac{13}{7}x_4 \\ x_2 = -\dfrac{4}{7} + \dfrac{2}{7}x_3 + \dfrac{4}{7}x_4 \end{cases}$$

其中 x_3, x_4 为自由未知量.

让自由未知量 $\begin{pmatrix} x_3 \\ x_4 \end{pmatrix}$ 取值 $\begin{pmatrix} 0 \\ 0 \end{pmatrix}$，得方程组的一个特解

$$\xi = \begin{pmatrix} \dfrac{13}{7} \\ -\dfrac{4}{7} \\ 0 \\ 0 \end{pmatrix}$$

原方程组的导出组的一般解为

$$\begin{cases} x_1 = -\dfrac{3}{7}x_3 - \dfrac{13}{7}x_4 \\ x_2 = \dfrac{2}{7}x_3 + \dfrac{4}{7}x_4 \end{cases}$$

其中 x_3, x_4 为自由未知量.

让自由未知量 $\begin{pmatrix} x_3 \\ x_4 \end{pmatrix}$ 取值 $\begin{pmatrix} 1 \\ 0 \end{pmatrix}, \begin{pmatrix} 0 \\ 1 \end{pmatrix}$ 即得导出组的基础解系

$$\eta_1 = \begin{pmatrix} -\dfrac{3}{7} \\ \dfrac{2}{7} \\ 1 \\ 0 \end{pmatrix}, \eta_2 = \begin{pmatrix} -\dfrac{13}{7} \\ \dfrac{4}{7} \\ 0 \\ 1 \end{pmatrix}$$

因此所给方程组的全部解为

$$X = \xi + c_1\eta_1 + c_2\eta_2 = \begin{pmatrix} \dfrac{13}{7} \\ -\dfrac{4}{7} \\ 0 \\ 0 \end{pmatrix} + c_1\begin{pmatrix} -\dfrac{3}{7} \\ \dfrac{2}{7} \\ 1 \\ 0 \end{pmatrix} + c_2\begin{pmatrix} -\dfrac{13}{7} \\ \dfrac{4}{7} \\ 0 \\ 1 \end{pmatrix}$$

其中 c_1, c_2 为任意常数.

习 题 3

基本题

1. 选择题

(1) 方程组 $\begin{cases} x_1+x_2-x_3=4 \\ \qquad x_2-x_3=2 \\ -2x_2+2x_3=6 \end{cases}$ 一定是(　　).

(A) 有无穷多解　　(B) 有唯一解　　(C) 只有零解　　(D) 无解

(2) 设 $\boldsymbol{A}$ 是 $m\times n$ 矩阵,齐次线性方程组 $\boldsymbol{Ax}=\boldsymbol{o}$ 仅有零解的充分必要条件是系数矩阵的秩 $r(\boldsymbol{A})$(　　).

(A) 小于 m　　(B) 小于 n　　(C) 等于 m　　(D) 等于 n

(3) 设非齐次线性方程组 $\boldsymbol{Ax}=\boldsymbol{b}$ 对应的齐次线性方程组 $\boldsymbol{Ax}=\boldsymbol{o}$ 仅有零解,则 $\boldsymbol{Ax}=\boldsymbol{b}$(　　).

(A) 必有无穷多解　　(B) 必有唯一解

(C) 必定无解　　(D) 选项(A),(B),(C)均不对

(4) 设 $\boldsymbol{A}$ 是 $m\times n$ 矩阵,非齐次线性方程组 $\boldsymbol{Ax}=b$ 对应的齐次线性方程组为 $\boldsymbol{Ax}=\boldsymbol{o}$,如果 $m<n$,则(　　).

(A) $\boldsymbol{Ax}=\boldsymbol{b}$ 必有无穷多解　　(B) $\boldsymbol{Ax}=\boldsymbol{b}$ 必有唯一解

(C) $\boldsymbol{Ax}=\boldsymbol{o}$ 必有非零解　　(C) $\boldsymbol{Ax}=\boldsymbol{o}$ 必有唯一解

2. 用消元法解下列线性方程组

(1) $\begin{cases} 3x_1-x_2+5x_3=2 \\ x_1-x_2+2x_3=1 \\ x_1-2x_2-x_3=5 \end{cases}$

(2) $\begin{cases} x_1-2x_2+x_3+x_4=1 \\ x_1-2x_2+x_3-x_4=-1 \\ x_1-2x_2+x_3-5x_4=5 \end{cases}$

(3) $\begin{cases} x_1-x_2+x_3-x_4=1 \\ x_1-x_2-x_3+x_4=0 \\ x_1-x_2-2x_3+2x_4=-\dfrac{1}{2} \end{cases}$

(4) $\begin{cases} x_1+x_2-x_3-x_4=0 \\ 2x_1-5x_2+3x_3+2x_4=0 \\ 7x_1-7x_2+3x_3+x_4=0 \end{cases}$

(5) $\begin{cases} x_1-x_2+x_3=0 \\ 3x_1-2x_2-x_3=0 \\ 3x_1-x_2+5x_3=0 \\ -2x_1+2x_2+3x_3=0 \end{cases}$

3. k 取何值时,线性方程组

$$\begin{cases} kx_1+x_2+x_3=1 \\ x_1+kx_2+x_3=k \\ x_1+x_2+kx_3=k^2 \end{cases}$$

(1) 有唯一解?　(2) 无解?　(3) 有无穷多解?有解时求出全部解.

4. 填空

(1) 含有零向量的向量组一定________.

(2) 向量组中若有多个极大无关组,则它们所含的向量个数是________.

(3) 若向量组 $\boldsymbol{\alpha}_1,\boldsymbol{\alpha}_2,\cdots,\boldsymbol{\alpha}_s$ 的秩为 r,则向量组的极大无关组所含的向量个数为________.

(4) 若 $\boldsymbol{\alpha}_1,\boldsymbol{\alpha}_2,\cdots,\boldsymbol{\alpha}_s$ 线性相关,$\boldsymbol{\beta}_1,\boldsymbol{\beta}_2,\cdots,\boldsymbol{\beta}_t$ 线性相关,则 $\boldsymbol{\alpha}_1,\boldsymbol{\alpha}_2,\cdots,\boldsymbol{\alpha}_s,\boldsymbol{\beta}_1,\boldsymbol{\beta}_2,\cdots,\boldsymbol{\beta}_t$ 线性________.

(5) 若向量组 $\boldsymbol{\alpha}_1,\boldsymbol{\alpha}_2,\boldsymbol{\alpha}_3$ 线性无关,则 $2\boldsymbol{\alpha}_1-\boldsymbol{\alpha}_2-\boldsymbol{\alpha}_3$ ________ 0.

(6) 设 $\boldsymbol{\alpha}_1,\boldsymbol{\alpha}_2,\boldsymbol{\alpha}_3$ 是三维向量组,且 $k_1\boldsymbol{\alpha}_1+k_2\boldsymbol{\alpha}_2+k_1\boldsymbol{\alpha}_3=0$ 只有零解,则 $\boldsymbol{\alpha}_1,\boldsymbol{\alpha}_2,\boldsymbol{\alpha}_3$ 必是线性________的向量组.

5. 已知 $\boldsymbol{\alpha}=(2,1,0,4)$,$\boldsymbol{\beta}=(-1,0,2,4)$,求 $-\boldsymbol{\alpha}$,$2\boldsymbol{\beta}$,$\boldsymbol{\alpha}+\boldsymbol{\beta}$,$3\boldsymbol{\alpha}-2\boldsymbol{\beta}$.

6. 设 $\boldsymbol{\alpha}=(-5,1,3,2,7)$,$\boldsymbol{\beta}=(3,0,-1,-1,2)$,求 ξ,使得 $\boldsymbol{\alpha}+\xi=\boldsymbol{\beta}$.

7. 设 $\boldsymbol{\alpha}_1=(2,-4,1,-1)$,$\boldsymbol{\alpha}_2=\left(-3,-1,2,-\frac{5}{2}\right)$,如果向量满足 $3\boldsymbol{\alpha}_1-2(\boldsymbol{\beta}+\boldsymbol{\alpha}_2)=0$,求 $\boldsymbol{\beta}$.

8. 试问下列向量 $\boldsymbol{\beta}$ 能否由其余向量线性表示,若能,写出线性表示式

(1) $\boldsymbol{\beta}=(4,3)$,$\boldsymbol{\alpha}_1(2,1)$,$\boldsymbol{\alpha}_2=(-1,1)$;

(2) $\boldsymbol{\beta}=(1,-1)$,$\boldsymbol{\alpha}_1=(1,1)$,$\boldsymbol{\alpha}_2=(0,1)$,$\boldsymbol{\alpha}_3=(1,0)$;

(3) $\boldsymbol{\beta}=(1,1,1)$,$\boldsymbol{\alpha}_1=(0,1,-1)$,$\boldsymbol{\alpha}_2=(1,1,0)$,$\boldsymbol{\alpha}_3=(1,0,2)$;

(4) $\boldsymbol{\beta}=(1,2,0)$,$\boldsymbol{\alpha}_1(2,-11,0)$,$\boldsymbol{\alpha}_2=(1,0,2)$;

(5) $\boldsymbol{\beta}=(2,3,-1,-4)$,$\boldsymbol{\varepsilon}_1=(1,0,0,0)$,$\boldsymbol{\varepsilon}_2=(0,1,0,0)$,$\boldsymbol{\varepsilon}_3=(0,0,1,0)$,$\boldsymbol{\varepsilon}_4=(0,0,0,1)$.

9. 判断下列向量组是线性相关还是线性无关

(1) $\boldsymbol{\alpha}_1=(1,1,1)$,$\boldsymbol{\alpha}_2=(0,1,2)$

(2) $\boldsymbol{\alpha}_1=(-1,0)$,$\boldsymbol{\alpha}_2=(1,1)$,$\boldsymbol{\alpha}_3=(0,1)$

(3) $\boldsymbol{\alpha}_1=(1,0,-1)$,$\boldsymbol{\alpha}_2=(-2,2,0)$,$\boldsymbol{\alpha}_3=(3,-5,2)$;

(4) $\boldsymbol{\alpha}_1=(1,1,3,1)$,$\boldsymbol{\alpha}_2=(3,-1,2,4)$,$\boldsymbol{\alpha}_3=(2,2,7,-1)$

10. 判断下列向量组是线性相关还是线性无关(其中 $a_{ii}\neq 0, i=1,2,\cdots,n$)

(1) $\boldsymbol{\alpha}_1=(a_{11},0,0,\cdots,0,0)$,$\boldsymbol{\alpha}_2=(0,a_{22},0,\cdots,0,0)$,$\cdots$,$\boldsymbol{\alpha}_n=(0,0,0,\cdots,0,a_{nn})$;

(2) $\boldsymbol{\alpha}_1=(a_{11},a_{21},a_{31},\cdots,a_{n-11},a_{n1})$,$\boldsymbol{\alpha}_2=(0,a_{22},a_{32},\cdots,a_{n-12},a_{n2})$,$\cdots a_n=(0,0,0,\cdots,0,a_{nn})$

11. 设 $\boldsymbol{\beta}_1=2\boldsymbol{\alpha}_1-\boldsymbol{\alpha}_2$,$\boldsymbol{\beta}_2=\boldsymbol{\alpha}_1+\boldsymbol{\alpha}_2$,$\boldsymbol{\beta}_3=-\boldsymbol{\alpha}_1+3\boldsymbol{\alpha}_2$,验证:$\boldsymbol{\beta}_1,\boldsymbol{\beta}_2,\boldsymbol{\beta}_3$ 线性相关.

12. 如果向量组 $\boldsymbol{\alpha}_1,\boldsymbol{\alpha}_2,\cdots,\boldsymbol{\alpha}_s$ 线性无关,求证:向量组 $\boldsymbol{\alpha}_1,\boldsymbol{\alpha}_1+\boldsymbol{\alpha}_2,\cdots,\boldsymbol{\alpha}_1+\boldsymbol{\alpha}_2+\cdots+\boldsymbol{\alpha}_s$ 线性无关.

13. 下列各题给定向量组 $\boldsymbol{\alpha}_1,\boldsymbol{\alpha}_2,\boldsymbol{\alpha}_3,\boldsymbol{\alpha}_4$,试判定 $\boldsymbol{\alpha}_1,\boldsymbol{\alpha}_2,\boldsymbol{\alpha}_3$ 是一个极大无关组,并将 $\boldsymbol{\alpha}_4$ 由 $\boldsymbol{\alpha}_1,\boldsymbol{\alpha}_2,\boldsymbol{\alpha}_3$ 线性表示

(1) $\boldsymbol{\alpha}_1=(1,0,0,1)$,$\boldsymbol{\alpha}_2=(0,1,0,-1)$,

$\boldsymbol{\alpha}_3=(0,0,1,-1)$,$\boldsymbol{\alpha}_4=(2,-1,3,0)$;

(2) $\boldsymbol{\alpha}_1=(1,0,1,0,1)$,$\boldsymbol{\alpha}_2=(0,1,1,0,1)$,

$\boldsymbol{\alpha}_3=(1,1,0,0,1)$,$\boldsymbol{\alpha}_4=(-3,-2,3,0,-1)$

14. 求下列向量组的一个极大无关组,并将其余向量用此极大无关组线性表示

(1) $\boldsymbol{\alpha}_1=(1,1,3,1)$,$\boldsymbol{\alpha}_2=(-1,1,-1,3)$,

$\boldsymbol{\alpha}_3=(5,-2,8,-9)$,$\boldsymbol{\alpha}_4=(-1,3,1,7)$

(2) $\boldsymbol{\alpha}_1=(1,1,2,3)$,$\boldsymbol{\alpha}_2=(1,-1,1,1)$,

$\boldsymbol{\alpha}_3=(1,3,3,5)$,$\boldsymbol{\alpha}_4=(4,-2,5,6)$,$\boldsymbol{\alpha}_5=(-3,-1,-5,-7)$

15. 证明:向量 $\boldsymbol{\beta}=(-1,1,5)$是向量 $\boldsymbol{\alpha}_1=(1,2,3)$,$\boldsymbol{\alpha}_2=(0,1,4)$,$\boldsymbol{\alpha}_3=(2,3,6)$的线性组合并具体将 $\boldsymbol{\beta}$ 用 $\boldsymbol{\alpha}_1,\boldsymbol{\alpha}_2,\boldsymbol{\alpha}_3$ 表示出来.

16. 已知向量组 $\boldsymbol{\alpha}_1=(k,2,1)$,$\boldsymbol{\alpha}_2=(2,k,0)$,$\boldsymbol{\alpha}_3=(1,-1,1)$,试求 k 为何值时,向量组 $\boldsymbol{\alpha}_1,\boldsymbol{\alpha}_2,\boldsymbol{\alpha}_3$ 线性相关?线性无关?

17. 求下列齐次线性方程组的一个基础解系

(1) $\begin{cases} x_1-2x_2+4x_3-7x_4=0 \\ 2x_1+x_2-2x_3+x_4=0 \\ 3x_1-x_2+2x_3-4x_4=0 \end{cases}$

(2) $\begin{cases} 2x_1+x_2-2x_3+3x_4=0 \\ 3x_1+2x_2-x_3+2x_4=0 \\ x_1+x_2+x_3-x_4=0 \end{cases}$

18. 用基础解系表示出下列线性方程组的全部解

(1) $\begin{cases} 2x_1-x_2+x_3-x_4=0 \\ 2x_1-x_2\qquad -3x_4=0 \\ x_2+3x_3-6x_4=0 \\ 2x_1-2x_2-2x_3+5x_4=0 \end{cases}$

(2) $\begin{cases} x_1+x_2+x_3+x_4+x_5=7 \\ 3x_1+2x_2+x_3+x_4-3x_5=-2 \\ x_2+2x_3+2x_4+6x_5=23 \\ 5x_1+4x_2-3x_3+3x_4-x_5=12 \end{cases}$

(3) $\begin{cases} x_1+x_2-3x_3-x_4=1 \\ 3x_1-x_2-3x_3+4x_4=4 \\ x_1+5x_2-9x_3-8x_4=0 \end{cases}$

提高题

1. a,b 取何值时，非齐次线性方程组

$$\begin{cases} x_1+x_2+x_3+x_4=1 \\ x_2-x_3+2x_4=1 \\ 2x_1+3x_2+(a+2)x_3+4x_4=b+3 \\ 3x_1+5x_2+x_3+(a+8)x_4=5 \end{cases}$$

(1) 有唯一解；(2)无解；(3)有无穷多个解？

2. 证明方程组 $\begin{cases} x_1-x_2=a_1 \\ x_2-x_3=a_2 \\ x_3-x_4=a_3 \\ x_4-x_5=a_4 \\ x_5-x_1=a_5 \end{cases}$ 有解的充要条件是 $a_1+a_2+a_3+a_4+a_5=0$；在有解的情况下，求出它的全部解.

3. 讨论线性方程组 $\begin{cases} x_1+x_2+2x_3+3x_4=1 \\ x_1+3x_2+6x_3+x_4=3 \\ 3x_1-x_2-px_3+15x_4=3 \\ x_1-5x_2-10x_3+12x_4=t \end{cases}$，当 p,t 取何值时，方程组无解？有唯一解？有无穷多解？在方程组有无穷多解的情况下，求出全部解.

4. 设向量组 $\boldsymbol{\alpha}_1,\boldsymbol{\alpha}_2,\boldsymbol{\alpha}_3$ 线性无关，已知

$$\boldsymbol{\beta}_1=k_1\boldsymbol{\alpha}_1+\boldsymbol{\alpha}_2+k_1\boldsymbol{\alpha}_3,\boldsymbol{\beta}_2=\boldsymbol{\alpha}_1+k_2\boldsymbol{\alpha}_2+(k_2+1)\boldsymbol{\alpha}_3,\boldsymbol{\beta}_3=\boldsymbol{\alpha}_1+\boldsymbol{\alpha}_2+\boldsymbol{\alpha}_3$$

试问当 k_1,k_2 为何值时，$\boldsymbol{\beta}_1,\boldsymbol{\beta}_2,\boldsymbol{\beta}_3$ 线性相关？线性无关？

5. 确定 x 的值，使向量组 $\boldsymbol{\alpha}_1,\boldsymbol{\alpha}_2,\boldsymbol{\alpha}_3$ 线性无关，其中

$$\boldsymbol{\alpha}_1=\begin{pmatrix}1\\0\\1\end{pmatrix},\boldsymbol{\alpha}_2=\begin{pmatrix}-1\\2\\2\end{pmatrix},\boldsymbol{\alpha}_3=\begin{pmatrix}1\\2\\x\end{pmatrix}$$

6. 求向量组

$\boldsymbol{\alpha}_1=(1,2,-1,1),\boldsymbol{\alpha}_2=(2,0,t,0),\boldsymbol{\alpha}_3=(0,-4,5,-2),\boldsymbol{\alpha}_4=(3,-2,t+4,1)$ 的秩和一个极大无关组.

7. 设 $\boldsymbol{A}=\begin{pmatrix}1&2&1\\2&3&a+2\\1&a&-2\end{pmatrix},b=\begin{pmatrix}1\\3\\0\end{pmatrix},\boldsymbol{x}=\begin{pmatrix}x_1\\x_2\\x_3\end{pmatrix}$

(1) 齐次方程组 $\boldsymbol{Ax}=0$ 只有零解，则 $a=$________；

(2) 线性方程组 $\boldsymbol{Ax}=0$ 无解，则 $a=$________.

8. 求出一个齐次线性方程组，使它的基础解系由下列向量组成

$$\xi_1=\begin{pmatrix}1\\2\\3\\4\end{pmatrix},\quad \xi_2=\begin{pmatrix}4\\3\\2\\1\end{pmatrix}$$

9. 设四元非齐次线性方程组 $Ax=b$ 的系数矩阵 $\boldsymbol{A}$ 的秩为 3，已经它的三个解向量为 $\boldsymbol{\eta}_1,\boldsymbol{\eta}_2,\boldsymbol{\eta}_3$ 其中

$$\boldsymbol{\eta}_1=\begin{pmatrix}3\\-4\\1\\2\end{pmatrix},\boldsymbol{\eta}_2+\boldsymbol{\eta}_3=\begin{pmatrix}4\\6\\8\\0\end{pmatrix}$$

求该方程组的通解.

10. 求一个非齐次线性方程组，使它的全部解为

$$\begin{pmatrix}x_1\\x_2\\x_3\end{pmatrix}=\begin{pmatrix}1\\-1\\3\end{pmatrix}+c_1\begin{pmatrix}-1\\3\\2\end{pmatrix}+c_2\begin{pmatrix}2\\-3\\1\end{pmatrix}$$

第 4 章　矩阵的特征值和特征向量

4.1　矩阵的特征值和特征向量

4.1.1　矩阵的特征值和特征向量

定义 4.1　设 $\boldsymbol{A}$ 为 n 阶矩阵，λ 是一个数，如果存在非零 n 维向量 $\boldsymbol{\alpha}$，使得 $\boldsymbol{A\alpha}=\lambda\boldsymbol{\alpha}$，则称 λ 是矩阵 $\boldsymbol{A}$ 的一个特征值，非零向量 $\boldsymbol{\alpha}$ 为矩阵 $\boldsymbol{A}$ 的属于(或对应于)特征值 λ 的特征向量.

下面讨论一般方阵特征值和它所对应特征向量的计算方法.

设 $\boldsymbol{A}$ 是 n 阶矩阵，如果 λ_0 是 $\boldsymbol{A}$ 的特征值，$\boldsymbol{\alpha}$ 是 $\boldsymbol{A}$ 的属于 λ_0 的特征向量，则

$$\boldsymbol{A\alpha}=\lambda_0\boldsymbol{\alpha}\Rightarrow\lambda_0\boldsymbol{\alpha}-\boldsymbol{A\alpha}=0\Rightarrow(\lambda_0\boldsymbol{E}-\boldsymbol{A})\boldsymbol{\alpha}=0\quad(\boldsymbol{\alpha}\neq 0)$$

因为 $\boldsymbol{\alpha}$ 是非零向量，这说明 $\boldsymbol{\alpha}$ 是齐次线性方程组

$$(\lambda_0\boldsymbol{E}-\boldsymbol{A})X=0$$

的非零解，而齐次线性方程组有非零解的充分必要条件是其系数矩阵 $\lambda_0\boldsymbol{E}-\boldsymbol{A}$ 的行列式等于零，即

$$|\lambda_0\boldsymbol{E}-\boldsymbol{A}|=0$$

而属于 λ_0 的特征向量就是齐次线性方程组 $(\lambda_0\boldsymbol{E}-\boldsymbol{A})X=0$ 的非零解.

定理 4.1　设 $\boldsymbol{A}$ 是 n 阶矩阵，则 λ_0 是 $\boldsymbol{A}$ 的特征值，$\boldsymbol{\alpha}$ 是 $\boldsymbol{A}$ 的属于 λ_0 的特征向量的充分必要条件是 λ_0 是 $|\lambda_0 E-A|=0$ 的根，α 是齐次线性方程组 $(\lambda_0\boldsymbol{E}-\boldsymbol{A})X=0$ 的非零解.

定义 4.2　设 $\boldsymbol{A}$ 是 n 阶矩阵，矩阵 $\lambda\boldsymbol{E}-\boldsymbol{A}$ 称为 $\boldsymbol{A}$ 的特征矩阵，行列式 $|\lambda E-A|$ 称为 $\boldsymbol{A}$ 的特征多项式，$|\lambda\boldsymbol{E}-\boldsymbol{A}|=0$ 称为 $\boldsymbol{A}$ 的特征方程，其根为矩阵 $\boldsymbol{A}$ 的特征值.

由定理 4.1 可归纳出求矩阵 $\boldsymbol{A}$ 的特征值及特征向量的步骤：

(1) 计算 $|\lambda\boldsymbol{E}-\boldsymbol{A}|$；

(2) 求 $|\lambda\boldsymbol{E}-\boldsymbol{A}|=0$ 的全部根，它们就是 $\boldsymbol{A}$ 的全部特征值；

(3) 对于矩阵 $\boldsymbol{A}$ 的每一个特征值 λ_0，求出齐次线性方程组 $(\lambda_0\boldsymbol{E}-\boldsymbol{A})X=0$ 的一个基

础解系：$\eta_1,\eta_2,\cdots,\eta_{n-r}$，其中 r 为矩阵 $\lambda_0\boldsymbol{E}-\boldsymbol{A}$ 的秩；则矩阵 $\boldsymbol{A}$ 的属于 λ_0 的全部特征向量为

$$K_1\eta_1+K_2\eta_2+\cdots+K_{n-r}\eta_{n-r}$$

其中，$K_1,K_2,\cdots,K_{n-r}$ 为不全为零的常数.

【例 4.1】 求 $\boldsymbol{A}=\begin{pmatrix}0&-1&-1\\-1&0&-1\\-1&-1&0\end{pmatrix}$ 的特征值及对应的特征向量.

解 $|\lambda\boldsymbol{E}-\boldsymbol{A}|=\begin{vmatrix}\lambda&1&1\\1&\lambda&1\\1&1&\lambda\end{vmatrix}=\begin{vmatrix}\lambda+2&1&1\\\lambda+2&\lambda&1\\\lambda+2&1&\lambda\end{vmatrix}=(\lambda+2)\begin{vmatrix}1&1&1\\1&\lambda&1\\1&1&\lambda\end{vmatrix}$

$$=(\lambda+2)\begin{vmatrix}1&1&1\\0&\lambda-1&0\\0&0&\lambda-1\end{vmatrix}=(\lambda+2)(\lambda-1)^2$$

令 $|\lambda\boldsymbol{E}-\boldsymbol{A}|=0$ 得：$\lambda_1=\lambda_2=1,\lambda_3=-2$

当 $\lambda_1=\lambda_2=1$ 时，解齐次线性方程组 $(\boldsymbol{E}-\boldsymbol{A})X=0$

即：$\boldsymbol{E}-\boldsymbol{A}=\begin{pmatrix}1&1&1\\1&1&1\\1&1&1\end{pmatrix}\to\begin{pmatrix}1&1&1\\0&0&0\\0&0&0\end{pmatrix}$

可知 $\boldsymbol{E}-\boldsymbol{A}$ 的秩为 1，取 x_2,x_3 为自由未知量，对应的方程为 $x_1+x_2+x_3=0$.

求得一个基础解系为 $\boldsymbol{\alpha}_1=(-1,1,0)^{\mathrm{T}},\boldsymbol{\alpha}_2=(-1,0,1)^{\mathrm{T}}$，所以 $\boldsymbol{A}$ 的属于特征值 1 的全部特征向量为 $K_1\boldsymbol{\alpha}_1+K_2\boldsymbol{\alpha}_2$，其中 K_1,K_2 为不全为零的常数.

当 $\lambda_3=-2$ 时，解齐次线性方程组 $(-2\boldsymbol{E}-\boldsymbol{A})X=0$

$$-2\boldsymbol{E}-\boldsymbol{A}=\begin{pmatrix}-2&1&1\\1&-2&1\\1&1&-2\end{pmatrix}\to\begin{pmatrix}1&1&-2\\1&-2&1\\-2&1&1\end{pmatrix}\to\begin{pmatrix}1&1&-2\\0&-3&3\\0&-3&3\end{pmatrix}\to\begin{pmatrix}1&1&-2\\0&1&-1\\0&0&0\end{pmatrix}$$

$-2\boldsymbol{E}-\boldsymbol{A}$ 秩为 2，取 x_3 为自由未知量，对应的方程组为 $\begin{cases}x_1+x_2-2x_3=0\\-x_2+x_3=0\end{cases}$

求得它的一个基础解系为 $\boldsymbol{\alpha}_3=(1,1,1)^{\mathrm{T}}$，所以 $\boldsymbol{A}$ 的属于特征值 -2 的全部特征向量为 $K_3\boldsymbol{\alpha}_3$，其中 K_3 是不为零的常数.

【例 4.2】 求 $\boldsymbol{A}=\begin{pmatrix}0&1&0\\0&0&1\\0&0&0\end{pmatrix}$ 的特征值及对应的特征向量.

解 $|\lambda\boldsymbol{E}-\boldsymbol{A}|=\begin{vmatrix}\lambda&-1&0\\0&\lambda&-1\\0&0&\lambda\end{vmatrix}=\lambda^3$

令$|\lambda \boldsymbol{E}-\boldsymbol{A}|=0$，解得：$\lambda_1=\lambda_2=\lambda_3=0$.

对于$\lambda_1=\lambda_2=\lambda_3=0$，解齐次线性方程组$(0\boldsymbol{E}-\boldsymbol{A})X=0-\boldsymbol{A}=\begin{pmatrix}0&-1&0\\0&0&-1\\0&0&0\end{pmatrix}$，$-\boldsymbol{A}$的秩为 2，取$x_1$为自由未知量，对应的方程组为$\begin{cases}x_2=0\\x_3=0\end{cases}$，求得它的一个基础解系为$\boldsymbol{\alpha}=\begin{pmatrix}1\\0\\0\end{pmatrix}$，所以 $\boldsymbol{A}$ 的属于特征值 0 的全部的特征向量为 $K\boldsymbol{\alpha}$，其中 K 为不为零的常数.

【例 4.3】 已知矩阵$\begin{pmatrix}20&30\\-12&x\end{pmatrix}$有一个特征向量$\begin{pmatrix}-5\\3\end{pmatrix}$，求 x 的值.

解　由已知有

$$\begin{pmatrix}20&30\\-12&x\end{pmatrix}\begin{pmatrix}-5\\3\end{pmatrix}=\lambda\begin{pmatrix}-5\\3\end{pmatrix}$$

得：$\begin{pmatrix}-10\\60+3x\end{pmatrix}=\begin{pmatrix}-5\lambda\\3\lambda\end{pmatrix}$，所以$\begin{cases}\lambda=2\\x=-18\end{cases}$

【例 4.4】 已知矩阵$\boldsymbol{B}=\begin{pmatrix}3&2&-1\\a&-2&2\\3&b&-1\end{pmatrix}$有一个特征向量$\boldsymbol{\alpha}_1=\begin{pmatrix}1\\-2\\3\end{pmatrix}$，试求 a,b，及 $\boldsymbol{\alpha}_1$ 所对应的特征值.

解　设 λ_1 是特征向量 $\boldsymbol{\alpha}_1$ 所对应的特征值，由定义得

$$\begin{pmatrix}3&2&-1\\a&-2&2\\3&b&-1\end{pmatrix}\begin{pmatrix}1\\-2\\3\end{pmatrix}=\lambda_1\begin{pmatrix}1\\-2\\3\end{pmatrix}$$

解得：$\lambda_1=-4$，$a=-2$，$b=6$.

4.1.2　特征值、特征向量的基本性质

性质 1　如果 $\boldsymbol{\alpha}$ 是 $\boldsymbol{A}$ 的属于特征值 λ_0 的特征向量，则 $\boldsymbol{\alpha}$ 一定是非零向量，且对于任意非零常数 K，$K\boldsymbol{\alpha}$ 也是 $\boldsymbol{A}$ 的属于特征值 λ_0 的特征向量.

性质 2　如果 $\boldsymbol{\alpha}_1,\boldsymbol{\alpha}_2$ 是 $\boldsymbol{A}$ 的属于特征值 λ_0 的特征向量，则当 $k_1\boldsymbol{\alpha}_1+k_2\boldsymbol{\alpha}_2\neq 0$ 时，$k_1\boldsymbol{\alpha}_1+k_2\boldsymbol{\alpha}_2$ 也是 $\boldsymbol{A}$ 的属于特征值 λ_0 的特征向量.

证　$\boldsymbol{A}(k_1\boldsymbol{\alpha}_1+k_2\boldsymbol{\alpha}_2)=k_1\boldsymbol{A}\boldsymbol{\alpha}_1+k_2\boldsymbol{A}\boldsymbol{\alpha}_2=k_1\lambda_0\boldsymbol{\alpha}_1+k_2\lambda_0\boldsymbol{\alpha}_2=\lambda_0(k_1\boldsymbol{\alpha}_1+k_2\boldsymbol{\alpha})$

性质 3　n 阶矩阵 $\boldsymbol{A}$ 与它的转置矩阵 $\boldsymbol{A}^{\mathrm{T}}$ 有相同的特征值.

证　$|\lambda\boldsymbol{E}-\boldsymbol{A}^{\mathrm{T}}|=|(\lambda\boldsymbol{E}-\boldsymbol{A})^{\mathrm{T}}|=|\lambda\boldsymbol{E}-\boldsymbol{A}|$

注：$\boldsymbol{A}$ 与 $\boldsymbol{A}^{\mathrm{T}}$ 同一特征值的特征向量不一定相同；$\boldsymbol{A}$ 与 $\boldsymbol{A}^{\mathrm{T}}$ 的特征矩阵不一定相同.

性质 4 设 $\boldsymbol{A}=(a_{ij})_{n\times n}$,则

(1) $\lambda_1+\lambda_2+\cdots+\lambda_n=a_{11}+a_{22}+\cdots+a_{nn}$

(2) $\lambda_1\lambda_2\cdots\lambda_n=|\boldsymbol{A}|$

推论 $\boldsymbol{A}$ 可逆的充分必要条件是 $\boldsymbol{A}$ 的所有特征值都不为零. 即

$$\lambda_1\lambda_2\cdots\lambda_n = |\boldsymbol{A}| \neq 0$$

定义 4.3 设 $\boldsymbol{A}=(a_{ij})_{n\times n}$,把 $\boldsymbol{A}$ 的主对角线元素之和称为 $\boldsymbol{A}$ 的迹,记作 $\mathrm{tr}(\boldsymbol{A})$,即:$\mathrm{tr}(\boldsymbol{A})=a_{11}+a_{22}+\cdots+a_{nn}$.

由此性质 4(1)可记为 $\mathrm{tr}(\boldsymbol{A})=\lambda_1+\lambda_2+\cdots+\lambda_n$

性质 5 设 λ 是 $\boldsymbol{A}$ 的特征值,且 $\boldsymbol{\alpha}$ 是 $\boldsymbol{A}$ 属于 λ 的特征向量,则

(1) $a\lambda$ 是 $a\boldsymbol{A}$ 的特征值,并有 $(a\boldsymbol{A})\boldsymbol{\alpha}=(a\lambda)\boldsymbol{\alpha}$;

(2) λ^k 是 $\boldsymbol{A}^k$ 的特征值,$\boldsymbol{A}^k\boldsymbol{\alpha}=\lambda^k\boldsymbol{\alpha}$;

(3) 若 $\boldsymbol{A}$ 可逆,则 $\lambda\neq0$,且 $\dfrac{1}{\lambda}$ 是 $\boldsymbol{A}^{-1}$ 的特征值,$\boldsymbol{A}^{-1}\boldsymbol{\alpha}=\dfrac{1}{\lambda}\boldsymbol{\alpha}$.

证 因为 $\boldsymbol{\alpha}$ 是 $\boldsymbol{A}$ 属于 λ 的特征值,有 $\boldsymbol{A\alpha}=\lambda\boldsymbol{\alpha}$,

(1) 两边同乘 a 得:$(a\boldsymbol{A})\alpha=(a\lambda)\boldsymbol{\alpha}$,则 $a\lambda$ 是 $a\boldsymbol{A}$ 的特征值.

(2) $\boldsymbol{A}^k\boldsymbol{\alpha}=\boldsymbol{A}^{k-1}(\boldsymbol{A\alpha})=\boldsymbol{A}^{k-1}(\lambda\boldsymbol{\alpha})=\lambda\boldsymbol{A}^{k-2}(\boldsymbol{A\alpha})=\lambda\boldsymbol{A}^{k-2}(\lambda\boldsymbol{\alpha})=\lambda^2(\boldsymbol{A}^{k-2}\boldsymbol{\alpha})$

$=\cdots=\lambda^{k-1}(\boldsymbol{A\alpha})=\lambda^k\boldsymbol{\alpha}$

则 λ^k 是 $\boldsymbol{A}^k$ 的特征值;

(3) 因为 $\boldsymbol{A}$ 可逆,所以它所有的特征值都不为零,由 $\boldsymbol{A\alpha}=\lambda\boldsymbol{\alpha}$,

得:$\boldsymbol{A}^{-1}(\boldsymbol{A\alpha})=\boldsymbol{A}^{-1}(\lambda\boldsymbol{\alpha})$,即:$(\boldsymbol{A}^{-1}\boldsymbol{A})\boldsymbol{\alpha}=\lambda(\boldsymbol{A}^{-1}\boldsymbol{\alpha})\Rightarrow\boldsymbol{\alpha}=\lambda(\boldsymbol{A}^{-1}\boldsymbol{\alpha})$

再由 $\lambda\neq0$,两边同除以 λ 得

$$\boldsymbol{A}^{-1}\boldsymbol{\alpha} = \frac{1}{\lambda}\boldsymbol{\alpha}$$

所以 $\lambda\neq0$,且 $\dfrac{1}{\lambda}$ 是 $\boldsymbol{A}^{-1}$ 的特征值.

【例 4.5】 已知三阶方阵 $\boldsymbol{A}$,有一特征值是 3,且 $\mathrm{tr}(\boldsymbol{A})=|\boldsymbol{A}|=6$,求 $\boldsymbol{A}$ 的所有特征值.

解 设 $\boldsymbol{A}$ 的特征值为 $3,\lambda_2,\lambda_3$,由上述性质得:

$$\lambda_2+\lambda_3+3 = \mathrm{tr}(\boldsymbol{A}) = 6$$

$$\lambda_2\cdot\lambda_3\cdot 3 = |\boldsymbol{A}| = 6$$

由此得:$\lambda_2=1,\lambda_3=2$.

【例 4.6】 已知三阶方阵 $\boldsymbol{A}$ 的三个特征值是 $1,-2,3$,求

(1) $|\boldsymbol{A}|$,(2)$\boldsymbol{A}^{-1}$ 的特征值,(3)$\boldsymbol{A}^{\mathrm{T}}$ 的特征值,(4)$\boldsymbol{A}^*$ 的特征值.

解 (1) $|\boldsymbol{A}|=1\times(-2)\times3=-6$;

(2) $\boldsymbol{A}^{-1}$ 的特征值:$1,-\dfrac{1}{2},\dfrac{1}{3}$;

(3) A^{T} 的特征值：1,2,3；

(4) $A^{*}=|A|A^{-1}=-6A^{-1}$，则 A^{*} 的特征值为：$-6\times1,-6\times\left(-\frac{1}{2}\right),-6\times\frac{1}{3}$

即为：$-6,3,-2$.

【例 4.7】 已知矩阵 $A=\begin{pmatrix}2&1&1\\1&2&1\\1&1&2\end{pmatrix}$，且向量 $\alpha=\begin{pmatrix}1\\k\\1\end{pmatrix}$ 是逆矩阵 A^{-1} 的特征向量，试求常数 k.

解 设 λ 是 A 对于 α 的特征值，所以 $A\alpha=\lambda\alpha$，即

$$\lambda\begin{pmatrix}1\\k\\1\end{pmatrix}=\begin{pmatrix}2&1&1\\1&2&1\\1&1&2\end{pmatrix}\begin{pmatrix}1\\k\\1\end{pmatrix}=\begin{pmatrix}3+k\\2+2k\\3+k\end{pmatrix}$$

得：$\begin{cases}\lambda=3+k\\k\lambda=2+2k\end{cases}\Rightarrow\begin{cases}\lambda_1=1\\k_1=-2\end{cases}$ 或 $\begin{cases}\lambda_2=4\\k_2=1\end{cases}$

【例 4.8】 设 A 为 n 阶方阵，证 $|A|=0$ 的充要条件是 0 为矩阵 A 的一个特征值.

证 $|A|=0\Leftrightarrow|0\cdot E-A|=0\Leftrightarrow 0$ 为矩阵 A 的一个特征值.

4.2 相似矩阵与矩阵对角化

4.2.1 相似矩阵的定义

定义 4.4 设 A,B 为 n 阶矩阵，如果存在 n 阶可逆矩阵 P，使得 $P^{-1}AP=B$ 成立，则称矩阵 A 与 B 相似，记作 $A\sim B$.

【例 4.9】 已知 $A=\begin{pmatrix}3&1\\5&-1\end{pmatrix}$，$B=\begin{pmatrix}4&0\\0&-2\end{pmatrix}$，$P=\begin{pmatrix}1&1\\1&-5\end{pmatrix}$，则 $P^{-1}=\begin{pmatrix}\frac{5}{6}&\frac{1}{6}\\\frac{1}{6}&-\frac{1}{6}\end{pmatrix}$，且

$$P^{-1}AP=\begin{pmatrix}\frac{5}{6}&\frac{1}{6}\\\frac{1}{6}&-\frac{1}{6}\end{pmatrix}\begin{pmatrix}3&1\\5&-1\end{pmatrix}\begin{pmatrix}1&1\\1&-5\end{pmatrix}=\begin{pmatrix}4&0\\0&-2\end{pmatrix}=B$$

所以 $A\sim B$.

【例 4.10】 如果 n 阶矩阵 $\boldsymbol{A}$ 与 n 阶单位矩阵 $\boldsymbol{E}$ 相似，则 $\boldsymbol{A}=\boldsymbol{E}$.

证 因为 $\boldsymbol{A}\sim\boldsymbol{E}$，所以一定存在可逆阵 $\boldsymbol{P}$ 使 $\boldsymbol{P}^{-1}\boldsymbol{A}\boldsymbol{P}=\boldsymbol{E}$ 成立，

由此得 $\boldsymbol{A}=\boldsymbol{P}\cdot\boldsymbol{E}\cdot\boldsymbol{P}^{-1}=\boldsymbol{P}\boldsymbol{P}^{-1}=\boldsymbol{E}$.

4.2.2 相似矩阵的性质

相似矩阵具有下述性质：

(1) 反身性：对任意 n 阶方阵 $\boldsymbol{A}$，都有 $\boldsymbol{A}\sim\boldsymbol{A}(\boldsymbol{A}=\boldsymbol{E}^{-1}\boldsymbol{A}\boldsymbol{E})$.

(2) 对称性：若 $\boldsymbol{A}\sim\boldsymbol{B}$，则 $\boldsymbol{B}\sim\boldsymbol{A}$.（因 $\boldsymbol{P}^{-1}\boldsymbol{A}\boldsymbol{P}=\boldsymbol{B}\Rightarrow\boldsymbol{A}=(\boldsymbol{P}^{-1})^{-1}\boldsymbol{B}\boldsymbol{P}^{-1}$）.

(3) 传递性：若 $\boldsymbol{A}\sim\boldsymbol{B}$，$\boldsymbol{B}\sim\boldsymbol{C}$，则 $\boldsymbol{A}\sim\boldsymbol{C}$.

由 $\boldsymbol{P}^{-1}\boldsymbol{A}\boldsymbol{P}=\boldsymbol{B}$，$U^{-1}\boldsymbol{B}U=\boldsymbol{C}\Rightarrow(\boldsymbol{P}U)^{-1}\boldsymbol{A}(\boldsymbol{P}U)=\boldsymbol{C}$.

(4) 若 n 阶矩阵 $\boldsymbol{A}$ 与 $\boldsymbol{B}$ 相似，则它们具有相同的特征值.

证 由已知得：$\boldsymbol{P}^{-1}\boldsymbol{A}\boldsymbol{P}=\boldsymbol{B}$

$$|\lambda\boldsymbol{I}-\boldsymbol{B}|=|\boldsymbol{P}^{-1}\lambda\boldsymbol{I}\boldsymbol{P}-\boldsymbol{P}^{-1}\boldsymbol{A}\boldsymbol{P}|=|\boldsymbol{P}^{-1}(\lambda\boldsymbol{I}-\boldsymbol{A})\boldsymbol{P}|=|\boldsymbol{P}^{-1}|\cdot|\lambda\boldsymbol{I}-\boldsymbol{A}|\cdot|\boldsymbol{P}|=|\lambda\boldsymbol{I}-\boldsymbol{A}|.$$

注：相似矩阵对于同一特征值不一定有相同的特征向量.

(5)若 n 阶矩阵 $\boldsymbol{A}$ 与 $\boldsymbol{B}$ 相似，则它们具有相同的行列式.

证 因为 $\boldsymbol{A}$ 与 $\boldsymbol{B}$ 相似，所以 $\boldsymbol{P}^{-1}\boldsymbol{A}\boldsymbol{P}=\boldsymbol{B}$

两边求行列式得：$|\boldsymbol{P}^{-1}\boldsymbol{A}\boldsymbol{P}|=|\boldsymbol{B}|\Rightarrow|\boldsymbol{P}^{-1}|\cdot|\boldsymbol{A}|\cdot|\boldsymbol{P}|=|\boldsymbol{B}|$

即得：$|\boldsymbol{A}|=|\boldsymbol{B}|$

推论 相似矩阵具有相同的可逆性.

(6) 若 n 阶矩阵 $\boldsymbol{A}$ 与 $\boldsymbol{B}$ 相似，则它们具有相同的迹.

(7) 若 n 阶矩阵 $\boldsymbol{A}$ 与 $\boldsymbol{B}$ 相似，则它们具有相同的秩.

(8) 若 n 阶矩阵 $\boldsymbol{A}$ 与 $\boldsymbol{B}$ 相似，即 $\boldsymbol{P}^{-1}\boldsymbol{A}\boldsymbol{P}=\boldsymbol{B}$. 则 $\boldsymbol{A}^k\sim\boldsymbol{B}^k$（$k$ 为任意非负整数）且 $\boldsymbol{P}^{-1}\boldsymbol{A}^k\boldsymbol{P}=\boldsymbol{B}^k$.

证 （数学归纳法）当 $k=1$ 时，$\boldsymbol{P}^{-1}\boldsymbol{A}\boldsymbol{P}=\boldsymbol{B}$ 成立，（矩阵 $\boldsymbol{A}$、$\boldsymbol{B}$ 相似）

假设 $k=m$ 时成立，即有 $\boldsymbol{P}^{-1}\boldsymbol{A}^m\boldsymbol{P}=\boldsymbol{B}^m$

现证 $k=m+1$ 时也成立，

$$\boldsymbol{B}^{m+1}=\boldsymbol{B}^m\boldsymbol{B}=(\boldsymbol{P}^{-1}\boldsymbol{A}^m\boldsymbol{P})(\boldsymbol{P}^{-1}\boldsymbol{A}\boldsymbol{P})=\boldsymbol{P}^{-1}\boldsymbol{A}^m(\boldsymbol{P}\boldsymbol{P}^{-1})\boldsymbol{A}\boldsymbol{P}=\boldsymbol{P}^{-1}\boldsymbol{A}^{m+1}\boldsymbol{P}$$

则 $k=m+1$ 时也成立.

【例 4.11】 若 n 阶矩阵 $\boldsymbol{A}$ 与 $\boldsymbol{B}$ 相似，$|\boldsymbol{A}|=5$ 求 $|\boldsymbol{B}^{\mathrm{T}}|$，$|(\boldsymbol{A}^{\mathrm{T}}\boldsymbol{B})^{-1}|$.

解 因为 $\boldsymbol{A}\sim\boldsymbol{B}$，所以有 $|\boldsymbol{A}|=|\boldsymbol{B}|$，又因 $|\boldsymbol{B}^{\mathrm{T}}|=|\boldsymbol{B}|$；则得 $|\boldsymbol{B}^{\mathrm{T}}|=5$.

$$|(\boldsymbol{A}^{\mathrm{T}}\boldsymbol{B})^{-1}|=|(\boldsymbol{A}^{\mathrm{T}}\boldsymbol{B})|^{-1}=(|\boldsymbol{A}^{\mathrm{T}}|\cdot|\boldsymbol{B}|)^{-1}=(|\boldsymbol{A}|\cdot|\boldsymbol{B}|)^{-1}=\frac{1}{25}$$

【例 4.12】 若 $\boldsymbol{A}=\begin{pmatrix}22 & 31\\ y & x\end{pmatrix}$与 $\boldsymbol{B}=\begin{pmatrix}1 & 2\\ 3 & 4\end{pmatrix}$相似，求 x，y 的值.

解 因为 $\boldsymbol{A}\sim\boldsymbol{B}$，所以 $|\boldsymbol{A}|=|\boldsymbol{B}|$，由此得 $22x-31y=-2$，

又由于 $\boldsymbol{A}\sim\boldsymbol{B}$,所以 $\mathrm{tr}(\boldsymbol{A})=\mathrm{tr}(\boldsymbol{B})$,得 $22+x=1+4$.
解得:$x=-17,y=-12$.

【例 4.13】 如果矩阵 $\boldsymbol{A}$ 可逆,试证 $\boldsymbol{AB}$ 与 $\boldsymbol{BA}$ 的特征值相同.

证 因为 $\boldsymbol{A}$ 可逆,所以 $\boldsymbol{A}^{-1}(\boldsymbol{AB})\boldsymbol{A}=(\boldsymbol{A}^{-1}\boldsymbol{A})\boldsymbol{BA}=\boldsymbol{BA}$

即 $\boldsymbol{AB}$ 与 $\boldsymbol{BA}$ 相似,由性质(4)得 $\boldsymbol{AB}$ 与 $\boldsymbol{BA}$ 的特征值相同.

4.2.3 方阵对角化

定义 4.5 若方阵 $\boldsymbol{A}$ 可以和某个对角矩阵相似,则称矩阵 $\boldsymbol{A}$ 可对角化.

定理 4.2 设 $\lambda_1,\lambda_2,\cdots,\lambda_m$ 为 n 阶矩阵 $\boldsymbol{A}$ 的不同特征值.$\boldsymbol{\alpha}_1,\boldsymbol{\alpha}_2,\cdots,\boldsymbol{\alpha}_m$ 分别是属于 $\lambda_1,\lambda_2,\cdots,\lambda_m$ 的特征向量,则 $\boldsymbol{\alpha}_1,\boldsymbol{\alpha}_2,\cdots,\boldsymbol{\alpha}_m$ 线性无关.

定理 4.3 n 阶矩阵 $\boldsymbol{A}$ 相似于对角阵的充分必要条件是 $\boldsymbol{A}$ 有 n 个线性无关的特征向量.

从定理 2 可知:只要能求出 $\boldsymbol{A}$ 的 n 个线性无关的特征向量 $\boldsymbol{\alpha}_1,\boldsymbol{\alpha}_2,\cdots,\boldsymbol{\alpha}_n$,令 $\boldsymbol{P}=(\alpha_1,\alpha_2,\cdots,\alpha_n)$,就能使 $\boldsymbol{P}^{-1}\boldsymbol{AP}=\boldsymbol{\Lambda}$,其中矩阵 $\boldsymbol{\Lambda}=\begin{pmatrix}\lambda_1 & & & \\ & \lambda_2 & & \\ & & \ddots & \\ & & & \lambda_n\end{pmatrix}$,对角阵的主对角元素依次为 $\boldsymbol{\alpha}_1,\boldsymbol{\alpha}_2,\cdots,\boldsymbol{\alpha}_n$ 所对应的特征值 $\lambda_1,\lambda_2,\cdots,\lambda_n$.

推论 若 n 阶矩阵 $\boldsymbol{A}$ 有 n 个相异的特征值 $\lambda_1,\lambda_2,\cdots,\lambda_n$,则矩阵 $\boldsymbol{A}$ 一定可对角化.

定理 4.4 设 λ 是 n 阶矩阵 $\boldsymbol{A}$ 的特征多项式的 k 重根,则 $\boldsymbol{A}$ 的属于特征值 λ 的线性无关的特征向量个数最多有 k 个.

定理 4.5 设 n 阶矩阵 $\boldsymbol{A}$ 有 m 个不同特征值 $\lambda_1,\lambda_2,\cdots,\lambda_m$. 设 $\boldsymbol{\alpha}_{i1},\boldsymbol{\alpha}_{i2},\cdots,\boldsymbol{\alpha}_{is_i}$ 是矩阵 $\boldsymbol{A}$ 的属于 λ_i 的线性无关的特征向量$(i=1,2,\cdots,m)$,则向量组 $\boldsymbol{\alpha}_{11},\boldsymbol{\alpha}_{12},\cdots,\boldsymbol{\alpha}_{1s_1};\boldsymbol{\alpha}_{21},\boldsymbol{\alpha}_{22},\cdots,\boldsymbol{\alpha}_{2s_2};\cdots;\boldsymbol{\alpha}_{m1},\boldsymbol{\alpha}_{m2},\cdots,\boldsymbol{\alpha}_{ms_m}$ 线性无关.

定理 4.6 n 阶矩阵 $\boldsymbol{A}$ 与对角阵相似的充分必要条件是对每一个特征值对应的特征向量线性无关的最大个数等于该特征值的重数,即对每一个 n_i 重特征值 λ_i,$(\lambda_i\boldsymbol{E}-\boldsymbol{A})X=0$ 的基础解系含有 n_i 个向量$(i=1,2,\cdots,m)(n_1+n_2+\cdots+n_m=n)$.

【例 4.14】 已知 $\boldsymbol{A}=\begin{pmatrix}1 & 2 & 2\\ 2 & 1 & -2\\ -2 & -2 & 1\end{pmatrix}$,问矩阵 $\boldsymbol{A}$ 可否对角化? 若可对角化求出可逆阵 $\boldsymbol{P}$ 及对角阵 $\boldsymbol{\Lambda}$.

解 $|\lambda\boldsymbol{E}-\boldsymbol{A}|=(\lambda+1)(\lambda-1)(\lambda-3)=0$

解得:$\lambda_1=-1,\lambda_2=1,\lambda_3=3$,由推论可得矩阵 $\boldsymbol{A}$ 可对角化.

当 $\lambda_1=-1$ 时，$\lambda_1\boldsymbol{E}-\boldsymbol{A}=\begin{pmatrix}-2&-2&-2\\-2&-2&2\\2&2&-2\end{pmatrix}\to\begin{pmatrix}1&1&0\\0&0&1\\0&0&0\end{pmatrix}$

取 x_2 为自由未知量，对应的方程组为 $\begin{cases}x_1+x_2=0\\x_3=0\end{cases}$，解得一个基础解系为：$\boldsymbol{\alpha}_1=(1,-1,0)^{\mathrm{T}}$.

当 $\lambda_2=1$，$\lambda_2\boldsymbol{E}-\boldsymbol{A}=\begin{pmatrix}0&-2&-2\\-2&0&2\\2&2&0\end{pmatrix}\to\begin{pmatrix}1&1&0\\0&1&1\\0&0&0\end{pmatrix}$

取 x_3 为自由未知量，对应的方程组为 $\begin{cases}x_1+x_2=0\\x_2+x_3=0\end{cases}$，解得一个基础解系为：$\boldsymbol{\alpha}_2=(1,-1,1)^{\mathrm{T}}$.

当 $\lambda_3=3$ 时，$\lambda_3\boldsymbol{E}-\boldsymbol{A}=\begin{pmatrix}2&-2&-2\\-2&2&2\\2&2&2\end{pmatrix}\to\begin{pmatrix}1&1&1\\0&1&1\\0&0&0\end{pmatrix}$

取 x_3 为自由未知量，对应的方程组为 $\begin{cases}x_1+x_2+x_3=0\\x_2+x_3=0\end{cases}$，解得一个基础解系为：$\boldsymbol{\alpha}_3=(0,-1,1)^{\mathrm{T}}$.

则可逆阵为 $\boldsymbol{P}=(\alpha_1,\alpha_2,\alpha_3)=\begin{pmatrix}-1&1&0\\1&-1&-1\\0&1&1\end{pmatrix}$，对应的对角阵 $\boldsymbol{\Lambda}=\begin{pmatrix}-1&0&0\\0&1&0\\0&0&3\end{pmatrix}$.

【例 4.15】 已知 $\boldsymbol{A}=\begin{pmatrix}0&-1&-1\\-1&0&-1\\-1&-1&0\end{pmatrix}$，问矩阵 $\boldsymbol{A}$ 可否对角化？若可对角化求出可逆阵 $\boldsymbol{P}$ 及对角阵 $\boldsymbol{\Lambda}$.

解 $|\lambda\boldsymbol{E}-\boldsymbol{A}|=(\lambda+2)(\lambda-1)^2$，令 $|\lambda\boldsymbol{E}-\boldsymbol{A}|=0$ 得：$\lambda_1=\lambda_2=1,\lambda_3=-2$.

当 $\lambda_1=\lambda_2=1$ 时，$\boldsymbol{E}-\boldsymbol{A}=\begin{pmatrix}1&1&1\\1&1&1\\1&1&1\end{pmatrix}\to\begin{pmatrix}1&1&1\\0&0&0\\0&0&0\end{pmatrix}$

取 x_2,x_3 为自由未知量，对应的方程为 $x_1+x_2+x_3=0$，求得一个基础解系为 $\boldsymbol{\alpha}_1=(-1,1,0)^{\mathrm{T}}$，$\boldsymbol{\alpha}_2=(-1,0,1)^{\mathrm{T}}$.

对于 $\lambda_3=-2$ 时，$-2\boldsymbol{E}-\boldsymbol{A}=\begin{pmatrix}-2&1&1\\1&-2&1\\1&1&-2\end{pmatrix}\to\begin{pmatrix}1&1&-2\\1&-2&1\\-2&1&1\end{pmatrix}$

$$\to\begin{pmatrix}1&1&-2\\0&-3&3\\0&-3&3\end{pmatrix}\to\begin{pmatrix}1&1&-2\\0&1&-1\\0&0&0\end{pmatrix}$$

取 x_3 为自由未知量,对应的方程组为 $\begin{cases}x_1+x_2-2x_3=0\\-x_2+x_3=0\end{cases}$,求得它的一个基础解系为 $\boldsymbol{\alpha}_3=(1,1,1)^{\mathrm{T}}$.

则由定理 5 可得矩阵 $\boldsymbol{A}$ 可对角化. 即存在可逆阵 $\boldsymbol{P}=(\alpha_3,\alpha_1,\alpha_2)=\begin{pmatrix}1&-1&-1\\1&1&0\\1&0&1\end{pmatrix}$,相应的对角阵 $\boldsymbol{\Lambda}=\begin{pmatrix}-2&0&0\\0&1&0\\0&0&1\end{pmatrix}$.

【例 4.16】 已知 $\boldsymbol{A}=\begin{pmatrix}3&-1&1\\2&0&1\\1&-1&2\end{pmatrix}$,问矩阵 $\boldsymbol{A}$ 可否对角化? 若可对角化求出可逆阵 $\boldsymbol{P}$ 及对角阵 $\boldsymbol{\Lambda}$.

解 $|\lambda\boldsymbol{E}-\boldsymbol{A}|=\begin{vmatrix}\lambda-3&1&-1\\-2&\lambda&-1\\-1&1&\lambda-2\end{vmatrix}=\begin{vmatrix}\lambda-1&1-\lambda&0\\-2&\lambda&-1\\-1&1&\lambda-2\end{vmatrix}$

$=(\lambda-1)\begin{vmatrix}1&-1&0\\-2&\lambda&-1\\-1&1&\lambda-2\end{vmatrix}=(\lambda-1)\begin{vmatrix}0&-1&0\\\lambda-2&\lambda&-1\\0&1&\lambda-2\end{vmatrix}=(\lambda-1)(\lambda-2)^2$

所以矩阵 $\boldsymbol{A}$ 的特征值为 $\lambda_1=\lambda_2=2,\lambda_3=1$.

当 $\lambda_1=\lambda_2=2$ 时,$\lambda_1\boldsymbol{E}-\boldsymbol{A}=\begin{pmatrix}-1&1&-1\\-2&2&-1\\-1&1&0\end{pmatrix}\to\begin{pmatrix}1&-1&1\\0&0&1\\0&0&0\end{pmatrix}$

取 x_2 为自由未知量,对应的方程组为 $\begin{cases}x_1+x_3=x_2\\x_3=0\end{cases}$,求得它的一个基础解系为 $\boldsymbol{\alpha}_1=(1,1,0)^{\mathrm{T}}$.

当 $\lambda_3=1$ 时,$\lambda_3\boldsymbol{E}-\boldsymbol{A}=\begin{pmatrix}-2&1&-1\\-2&1&-1\\-1&1&-1\end{pmatrix}\to\begin{pmatrix}1&-1&1\\-2&1&-1\\-2&1&-1\end{pmatrix}\to\begin{pmatrix}1&-1&1\\0&1&-1\\0&0&0\end{pmatrix}$

取 x_3 为自由未知量,对应的方程组为 $\begin{cases}x_1-x_2+x_3=0\\x_2-x_3=0\end{cases}$,求得它的一个基础解系为 $\boldsymbol{\alpha}_2=$

$(0,1,1)^{\mathrm{T}}$.

因为 $\boldsymbol{A}$ 只有 2 个线性无关的特征向量 $\boldsymbol{\alpha}_1,\boldsymbol{\alpha}_2$，而 $n=3$，所以矩阵 $\boldsymbol{A}$ 不能对角化.

注意对重根一般有：秩$(\lambda\boldsymbol{E}-\boldsymbol{A})\geqslant n-\lambda$ 的重数.

由性质(8)知：当 n 阶矩阵 $\boldsymbol{A}$、$\boldsymbol{B}$ 相似，即 $\boldsymbol{P}^{-1}\boldsymbol{A}\boldsymbol{P}=\boldsymbol{B}$ 时，有 $\boldsymbol{A}^k\sim\boldsymbol{B}^k$，($k$ 为任意非负整数)，且 $\boldsymbol{P}^{-1}\boldsymbol{A}^k\boldsymbol{P}=\boldsymbol{B}^k$. 由此可得：$\boldsymbol{A}^k=\boldsymbol{P}\boldsymbol{B}^k\boldsymbol{P}^{-1}$，如果 $\boldsymbol{B}$ 是对角阵 $\boldsymbol{\Lambda}$，则 $\boldsymbol{A}^k=\boldsymbol{P}\boldsymbol{\Lambda}^k\boldsymbol{P}^{-1}$.

【例 4.17】 已知 $\boldsymbol{A}=\begin{pmatrix}4&6&0\\-3&-5&0\\-3&-6&1\end{pmatrix}$，试计算 $\boldsymbol{A}^{10}$.

解 $|\lambda\boldsymbol{E}-\boldsymbol{A}|=\begin{vmatrix}\lambda-4&-6&0\\3&\lambda+5&0\\3&6&\lambda-1\end{vmatrix}=(\lambda-1)\begin{vmatrix}\lambda-4&-6\\3&\lambda+5\end{vmatrix}=(\lambda+2)(\lambda-1)^2$

令 $|\lambda\boldsymbol{E}-\boldsymbol{A}|=0$ 得：$\lambda_1=\lambda_2=1,\lambda_3=-2$.

当 $\lambda_1=\lambda_2=1$ 时，$\boldsymbol{E}-\boldsymbol{A}=\begin{pmatrix}-3&-6&0\\3&6&0\\3&6&0\end{pmatrix}\to\begin{pmatrix}-3&-6&0\\0&0&0\\0&0&0\end{pmatrix}\to\begin{pmatrix}1&2&0\\0&0&0\\0&0&0\end{pmatrix}$

取 x_2,x_3 为自由未知量，对应的方程为 $x_1+2x_2=0$，求得一个基础解系为 $\boldsymbol{\alpha}_1=(-2,1,0)^{\mathrm{T}},\boldsymbol{\alpha}_2=(0,0,1)^{\mathrm{T}}$.

当 $\lambda_3=-2$ 时，$-2\boldsymbol{E}-\boldsymbol{A}=\begin{pmatrix}-6&-6&0\\3&3&0\\3&6&-3\end{pmatrix}\to\begin{pmatrix}1&1&0\\0&0&0\\0&1&-1\end{pmatrix}\to\begin{pmatrix}1&1&0\\0&1&-1\\0&0&0\end{pmatrix}$

取 x_3 为自由未知量，对应的方程组为 $\begin{cases}x_1+x_2=0\\x_2-x_3=0\end{cases}$，求得它的一个基础解系为 $\boldsymbol{\alpha}_3=(-1,1,1)^{\mathrm{T}}$.

所以可逆阵为 $\boldsymbol{P}=(\alpha_1,\alpha_2,\alpha_3)=\begin{pmatrix}-2&0&-1\\1&0&1\\0&1&1\end{pmatrix}$，相应的对角阵 $\boldsymbol{\Lambda}=\begin{pmatrix}1&0&0\\0&1&0\\0&0&-2\end{pmatrix}$.

从而 $\boldsymbol{A}^{10}=\boldsymbol{P}\boldsymbol{\Lambda}^{10}\boldsymbol{P}^{-1}=\begin{pmatrix}-2&0&-1\\1&0&1\\0&1&1\end{pmatrix}\begin{pmatrix}1&0&0\\0&1&0\\0&0&-2\end{pmatrix}^{10}\begin{pmatrix}-1&-1&0\\-1&-2&1\\1&2&0\end{pmatrix}$

$$=\begin{pmatrix}-2&0&-1\,024\\1&0&1\,024\\0&1&1\,024\end{pmatrix}\begin{pmatrix}-1&-1&0\\-1&-2&1\\1&2&0\end{pmatrix}=\begin{pmatrix}-1\,024&-2\,046&0\\1\,023&2\,047&0\\1\,023&2\,046&1\end{pmatrix}$$

【例 4.18】 已知 $\boldsymbol{A}=\begin{pmatrix}3&1\\5&-1\end{pmatrix}$，求 $\boldsymbol{A}^n$.

解 $|\lambda\boldsymbol{E}-\boldsymbol{A}|=(\lambda-4)(\lambda+2)=0$，解得 $\boldsymbol{A}$ 的特征值为 $\lambda_1=4,\lambda_2=-2$，

当 $\lambda_1=4$ 时,解线性方程组 $(4\boldsymbol{E}-\boldsymbol{A})X=0$,解得一个基础解系 $\boldsymbol{\alpha}_1=(1,1)^{\mathrm{T}}$,
当 $\lambda_2=-2$ 时,解线性方程组 $(-2\boldsymbol{E}-\boldsymbol{A})X=0$,解得一个基础解系 $\boldsymbol{\alpha}_2=(1,-5)^{\mathrm{T}}$,
所以可逆阵 $\boldsymbol{P}=(\alpha_1,\alpha_2)=\begin{pmatrix}1&1\\1&-5\end{pmatrix}$,相应的对角阵 $\boldsymbol{\Lambda}=\begin{pmatrix}4&0\\0&-2\end{pmatrix}$.

$$\text{从而 } \boldsymbol{A}^n=\boldsymbol{P\Lambda}^n\boldsymbol{P}^{-1}=\begin{pmatrix}1&1\\1&-5\end{pmatrix}\begin{pmatrix}4&0\\0&-2\end{pmatrix}^n\begin{pmatrix}\frac{5}{6}&\frac{1}{6}\\\frac{1}{6}&-\frac{1}{6}\end{pmatrix}$$

$$=\begin{pmatrix}\frac{5}{6}4^n+\frac{1}{6}(-2)^n&\frac{1}{6}4^n-\frac{1}{6}(-2)^n\\\frac{5}{6}4^n-\frac{5}{6}(-2)^n&\frac{1}{6}4^n+\frac{5}{6}(-2)^n\end{pmatrix}$$

【例 4.19】 设 3 阶矩阵 $\boldsymbol{A}$ 的特征值为 $\lambda_1=1,\lambda_2=2,\lambda_3=3$,对应的特征向量依次为:
$\boldsymbol{\alpha}_1=\begin{pmatrix}1\\1\\1\end{pmatrix},\boldsymbol{\alpha}_2=\begin{pmatrix}1\\2\\4\end{pmatrix},\boldsymbol{\alpha}_3=\begin{pmatrix}1\\3\\9\end{pmatrix}$. 求 $\boldsymbol{A}^n$

解　$\boldsymbol{A}=\boldsymbol{P\Lambda P}^{-1}$,其中 $\boldsymbol{P}=(\alpha_1,\alpha_2,\alpha_3)=\begin{pmatrix}1&1&1\\1&2&3\\1&4&9\end{pmatrix}$,$\boldsymbol{\Lambda}=\begin{pmatrix}1&0&0\\0&2&0\\0&0&3\end{pmatrix}$

$$\boldsymbol{A}^n=\boldsymbol{P\Lambda}^n\boldsymbol{P}^{-1}=\begin{pmatrix}1&2^n&3^n\\1&2^{n+1}&3^{n+1}\\1&2^{n+2}&3^{n+2}\end{pmatrix}\begin{pmatrix}3&-\frac{5}{2}&\frac{1}{2}\\-3&4&-1\\1&-\frac{3}{2}&\frac{1}{2}\end{pmatrix}$$

$$=\begin{pmatrix}3-3\cdot2^n+3^n&-\frac{5}{2}+2^{n+2}-\frac{3^{n+1}}{2}&\frac{1}{2}-2^n+\frac{3^n}{2}\\3-3\cdot2^{n+1}+3^{n+1}&-\frac{5}{2}+2^{n+3}-\frac{3^{n+2}}{2}&\frac{1}{2}-2^{n+1}+\frac{3^{n+1}}{2}\\3-3\cdot2^{n+2}+3^{n+2}&-\frac{5}{2}+2^{n+4}-\frac{3^{n+3}}{2}&\frac{1}{2}-2^{n+2}+\frac{3^{n+2}}{2}\end{pmatrix}$$

【例 4.20】 设方阵 $\boldsymbol{A}=\begin{pmatrix}2&0&0\\0&0&1\\0&1&x\end{pmatrix}$,与 $\boldsymbol{B}=\begin{pmatrix}2&0&0\\0&y&0\\0&0&-1\end{pmatrix}$ 相似,求 x,y 之值;并求可逆阵 $\boldsymbol{P}$,使 $\boldsymbol{P}^{-1}\boldsymbol{AP}=\boldsymbol{B}$.

解　因为 $\boldsymbol{A}$ 与 $\boldsymbol{B}$ 相似,有 $|\boldsymbol{A}|=|\boldsymbol{B}|$,$\Rightarrow -2=-2y\Rightarrow y=1$,
又有:$\mathrm{tr}(\boldsymbol{A})=\mathrm{tr}(\boldsymbol{B})\Rightarrow 2+x=2+y+(-1)\Rightarrow x=0$.
$\boldsymbol{A}$ 的特征值分别是:$\lambda_1=2,\lambda_2=1,\lambda_3=-1$;

而 $\lambda_1=2$ 对应的特征向量为：$k\begin{pmatrix}1\\0\\0\end{pmatrix}(k\neq 0)$，$\lambda_2=1$ 对应的特征向量为：$k\begin{pmatrix}0\\1\\1\end{pmatrix}(k\neq 0)$，$\lambda_3=-1$ 对应的特征向量为：$k\begin{pmatrix}0\\1\\-1\end{pmatrix}(k\neq 0)$，所以 $\boldsymbol{P}=\begin{pmatrix}1&0&0\\0&1&1\\0&1&-1\end{pmatrix}$.

4.3 实对称矩阵的特征值和特征向量

4.3.1 向量内积

为了描述 R^n 中向量的度量性质，需引入向量内积概念.

定义 4.6(内积) 在 $\mathbf{R}^n$ 中，设向量 $\boldsymbol{\alpha}=(a_1,a_2,\cdots,a_n)^{\mathrm{T}}$，$\boldsymbol{\beta}=(b_1,b_2,\cdots,b_n)^{\mathrm{T}}$，实数 $a_1b_1+a_2b_2+\cdots+a_nb_n=\sum_{i=1}^{n}a_ib_i$ 称为向量 $\boldsymbol{\alpha}$ 和 $\boldsymbol{\beta}$ 的内积，记作 $\boldsymbol{\alpha}^{\mathrm{T}}\boldsymbol{\beta}$，即 $\boldsymbol{\alpha}^{\mathrm{T}}\boldsymbol{\beta}=\sum_{i=1}^{n}a_ib_i$.

例如，设 $\boldsymbol{\alpha}=(-1,1,0)^{\mathrm{T}}$，$\boldsymbol{\beta}=(2,0,-1)^{\mathrm{T}}$，则 $\boldsymbol{\alpha}^{\mathrm{T}}\boldsymbol{\beta}=-1\times 2+1\times 0+0\times(-1)=-2$.

由内积的定义可知，内积具有如下性质：

性质 1 交换律 $\boldsymbol{\alpha}^{\mathrm{T}}\boldsymbol{\beta}=\boldsymbol{\beta}^{\mathrm{T}}\boldsymbol{\alpha}$.

性质 2 $(k\boldsymbol{\alpha})^{\mathrm{T}}\boldsymbol{\beta}=k\boldsymbol{\alpha}^{\mathrm{T}}\boldsymbol{\beta}$($k$ 为实数).

性质 3 分配律 $(\boldsymbol{\alpha}+\boldsymbol{\beta})^{\mathrm{T}}\gamma=\boldsymbol{\alpha}^{\mathrm{T}}\gamma+\boldsymbol{\beta}^{\mathrm{T}}\gamma$.

性质 4 $\boldsymbol{\alpha}^{\mathrm{T}}\boldsymbol{\alpha}\geqslant 0$，并且仅当 $\boldsymbol{\alpha}=0$ 时，有 $\boldsymbol{\alpha}^{\mathrm{T}}\boldsymbol{\alpha}=0$.

定义 4.7(向量范数) 对 $\mathbf{R}^n$ 中的向量 $\boldsymbol{\alpha}=(a_1,a_2,\cdots,a_n)^{\mathrm{T}}$，把

$$\sqrt{\boldsymbol{\alpha}^{\mathrm{T}}\boldsymbol{\alpha}}=\sqrt{a_1^2+a_2^2+\cdots+a_n^2}$$

称为向量 $\boldsymbol{\alpha}$ 的范数(向量的长度)，记为 $\|\boldsymbol{\alpha}\|$.

例如，在 $\mathbf{R}^2$ 中，向量 $\boldsymbol{\alpha}=(3,4)^{\mathrm{T}}$ 的范数(长度) $\|\boldsymbol{\alpha}\|=\sqrt{3^2+4^2}=5$. 不难看出，在 $\mathbf{R}^2$ 中向量 $\boldsymbol{\alpha}$ 的范数(长度)，就是坐标平面上向量对应的点到坐标原点的距离.

向量范数(长度)具有如下的性质：

性质 1 $\|\boldsymbol{\alpha}\|\geqslant 0$，当且仅当 $\alpha=0$ 时，$\|\alpha\|=0$.

性质 2 $\|k\boldsymbol{\alpha}\|=|k|\cdot\|\boldsymbol{\alpha}\|$($k$ 为实数).

性质 3 对任意向量 $\boldsymbol{\alpha},\boldsymbol{\beta}$，有

$$|\boldsymbol{\alpha}^{\mathrm{T}}\boldsymbol{\beta}|\leqslant\|\boldsymbol{\alpha}\|\cdot\|\boldsymbol{\beta}\|$$

此不等式称为柯西-布捏可夫斯基不等式，它说明两个向量的内积与它们长度的关系.

定义 4.8(单位向量)　范数(长度)为 1 的向量称为单位向量.

对于 R^n 中的任一非零向量 $\boldsymbol{\alpha}$,由向量范数(长度)的定义和性质可知,向量 $\frac{1}{\|\boldsymbol{\alpha}\|}\boldsymbol{\alpha}$ 是一个单位向量,所以向量 $\boldsymbol{\alpha}$ 除以它的长度,就得到一个单位向量,通常称为向量 $\boldsymbol{\alpha}$ 的单位化.

4.3.2　正交向量组

定义 4.9　若两个向量 $\boldsymbol{\alpha}$ 与 $\boldsymbol{\beta}$ 的内积等于零,即 $\boldsymbol{\alpha}^T\boldsymbol{\beta}=0$,则称向量 $\boldsymbol{\alpha}$ 与 $\boldsymbol{\beta}$ 互相正交(垂直).

定义 4.10　若 $\mathbf{R}^n$ 中的非零向量组 $\boldsymbol{\alpha}_1,\boldsymbol{\alpha}_2,\cdots,\boldsymbol{\alpha}_s$ 两两正交,即

$$\boldsymbol{\alpha}_i^T\boldsymbol{\alpha}_j = 0 \quad (i \neq j;i,j = 1,2,\cdots,s)$$

则称该向量组为正交向量组.

定理 4.7　R^n 中的正交向量组线性无关.

证　设 $\boldsymbol{\alpha}_1,\boldsymbol{\alpha}_2,\cdots,\boldsymbol{\alpha}_s$ 为 R^n 中的正交向量组,且有数 $k_1,k_2,\cdots,k_s$,使得

$$k_1\boldsymbol{\alpha}_1 + k_2\boldsymbol{\alpha}_2 + \cdots + k_s\boldsymbol{\alpha}_s = 0$$

上式两边与向量组中的任意向量 $\boldsymbol{\alpha}_i$ 求内积,得

$$\boldsymbol{\alpha}_i^T(k_1\boldsymbol{\alpha}_1 + k_2\boldsymbol{\alpha}_2 + \cdots + k_s\boldsymbol{\alpha}_s) = 0 \quad (i = 1,2,\cdots,s)$$

即

$$k_1\boldsymbol{\alpha}_i^T\boldsymbol{\alpha}_1 + k_2\boldsymbol{\alpha}_i^T\alpha_2 + \cdots + k_s\boldsymbol{\alpha}_i^T\boldsymbol{\alpha}_s = 0$$

由于 $\boldsymbol{\alpha}_i^T\boldsymbol{\alpha}_j=0(i\neq j,i,j=1,2,\cdots,s)$,所以

$$k_i\boldsymbol{\alpha}_i^T\boldsymbol{\alpha}_i = 0$$

但 $\boldsymbol{\alpha}_i\neq 0$,有 $\boldsymbol{\alpha}_i^T\alpha_i>0$,所以 $k_i=0(i=1,2,\cdots,s)$,即 $\boldsymbol{\alpha}_1,\boldsymbol{\alpha}_2,\cdots,\boldsymbol{\alpha}_s$ 线性无关.

如果已知 R^n 中的线性无关向量组 $\boldsymbol{\alpha}_1,\boldsymbol{\alpha}_2,\cdots,\boldsymbol{\alpha}_s$,则可以生成正交向量组 $\boldsymbol{\beta}_1,\boldsymbol{\beta}_2,\cdots,\boldsymbol{\beta}_s$,并使这两个向量组可以互相线性表示,把这个过程称为将该向量组正交化,将一个向量组正交化可以应用施密特正交化方法. 施密特正交化方法的步骤如下

$$\boldsymbol{\beta}_1 = \boldsymbol{\alpha}_1$$

$$\boldsymbol{\beta}_2 = \boldsymbol{\alpha}_2 - \frac{\boldsymbol{\alpha}_2^T\boldsymbol{\beta}_1}{\boldsymbol{\beta}_1^T\boldsymbol{\beta}_1}\boldsymbol{\beta}_1$$

$$\boldsymbol{\beta}_3 = \boldsymbol{\alpha}_3 - \frac{\boldsymbol{\alpha}_3^T\boldsymbol{\beta}_1}{\boldsymbol{\beta}_1^T\boldsymbol{\beta}_1}\boldsymbol{\beta}_1 - \frac{\boldsymbol{\alpha}_3^T\boldsymbol{\beta}_2}{\boldsymbol{\beta}_2^T\boldsymbol{\beta}_2}\boldsymbol{\beta}_2$$

$$\cdots$$

$$\boldsymbol{\beta}_s = \boldsymbol{\alpha}_s - \frac{\boldsymbol{\alpha}_s^T\boldsymbol{\beta}_1}{\boldsymbol{\beta}_1^T\boldsymbol{\beta}_1}\boldsymbol{\beta}_1 - \frac{\boldsymbol{\alpha}_s^T\boldsymbol{\beta}_2}{\boldsymbol{\beta}_2^T\boldsymbol{\beta}_2}\beta_2 - \cdots - \frac{\boldsymbol{\alpha}_s^T\boldsymbol{\beta}_{s-1}}{\boldsymbol{\beta}_{s-1}^T\boldsymbol{\beta}_{s-1}}\boldsymbol{\beta}_{s-1}$$

可以验证,向量组 $\boldsymbol{\beta}_1,\boldsymbol{\beta}_2,\cdots,\boldsymbol{\beta}_s$ 是正交向量组,并且可以与向量组 $\boldsymbol{\alpha}_1,\boldsymbol{\alpha}_2,\cdots,\boldsymbol{\alpha}_s$ 相互线性表示.

【例 4.21】　设向量组 $\boldsymbol{\alpha}_1=(1,1,1,1)^T,\boldsymbol{\alpha}_2=(3,3,-1,-1)^T,\boldsymbol{\alpha}_3=(-2,0,6,8)^T$,试

将 $\boldsymbol{\alpha}_1,\boldsymbol{\alpha}_2,\boldsymbol{\alpha}_3$ 正交化.

解 利用施密特正交化方法,令

$$\boldsymbol{\beta}_1=\boldsymbol{\alpha}_1=(1,1,1,1)^{\mathrm{T}}$$

$$\begin{aligned}\boldsymbol{\beta}_2&=\boldsymbol{\alpha}_2-\frac{\boldsymbol{\alpha}_2^{\mathrm{T}}\boldsymbol{\beta}_1}{\boldsymbol{\beta}_1^{\mathrm{T}}\boldsymbol{\beta}_1}\boldsymbol{\beta}_1=(3,3,-1,-1)^{\mathrm{T}}-\frac{4}{4}(1,1,1,1)^{\mathrm{T}}\\&=(2,2,-2,-2)^{\mathrm{T}}\end{aligned}$$

$$\begin{aligned}\boldsymbol{\beta}_3&=\boldsymbol{\alpha}_3-\frac{\boldsymbol{\alpha}_3^{\mathrm{T}}\boldsymbol{\beta}_1}{\boldsymbol{\beta}_1^{\mathrm{T}}\boldsymbol{\beta}_1}\boldsymbol{\beta}_1-\frac{\boldsymbol{\alpha}_3^{\mathrm{T}}\boldsymbol{\beta}_2}{\boldsymbol{\beta}_2^{\mathrm{T}}\boldsymbol{\beta}_2}\boldsymbol{\beta}_2\\&=(-2,0,6,8)^{\mathrm{T}}-\frac{12}{4}(1,1,1,1)^{\mathrm{T}}-\frac{(-32)}{16}(2,2,-2,-2)^{\mathrm{T}}\\&=(-1,1,-1,1)^{\mathrm{T}}\end{aligned}$$

不难验证,$\boldsymbol{\beta}_1,\boldsymbol{\beta}_2,\boldsymbol{\beta}_3$ 为正交向量组,且与 $\boldsymbol{\alpha}_1,\boldsymbol{\alpha}_2,\boldsymbol{\alpha}_3$ 可互相线性表示.

4.3.3 正交矩阵

定义 4.11 设 n 阶实矩阵 $\boldsymbol{Q}$,满足 $\boldsymbol{Q}^{\mathrm{T}}\boldsymbol{Q}=\boldsymbol{E}$,则称 $\boldsymbol{Q}$ 为正交矩阵.

例如,单位矩阵 $\boldsymbol{E}$ 为正交矩阵.

正交矩阵具有如下的性质:

性质 1 若 $\boldsymbol{Q}$ 是正交矩阵,则其行列式 $|\boldsymbol{Q}|=1$ 或 -1.

性质 2 若 $\boldsymbol{Q}$ 是正交矩阵,则 $\boldsymbol{Q}$ 可逆,且 $\boldsymbol{Q}^{-1}=\boldsymbol{Q}^{\mathrm{T}}$.

性质 3 若 $\boldsymbol{P},\boldsymbol{Q}$ 都是正交矩阵,则它们的积 $\boldsymbol{PQ}$ 也是正交矩阵.

定理 4.8 设 $\boldsymbol{Q}$ 是实矩阵,则 $\boldsymbol{Q}$ 为正交矩阵的充要条件是其列(行)向量组是单位正交向量组.

证 设 $\boldsymbol{Q}=(\alpha_1,\alpha_2,\cdots,\alpha_n)$,其中 $\boldsymbol{\alpha}_1,\boldsymbol{\alpha}_2,\cdots,\boldsymbol{\alpha}_n$ 为 $\boldsymbol{Q}$ 的列向量组.

$\boldsymbol{Q}$ 是正交矩阵 $\Leftrightarrow\boldsymbol{Q}^{\mathrm{T}}\boldsymbol{Q}=\boldsymbol{E}$,而

$$\boldsymbol{Q}^{\mathrm{T}}\boldsymbol{Q}=\begin{pmatrix}\alpha_1^{\mathrm{T}}\\\alpha_2^{\mathrm{T}}\\\vdots\\\alpha_n^{\mathrm{T}}\end{pmatrix}(\alpha_1,\alpha_2,\cdots,\alpha_n)=\begin{pmatrix}\alpha_1^{\mathrm{T}}\alpha_1&\alpha_1^{\mathrm{T}}\alpha_2&\cdots&\alpha_1^{\mathrm{T}}\alpha_n\\\alpha_2^{\mathrm{T}}\alpha_1&\alpha_2^{\mathrm{T}}\alpha_2&\cdots&\alpha_2^{\mathrm{T}}\alpha_n\\\vdots&\vdots&&\vdots\\\alpha_n^{\mathrm{T}}\alpha_1&\alpha_n^{\mathrm{T}}\alpha_2&\cdots&\alpha_n^{\mathrm{T}}\alpha_n\end{pmatrix}$$

所以 $\boldsymbol{Q}^{\mathrm{T}}\boldsymbol{Q}=\boldsymbol{E}\Leftrightarrow\begin{cases}\alpha_i^{\mathrm{T}}\alpha_i=1&(i=1,2,\cdots,n)\\\alpha_i^{\mathrm{T}}\alpha_j=0&(i\neq j;i,j=1,2,\cdots,n)\end{cases}$

即 $\boldsymbol{Q}$ 为正交矩阵的充要条件是其列向量组是单位正交向量组.

类似可证,$\boldsymbol{Q}$ 为正交矩阵的充要条件是其行向量组是单位正交向量组.

4.3.4 实对称矩阵的特征值和特征向量

定理 4.9 实对称矩阵的特征值都是实数.

定理 4.10　实对称矩阵的属于不同特征值的特征向量是正交的.

证　设 $\boldsymbol{A}$ 为 n 阶实对称矩阵，$\boldsymbol{\alpha}_1,\boldsymbol{\alpha}_2$ 分别为 $\boldsymbol{A}$ 的对应于不同特征值 λ_1,λ_2 的特征向量. 于是

$$\boldsymbol{A\alpha}_1=\lambda_1\boldsymbol{\alpha}_1(\alpha_1\neq 0)$$
$$\boldsymbol{A\alpha}_2=\lambda_2\boldsymbol{\alpha}_2(\alpha_2\neq 0)$$

所以

$$\boldsymbol{\alpha}_2^{\mathrm{T}}\boldsymbol{A\alpha}_1=\boldsymbol{\alpha}_2^{\mathrm{T}}\lambda_1\boldsymbol{\alpha}_1=\lambda_1\boldsymbol{\alpha}_2^{\mathrm{T}}\boldsymbol{\alpha}_1$$
$$\boldsymbol{\alpha}_1^{\mathrm{T}}\boldsymbol{A\alpha}_2=\boldsymbol{\alpha}_1^{\mathrm{T}}\lambda_2\boldsymbol{\alpha}_2=\lambda_2\boldsymbol{\alpha}_1^{\mathrm{T}}\boldsymbol{\alpha}_2$$

因为 $\boldsymbol{A}$ 是实对称矩阵，$\boldsymbol{\alpha}_2^{\mathrm{T}}\boldsymbol{A\alpha}_1$ 是一个数，所以

$$\boldsymbol{\alpha}_2^{\mathrm{T}}\boldsymbol{A\alpha}_1=(\boldsymbol{\alpha}_2^{\mathrm{T}}\boldsymbol{A\alpha}_1)^{\mathrm{T}}=\boldsymbol{\alpha}_1^{\mathrm{T}}\boldsymbol{A\alpha}_2$$

由此可得：$\lambda_1\boldsymbol{\alpha}_2^{\mathrm{T}}\boldsymbol{\alpha}_1=\lambda_2\boldsymbol{\alpha}_1^{\mathrm{T}}\boldsymbol{\alpha}_2$，而 $\boldsymbol{\alpha}_2^{\mathrm{T}}\boldsymbol{\alpha}_1=\boldsymbol{\alpha}_1^{\mathrm{T}}\boldsymbol{\alpha}_2$，所以$(\lambda_1-\lambda_2)\boldsymbol{\alpha}_1^{\mathrm{T}}\boldsymbol{\alpha}_2=0$

由 $\lambda_1\neq\lambda_2$ 可得 $\boldsymbol{\alpha}_1^{\mathrm{T}}\boldsymbol{\alpha}_2=0$，即 $\boldsymbol{\alpha}_1,\boldsymbol{\alpha}_2$ 正交.

如果实对称矩阵 $\boldsymbol{A}$ 的特征值 λ 的重数是 k，则恰好有 k 个属于特征值 λ 的线性无关的特征向量. 如果利用施密特正交化方法把这 k 个向量正交化，它们仍是矩阵 $\boldsymbol{A}$ 的属于特征值 λ 的特征向量.

定理 4.11　设 $\boldsymbol{A}$ 为 n 阶实对称矩阵，则存在 n 阶正交矩阵 $\boldsymbol{Q}$，使 $\boldsymbol{Q}^{-1}\boldsymbol{AQ}$ 为对角阵 $\boldsymbol{\Lambda}$.

假设 $\boldsymbol{A}$ 有 m 个不同特征值 $\lambda_1,\lambda_2,\cdots,\lambda_m$，其重数分别为 $k_1,k_2,\cdots,k_m$，$k_1+k_2+\cdots+k_m=n$. 由上述说明可知，对同一特征值 λ_i，相应有 k_i 个正交的特征向量；而不同特征值对应的特征向量也是正交的，因此 $\boldsymbol{A}$ 一定有 n 个正交的特征向量，再将这 n 个正交的特征向量单位化，记其为 $\boldsymbol{\alpha}_1,\boldsymbol{\alpha}_2,\cdots,\boldsymbol{\alpha}_n$，显然这是一个标准正交向量组，令 $\boldsymbol{Q}=(\alpha_1,\alpha_2,\cdots,\alpha_n)$，则 $\boldsymbol{Q}$ 为正交矩阵，且 $\boldsymbol{Q}^{-1}\boldsymbol{AQ}$ 为对角阵 $\boldsymbol{\Lambda}$.

总结实对称阵对角化的步骤如下：

(1) 求 $|\lambda\boldsymbol{I}-\boldsymbol{A}|=0$ 全部不同的根 $\lambda_1,\lambda_2,\cdots,\lambda_m$，它们是 $\boldsymbol{A}$ 的全部不同的特征值；

(2) 对于每个特征值 λ_i(k_i 重根)，求齐次线性方程组 $(\lambda_i\boldsymbol{I}-\boldsymbol{A})X=0$ 的一个基础解系：$\eta_{i1},\eta_{i2},\cdots,\eta_{ik_i}$，利用施密特正交化方法将其正交化，再将其单位化得：$\boldsymbol{\alpha}_{i1},\boldsymbol{\alpha}_{i2},\cdots,\boldsymbol{\alpha}_{ik_i}$；

(3) 在第二步中对每个特征值得到一组标准正交向量组组合为一个向量组

$$\boldsymbol{\alpha}_{11},\boldsymbol{\alpha}_{12},\cdots,\boldsymbol{\alpha}_{1k_{1i}},\boldsymbol{\alpha}_{21},\boldsymbol{\alpha}_{22},\cdots,\boldsymbol{\alpha}_{2k_2},\cdots,\boldsymbol{\alpha}_{m1},\boldsymbol{\alpha}_{m2},\cdots,\boldsymbol{\alpha}_{mk_m}$$

共有 $k_1+k_2+\cdots+k_m=n$ 个. 它们是 n 个向量组成的标准正交向量组. 以其为列向量组的矩阵 $\boldsymbol{Q}$ 就是所求正交矩阵.

(4) $\boldsymbol{Q}^{-1}\boldsymbol{AQ}=\boldsymbol{Q}^{\mathrm{T}}\boldsymbol{AQ}=\boldsymbol{\Lambda}$，其主对角线元素依次为

$$\underbrace{\lambda_1,\cdots,\lambda_1}_{k_1个},\underbrace{\lambda_2,\cdots,\lambda_2}_{k_2个},\cdots,\underbrace{\lambda_m,\cdots,\lambda_m}_{k_m个}$$

【例 4.22】　求正交矩阵 $\boldsymbol{Q}$，使 $\boldsymbol{Q}^{\mathrm{T}}\boldsymbol{AQ}$ 为对角阵，其中 $\boldsymbol{A}=\begin{pmatrix}2&-2&0\\-2&1&-2\\0&-2&0\end{pmatrix}$.

解 $|\lambda E-A|=\begin{vmatrix}\lambda-2 & 2 & 0\\ 2 & \lambda-1 & 2\\ 0 & 2 & \lambda\end{vmatrix}=(\lambda-1)(\lambda-4)(\lambda+2)=0$

得矩阵 A 的特征值为：$\lambda_1=1,\lambda_2=4,\lambda_3=-2$.

分别求出属于 $\lambda_1,\lambda_2,\lambda_3$ 的线性无关的向量为

$$\alpha_1=(-2,-1,2)^T,\alpha_2=(2,-2,1)^T,\alpha_3=(1,2,2)^T$$

则 $\alpha_1,\alpha_2,\alpha_3$ 是正交的，再将 $\alpha_1,\alpha_2,\alpha_3$ 单位化，得

$$\eta_1=\left(-\frac{2}{3},-\frac{1}{3},\frac{2}{3}\right)^T,\eta_2=\left(\frac{2}{3},-\frac{2}{3},\frac{1}{3}\right)^T,\eta_3=\left(\frac{1}{3},\frac{2}{3},\frac{2}{3}\right)^T$$

令 $Q=(\eta_1,\eta_2,\eta_3)=\frac{1}{3}\begin{pmatrix}-2 & 2 & 1\\ -1 & -2 & 2\\ 2 & 1 & 2\end{pmatrix}$，则 $Q^{-1}AQ=\begin{pmatrix}1 & 0 & 0\\ 0 & 4 & 0\\ 0 & 0 & -2\end{pmatrix}$

【例 4.23】 求正交矩阵 Q，使 Q^TAQ 为对角阵，其中 $A=\begin{pmatrix}1 & -2 & 2\\ -2 & -2 & 4\\ 2 & 4 & -2\end{pmatrix}$.

解 $|\lambda E-A|=\begin{vmatrix}\lambda-1 & 2 & -2\\ 2 & \lambda+2 & -4\\ -2 & -4 & \lambda+2\end{vmatrix}=(\lambda+7)(\lambda+2)^2=0$

得矩阵 A 的特征值为：$\lambda_1=-7,\lambda_2=\lambda_3=2$.

求出属于 $\lambda_1=-7$ 的特征向量为 $\alpha_1=(1,2,-2)^T$，属于 $\lambda_2=\lambda_3=2$ 的特征向量为 $\alpha_2=(-2,1,0)^T,\alpha_3=(2,0,1)^T$，利用施密特正交化方法将 α_2,α_3 正交化得

$$\beta_2=(-2,1,0)^T,\beta_3=\left(\frac{2}{5},\frac{4}{5},1\right)^T$$

所以 α_1,β_2,β_3 相互正交，再将其单位化得

$$\eta_1=\left(\frac{1}{3},\frac{2}{3},-\frac{2}{3}\right)^T,\eta_2=\left(-\frac{2}{\sqrt{5}},\frac{1}{\sqrt{5}},0\right)^T,\eta_3=\left(\frac{2}{3\sqrt{5}},\frac{4}{3\sqrt{5}},\frac{5}{3\sqrt{5}}\right)^T$$

令 $Q=\begin{pmatrix}\frac{1}{3} & -\frac{2}{\sqrt{5}} & \frac{2}{3\sqrt{5}}\\ \frac{2}{3} & \frac{1}{\sqrt{5}} & \frac{4}{3\sqrt{5}}\\ -\frac{2}{3} & 0 & \frac{5}{3\sqrt{5}}\end{pmatrix}$，则 $Q^{-1}AQ=\begin{pmatrix}-7 & 0 & 0\\ 0 & 2 & 0\\ 0 & 0 & 2\end{pmatrix}$

【例 4.24】 设三阶实对称矩阵 A 的特征值是 1,2,3；矩阵 A 的属于特征值 1,2 的特征向量分别为 $\alpha_1=(-1,-1,1)^T,\alpha_2=(1,-2,-1)^T$.

(1) 求 A 的属于 3 的特征向量；(2)求矩阵 A.

解 (1) 设 $\boldsymbol{A}$ 的属于 3 的特征向量为 $\boldsymbol{\alpha}_3=(x_1,x_2,x_3)^{\mathrm{T}}$，
因为 $\boldsymbol{\alpha}_1,\boldsymbol{\alpha}_2,\boldsymbol{\alpha}_3$ 是实对称矩阵 $\boldsymbol{A}$ 的属于不同特征值的特征向量，所以 $\boldsymbol{\alpha}_1,\boldsymbol{\alpha}_2,\boldsymbol{\alpha}_3$ 两两正交，故有

$$\boldsymbol{\alpha}_1^{\mathrm{T}}\boldsymbol{\alpha}_3=0,\boldsymbol{\alpha}_2^{\mathrm{T}}\boldsymbol{\alpha}_3=0$$

即得一线性方程组：$\begin{cases}-x_1-x_2+x_3=0\\ x_1-2x_2-x_3=0\end{cases}$，解得非零解为 $\boldsymbol{\alpha}_3=(1,0,1)^{\mathrm{T}}$，则 $\boldsymbol{A}$ 的属于 3 的特征向量为 $k\,(1,0,1)^{\mathrm{T}}$(k 为非零常数).

(2) 将 $\boldsymbol{\alpha}_1,\boldsymbol{\alpha}_2,\boldsymbol{\alpha}_3$ 单位化得

$$\boldsymbol{\beta}_1=\left(-\frac{1}{\sqrt{3}},-\frac{1}{\sqrt{3}},\frac{1}{\sqrt{3}}\right)^{\mathrm{T}},\boldsymbol{\beta}_2=\left(\frac{1}{\sqrt{6}},-\frac{2}{\sqrt{6}},-\frac{1}{\sqrt{6}}\right)^{\mathrm{T}},\boldsymbol{\beta}_3=\left(\frac{1}{\sqrt{2}},0,\frac{1}{\sqrt{2}}\right)^{\mathrm{T}}$$

令 $\boldsymbol{P}=(\beta_1,\beta_2,\beta_3)=\begin{pmatrix}-\frac{1}{\sqrt{3}} & \frac{1}{\sqrt{6}} & \frac{1}{\sqrt{2}}\\ -\frac{1}{\sqrt{3}} & -\frac{2}{\sqrt{6}} & 0\\ \frac{1}{\sqrt{3}} & -\frac{1}{\sqrt{6}} & \frac{1}{\sqrt{2}}\end{pmatrix}$

则有 $\boldsymbol{P}^{-1}\boldsymbol{AP}=\boldsymbol{\Lambda}=\begin{pmatrix}1&0&0\\0&2&0\\0&0&3\end{pmatrix}$；故

$$\boldsymbol{A}=\boldsymbol{P\Lambda P}^{-1}\boldsymbol{A}=\boldsymbol{P\Lambda P}^{\mathrm{T}}=\begin{pmatrix}-\frac{1}{\sqrt{3}} & \frac{1}{\sqrt{6}} & \frac{1}{\sqrt{2}}\\ -\frac{1}{\sqrt{3}} & -\frac{2}{\sqrt{6}} & 0\\ \frac{1}{\sqrt{3}} & -\frac{1}{\sqrt{6}} & \frac{1}{\sqrt{2}}\end{pmatrix}\begin{pmatrix}1&0&0\\0&2&0\\0&0&3\end{pmatrix}\begin{pmatrix}-\frac{1}{\sqrt{3}} & -\frac{1}{\sqrt{3}} & \frac{1}{\sqrt{3}}\\ \frac{1}{\sqrt{6}} & -\frac{2}{\sqrt{6}} & -\frac{1}{\sqrt{6}}\\ \frac{1}{\sqrt{2}} & 0 & \frac{1}{\sqrt{2}}\end{pmatrix}$$

$$=\frac{1}{6}\begin{pmatrix}13&-2&5\\-2&10&2\\5&2&13\end{pmatrix}$$

【例 4.25】 若三阶实对称阵 $\boldsymbol{A}$ 的特征值是 -9(二重)和 9，且 $\boldsymbol{A}$ 的属于 -9 的全部特征向量为 $\boldsymbol{C}_1\,(1,-2,2)^{\mathrm{T}}+\boldsymbol{C}_2\,(1,1,1)^{\mathrm{T}}$($\boldsymbol{C}_1,\boldsymbol{C}_2$ 不全为零)，求

(1) $\boldsymbol{A}$ 的属于 9 的全部特征向量；(2)正交阵 $\boldsymbol{P}$，使得 $\boldsymbol{P}^{-1}\boldsymbol{AP}$ 为对角阵.

解 (1) 令 $\boldsymbol{\alpha}_3=(x,y,z)^{\mathrm{T}}$，则 $(\boldsymbol{\alpha}_1,\boldsymbol{\alpha}_3)=0$，$(\boldsymbol{\alpha}_2,\boldsymbol{\alpha}_3)=0$

由此得：$\begin{cases}x-2y+2z=0\\ x+y+z=0\end{cases}$，所以 $\boldsymbol{\alpha}_3=(-4,1,3)^{\mathrm{T}}$

(2) $\boldsymbol{\beta}_1=\left(\frac{1}{3},-\frac{2}{3},\frac{2}{3}\right)^{\mathrm{T}}$，$\boldsymbol{\beta}_2=\left(\frac{8}{\sqrt{234}},\frac{11}{\sqrt{234}},\frac{7}{\sqrt{234}}\right)^{\mathrm{T}}$，$\boldsymbol{\beta}_3=\left(-\frac{4}{\sqrt{26}},\frac{1}{\sqrt{26}},\frac{3}{\sqrt{26}}\right)^{\mathrm{T}}$

习 题 4

基本题

一、填空题

1. 已知 3 阶矩阵 $\boldsymbol{A}$ 的特征值为 $1,3,-2$，则 $\boldsymbol{A}-\boldsymbol{E}$ 的特征值为________，$\boldsymbol{A}$ 的伴随矩阵 $\boldsymbol{A}^*$ 的特征值为________ $(\boldsymbol{A}^*)^2+\boldsymbol{E}$ 的特征值为________.

2. n 阶矩阵 $\boldsymbol{A}$ 的特征值为 $1,2,\cdots,n$，则 $|\boldsymbol{A}-(n+1)\boldsymbol{E}|$________.

3. 已知 3 阶矩阵 $\boldsymbol{A}$ 的特征值为 $1,3,5$，则 $|\boldsymbol{A}^*+\boldsymbol{E}|=$________.

4. 设 $\boldsymbol{A}$ 为 3 阶方阵，且 $|\boldsymbol{A}+2\boldsymbol{E}|=|\boldsymbol{A}-\boldsymbol{E}|=|\boldsymbol{A}-2\boldsymbol{E}|=0$，则 $|\boldsymbol{A}|=$________，$|\boldsymbol{A}^{-1}+2\boldsymbol{E}|=$________，$|\boldsymbol{A}^2+\boldsymbol{E}|=$________.

5. 若 3 阶方阵 $\boldsymbol{A}$ 与 $\boldsymbol{B}$ 相似，$\boldsymbol{A}$ 的特征值为 $\frac{1}{2}$，$\frac{1}{3}$，$\frac{1}{4}$，则 $\left|\begin{pmatrix} B^{-1}-E & E \\ 0 & A^{-1}\end{pmatrix}\right|=$________.

6. 已知 3 阶矩阵 $\boldsymbol{A}^{-1}$ 的特征值为 $1,2,3$，则 $\boldsymbol{A}^*$ 的特征值为________.

7. 已知矩阵 $\boldsymbol{A}=\begin{pmatrix} 1 & -1 & 0 \\ 2 & x & 0 \\ 4 & 2 & 1\end{pmatrix}$ 的特征值为 $1,2,3$，则 $x=$________.

8. 已知 3 阶矩阵 $\boldsymbol{A}$ 的特征值为 $1,3,2$，则 $\left(\frac{1}{3}\boldsymbol{A}^2\right)^{-1}$ 的特征值为________.

9. 设 $\boldsymbol{A},\boldsymbol{B}$ 均为 3 阶方阵，$\boldsymbol{A}$ 的特征值为 $1,2,3$，$|\boldsymbol{B}|=-1$，则 $|\boldsymbol{A}^*\boldsymbol{B}+\boldsymbol{B}|=$________.

10. 设

$$\boldsymbol{A}=\begin{pmatrix} 1 & b & 1 \\ b & a & 1 \\ 1 & 1 & 1\end{pmatrix},\boldsymbol{B}=\begin{pmatrix} 0 & 0 & 0 \\ 0 & 1 & 0 \\ 0 & 0 & 4\end{pmatrix}$$

有相同的特征值，则 $a=$________，$b=$________.

11. 已知矩阵 $\boldsymbol{A}$ 的各行元素之和为 2，则 $\boldsymbol{A}$ 有一个特征值为________.

12. 已知 0 是 $\boldsymbol{A}=\begin{pmatrix} 1 & 0 & 1 \\ 0 & 2 & 0 \\ 1 & 0 & a\end{pmatrix}$ 的一个特征值，则 $a=$________.

二、单项选择题

1. 若四阶方阵 $\boldsymbol{A}$ 与 $\boldsymbol{B}$ 相似，$\boldsymbol{A}$ 的特征值为 $\frac{1}{2},\frac{1}{3},\frac{1}{4},\frac{1}{5}$，则 $|\boldsymbol{B}^{-1}-\boldsymbol{E}|=$(　　).

(A) 24　　(B) -24　　(C) -32　　(D) 32

2. 设 $\boldsymbol{A}$ 为 n 阶矩阵，λ 为 $\boldsymbol{A}$ 的一个特征值，则 $\boldsymbol{A}$ 的伴随矩阵 $\boldsymbol{A}^*$ 的一个特征值为(　　).

(A) $\frac{|\boldsymbol{A}|^n}{\lambda}$　　(B) $\frac{|\boldsymbol{A}|}{\lambda}$　　(C) $\lambda|\boldsymbol{A}|$　　(D) $\lambda|\boldsymbol{A}|^n$

3. 设 $\boldsymbol{A}$ 为 n 阶矩阵，X 为 $\boldsymbol{A}$ 属于 λ 的一个特征向量，则与 $\boldsymbol{A}$ 相似的矩阵 $\boldsymbol{B}=\boldsymbol{P}^{-1}\boldsymbol{A}\boldsymbol{P}$ 的属于 λ 的一个特征向量为(　　).

(A) $\boldsymbol{PX}$　　(B) $\boldsymbol{P}^{-1}\boldsymbol{X}$　　(C) $\boldsymbol{P}^{\mathrm{T}}\boldsymbol{X}$　　(D) $\boldsymbol{P}^n\boldsymbol{X}$

4. 已知 $X=\begin{pmatrix}1\\-1\\2\end{pmatrix}$ 是矩阵 $\boldsymbol{A}=\begin{pmatrix}2&1&2\\2&b&a\\1&a&3\end{pmatrix}$ 的一个特征向量，则 a,b 的值分别为(　　).

(A) 5，2　　(B) -1，3　　(C) 1，-3　　(D) -3，1

5. 下列结论正确的是(　　).

(A) X_1,X_2 是方程组 $(\lambda\boldsymbol{E}-\boldsymbol{A})X=0$ 的一个基础解系，则 $k_1X_1+k_2X_2$ 是 $\boldsymbol{A}$ 的属于 λ 的全部特征向量，其中 k_1,k_2 是全不为零的常数

(B) $\boldsymbol{A},\boldsymbol{B}$ 有相同的特征值，则 $\boldsymbol{A}$ 与 $\boldsymbol{B}$ 相似

(C) 如果 $|\boldsymbol{A}|=0$，则 $\boldsymbol{A}$ 至少有一个特征值为零

(D) 若 λ 同是方阵 $\boldsymbol{A}$ 与 $\boldsymbol{B}$ 的特征值，则 λ 也是 $\boldsymbol{A}+\boldsymbol{B}$ 的特征值

6. 设 λ_1,λ_2 是矩阵 $\boldsymbol{A}$ 的两个不相同的特征值，ξ,η 是 $\boldsymbol{A}$ 的分别属于 λ_1,λ_2 的特征向量，则(　　).

(A) 对任意 $k_1\neq0,k_2\neq0$，$k_1\xi+k_2\eta$ 都是 $\boldsymbol{A}$ 的特征向量

(B) 存在常数 $k_1\neq0,k_2\neq0$，使 $k_1\xi+k_2\eta$ 是 $\boldsymbol{A}$ 的特征向量

(C) 当 $k_1\neq0,k_2\neq0$ 时，$k_1\xi+k_2\eta$ 不可能是 $\boldsymbol{A}$ 的特征向量

(D) 存在唯一的一组常数 $k_1\neq0,k_2\neq0$，使 $k_1\xi+k_2\eta$ 是 $\boldsymbol{A}$ 的特征向量

7. 与矩阵 $\begin{pmatrix}1&&\\&1&\\&&2\end{pmatrix}$ 相似的矩阵是(　　).

(A) $\begin{pmatrix}1&1&0\\0&1&0\\0&0&2\end{pmatrix}$　　(B) $\begin{pmatrix}1&0&1\\0&2&0\\0&0&1\end{pmatrix}$

(C) $\begin{pmatrix}1&0&0\\0&1&1\\0&0&2\end{pmatrix}$　　(D) $\begin{pmatrix}1&0&0\\1&2&0\\1&-1&1\end{pmatrix}$

8. 下列矩阵中,不能相似对角化的是(　　).

(A) $\begin{pmatrix}1&1&0\\0&2&1\\0&0&3\end{pmatrix}$　　(B) $\begin{pmatrix}1&1&0\\0&1&0\\0&0&2\end{pmatrix}$

(C) $\begin{pmatrix}1&0&1\\0&1&0\\1&0&1\end{pmatrix}$　　(D) $\begin{pmatrix}1&0&0\\0&1&1\\0&0&2\end{pmatrix}$

9. 若 $\boldsymbol{A}$ 与 $\boldsymbol{B}$ 相似,则(　　).

(A) $\lambda\boldsymbol{E}-\boldsymbol{A}=\lambda\boldsymbol{E}-\boldsymbol{B}$　　(B) $|\lambda\boldsymbol{E}-\boldsymbol{A}|=|\lambda\boldsymbol{E}-\boldsymbol{B}|$

(C) $\boldsymbol{A}=\boldsymbol{B}$　　(D) $\boldsymbol{A}^*=\boldsymbol{B}^*$

10. 设向量 $\boldsymbol{\alpha}=(a_1,a_2,\cdots,a_n)^{\mathrm{T}}$,$\boldsymbol{\beta}=(b_1,b_2,\cdots,b_n)^{\mathrm{T}}$ 都是非零向量,且满足条件 $\boldsymbol{\alpha}^{\mathrm{T}}\boldsymbol{\beta}=0$,记 n 阶矩阵 $\boldsymbol{A}=\boldsymbol{\alpha}\boldsymbol{\beta}^{\mathrm{T}}$,则(　　).

(A) $\boldsymbol{A}$ 是可逆矩阵　　(B) $\boldsymbol{A}^2$ 不是零矩阵

(C) $\boldsymbol{A}$ 的特征值全为 0　　(D) $\boldsymbol{A}$ 的特征值不全为 0

三、计算证明题

1. (1) 若 $\boldsymbol{A}^2=\boldsymbol{E}$,证 $\boldsymbol{A}$ 的特征值为 1 或 -1;

(2) 若 $\boldsymbol{A}^2=\boldsymbol{A}$,证 A 的特征值为 0 或 1;

(3) 若 $\boldsymbol{A}^2=0$,证 $\boldsymbol{A}$ 的特征值是零.

2. 若正交矩阵有实特征值,证它的实特征值为 1 或 -1.

3. 求数量矩阵 $\boldsymbol{A}=a\boldsymbol{E}$ 的特征值与特征向量.

4. 求下列矩阵的特征值与特征向量.

(1) $\begin{pmatrix}1&-1&3\\0&1&2\\0&0&2\end{pmatrix}$　　(2) $\begin{pmatrix}3&2&4\\2&0&2\\4&2&3\end{pmatrix}$

(3) $\begin{pmatrix}1&2&2\\2&1&-2\\-2&-2&1\end{pmatrix}$　　(4) $\begin{pmatrix}2&-1&2\\5&-3&3\\-1&0&-2\end{pmatrix}$

(5) $\boldsymbol{A}=\boldsymbol{\alpha}\boldsymbol{\beta}^{\mathrm{T}}=\begin{pmatrix}a_1\\a_2\\\vdots\\a_n\end{pmatrix}(b_1\quad b_2\quad\cdots\quad b_n)$,其中 $\boldsymbol{\alpha}=\begin{pmatrix}a_1\\a_2\\\vdots\\a_n\end{pmatrix}$,$\boldsymbol{\beta}=\begin{pmatrix}b_1\\b_2\\\vdots\\b_n\end{pmatrix}$,$(a_1\neq0,b_1\neq0)$且 $\boldsymbol{\alpha}^{\mathrm{T}}\boldsymbol{\beta}=0$. ◁

5. 设

$$\boldsymbol{A}=\begin{pmatrix}-1 & 2 & 2\\ 2 & -1 & -2\\ 2 & -2 & -1\end{pmatrix}$$

(1) 求 $\boldsymbol{A}$ 的特征值与特征向量；

(2) 求 $\boldsymbol{E}+\boldsymbol{A}^{-1}$特征值与特征向量.

6. 已知 12 是矩阵 $\boldsymbol{A}=\begin{pmatrix}7 & 4 & -1\\ 4 & 7 & -1\\ -4 & a & 4\end{pmatrix}$的一个特征值，求 a 的值.

7. 已知 $X=\begin{pmatrix}1\\ k\\ 1\end{pmatrix}$是矩阵 $A=\begin{pmatrix}2 & 1 & 1\\ 1 & 2 & 1\\ 1 & 1 & 2\end{pmatrix}$的一个特征向量. 求 k 及 X 所对应的特征值.

8. 判断上述计算证题的第 4 题中各矩阵能否与对角矩阵相似. 如果相似，求出相似变换矩阵与对角矩阵.

9. 判断下列矩阵是否与对角阵相似，若相似，求出可逆矩阵 $\boldsymbol{P}$，使 $\boldsymbol{P}^{-1}\boldsymbol{A}\boldsymbol{P}$ 为对角阵.

(1) $\boldsymbol{A}=\begin{pmatrix}-2 & 1 & 1\\ 0 & 2 & 0\\ -4 & 1 & 3\end{pmatrix}$　　(2) $\boldsymbol{A}=\begin{pmatrix}1 & 1 & -2\\ 0 & 1 & 0\\ 0 & 0 & 1\end{pmatrix}$

10. 设 $\boldsymbol{A}$ 是一个三阶矩阵，已知 $\boldsymbol{A}$ 的特征值为 1，−1，0，$\boldsymbol{A}$ 属于这 3 个特征值的特征向量分别为

$$X_1=\begin{pmatrix}1\\ 2\\ 1\end{pmatrix},X_2=\begin{pmatrix}0\\ -2\\ 1\end{pmatrix},X_3=\begin{pmatrix}1\\ 1\\ 2\end{pmatrix}$$

求 $\boldsymbol{A}$.

11. 计算$\begin{pmatrix}1 & 2 & 2\\ 2 & 1 & 2\\ 2 & 2 & 1\end{pmatrix}^k$（$k$ 为正整数）.

12. 设

$$\boldsymbol{A}=\begin{pmatrix}-2 & 0 & 0\\ 2 & a & -2\\ -3 & -3 & a\end{pmatrix},\boldsymbol{B}=\begin{pmatrix}2 & & \\ & 2 & \\ & & b\end{pmatrix}$$

$\boldsymbol{A}$ 与 $\boldsymbol{B}$ 相似.

(1) 求 a,b 的值；

(2) 求可逆矩阵 $\boldsymbol{P}$，使 $\boldsymbol{P}^{-1}\boldsymbol{A}\boldsymbol{P}=\boldsymbol{B}$.

13. 设 $\boldsymbol{A}=\begin{pmatrix}0&0&1\\x&1&y\\1&0&0\end{pmatrix}$ 与对角阵相似，求 x,y 满足的条件.

14. 若 $\boldsymbol{A}$ 与 $\boldsymbol{B}$ 相似，$\boldsymbol{C}$ 与 $\boldsymbol{D}$ 相似，证 $\begin{pmatrix}A&0\\0&C\end{pmatrix}$ 与 $\begin{pmatrix}B&0\\0&D\end{pmatrix}$ 相似.

15. 求正交矩阵 $\boldsymbol{Q}$，使 $\boldsymbol{Q}^{-1}\boldsymbol{A}\boldsymbol{Q}$ 为对角阵.

(1) $\boldsymbol{A}=\begin{pmatrix}2&-2&0\\-2&1&-2\\0&-2&0\end{pmatrix}$　　(2) $\boldsymbol{A}=\begin{pmatrix}2&-1&-1\\-1&2&-1\\-1&-1&2\end{pmatrix}$

16. 已知 $\lambda_1=6,\lambda_2=\lambda_3=3$ 是实对称矩阵 $\boldsymbol{A}$ 的三个特征值，$\boldsymbol{A}$ 的属于 $\lambda_2=\lambda_3=3$ 的特征向量为 $X_2=\begin{pmatrix}-1\\0\\1\end{pmatrix}$，$X_3=\begin{pmatrix}1\\-2\\1\end{pmatrix}$，求 $\boldsymbol{A}$ 的属于 $\lambda_1=6$ 的特征向量及矩阵 $\boldsymbol{A}$.

17. 设三阶实对称矩阵 $\boldsymbol{A}$ 的秩是 2，$\lambda_1=\lambda_2=6$ 是 $\boldsymbol{A}$ 的二重特征根，若 $\boldsymbol{\alpha}_1=(1,1,0)^{\mathrm{T}}$，$\boldsymbol{\alpha}_2=(2,1,1)^{\mathrm{T}}$ 都是 $\boldsymbol{A}$ 属于特征值 6 的特征向量.

(1) 求 $\boldsymbol{A}$ 的另一特征值和对应的特征向量；

(2) 求 $\boldsymbol{A}$.

提高题

1. 设 3 阶矩阵 $\boldsymbol{A}$ 的特征值为 1,2,3，对应的特征向量分别为

$$\boldsymbol{\alpha}_1=\begin{pmatrix}1\\1\\1\end{pmatrix},\boldsymbol{\alpha}_2=\begin{pmatrix}1\\2\\4\end{pmatrix},\boldsymbol{\alpha}_3=\begin{pmatrix}1\\3\\9\end{pmatrix}$$

又设向量

$$\boldsymbol{\beta}=\begin{pmatrix}1\\1\\3\end{pmatrix}$$

(1) 求 $\boldsymbol{A}$；

(2) 将 $\boldsymbol{\beta}$ 用 $\boldsymbol{\alpha}_1,\boldsymbol{\alpha}_2,\boldsymbol{\alpha}_3$ 线性表示；

(3) 求 $\boldsymbol{A}^n\boldsymbol{\beta}$.

2. 设 $\boldsymbol{A}$ 为 4 阶方阵，且 $|\boldsymbol{A}+\sqrt{3}\boldsymbol{E}|=0$，$|\boldsymbol{A}|=9$，

(1) 求 $\boldsymbol{A}^*$ 的一个特征值；

(2) $|\boldsymbol{A}|^2\boldsymbol{A}^{-1}$ 的一个特征值.

3. 已知向量 $\boldsymbol{X}=\begin{pmatrix}1\\b\\1\end{pmatrix}$ 是可逆矩阵 $\boldsymbol{A}=\begin{pmatrix}2&1&1\\1&2&1\\1&1&a\end{pmatrix}$ 的伴随矩阵 $\boldsymbol{A}^*$ 的一个特征向量，求 a,b 与 X 所对应的特征值 λ.

4. $\boldsymbol{A}$ 是 n 阶正交矩阵，$|\boldsymbol{A}|=1$，证 1 是 $\boldsymbol{A}$ 的特征值.

5. 设 $\boldsymbol{A}$ 是正交矩阵，λ 是 $\boldsymbol{A}$ 的特征值，证明 $\dfrac{1}{\lambda}$ 也是 $\boldsymbol{A}$ 的特征值.

6. 已知矩阵 $\boldsymbol{A}=\begin{pmatrix}3&-2&1\\a&-a&a\\3&-6&5\end{pmatrix}$，$\lambda_0$ 是 $\boldsymbol{A}$ 的 3 重特征值，求 a 及 λ_0.

7. 已知 $\boldsymbol{A}=\begin{pmatrix}-1&1&0\\-2&2&0\\4&x&1\end{pmatrix}$ 可相似对角化，求与它相似的对角阵 $\boldsymbol{\Lambda}$ 和 $\boldsymbol{A}^n$.

8. 设 $\boldsymbol{A}$ 是三阶方阵，$\boldsymbol{A}$ 有 3 个不同的特征值 $\lambda_1,\lambda_2,\lambda_3$，对应的特征向量依次为 $\boldsymbol{\alpha}_1,\boldsymbol{\alpha}_2,\boldsymbol{\alpha}_3$，令 $\boldsymbol{\beta}=\boldsymbol{\alpha}_1+\boldsymbol{\alpha}_2+\boldsymbol{\alpha}_3$ 证：$\boldsymbol{\beta},\boldsymbol{A\beta},\boldsymbol{A}^2\boldsymbol{\beta}$ 线性无关.

9. 若 $\boldsymbol{A}$ 与 $\boldsymbol{B}$ 相似，且 $\boldsymbol{A}$ 可逆，证：$\boldsymbol{A}^*$ 与 $\boldsymbol{B}^*$ 相似.

10. 设 $\boldsymbol{A}=\begin{pmatrix}2&0&0\\0&0&1\\0&1&0\end{pmatrix}$，$\boldsymbol{B}=\begin{pmatrix}1&0&0\\0&-1&0\\0&-6&2\end{pmatrix}$，试判断 $\boldsymbol{A}$ 与 $\boldsymbol{B}$ 是否相似，若相似，求出可逆矩阵 $\boldsymbol{P}$，使得 $\boldsymbol{PBP}^{-1}=\boldsymbol{A}$.

11. 设矩阵 $\boldsymbol{A}=\begin{pmatrix}1&2&-3\\-1&4&-3\\1&a&5\end{pmatrix}$ 有一个 2 重特征根，求 a 的值并讨论 $\boldsymbol{A}$ 可否相似对角化.

12. $\boldsymbol{A}$ 是三阶矩阵，$\boldsymbol{\alpha}_1,\boldsymbol{\alpha}_2,\boldsymbol{\alpha}_3$ 是线性无关的三维列向量组，且满足

$$\boldsymbol{A\alpha}_1=\boldsymbol{\alpha}_1+\boldsymbol{\alpha}_2+\boldsymbol{\alpha}_3,\ \boldsymbol{A\alpha}_2=2\boldsymbol{\alpha}_2+\boldsymbol{\alpha}_3,\ \boldsymbol{A\alpha}_3=2\boldsymbol{\alpha}_2+3\boldsymbol{\alpha}_3$$

(1) 求矩阵 $\boldsymbol{B}$，使 $\boldsymbol{A}(\boldsymbol{\alpha}_1,\boldsymbol{\alpha}_2,\boldsymbol{\alpha}_3)=(\boldsymbol{\alpha}_1,\boldsymbol{\alpha}_2,\boldsymbol{\alpha}_3)\boldsymbol{B}$；

(2) 求 $\boldsymbol{A}$ 的特征值.

13. 设矩阵 $\boldsymbol{B}=\begin{pmatrix}0&0&1\\0&1&0\\1&0&0\end{pmatrix}$，已知矩阵 $\boldsymbol{A}$ 与 $\boldsymbol{B}$ 相似，计算 $R(\boldsymbol{A}-2\boldsymbol{E})+R(\boldsymbol{A}-\boldsymbol{E})$.

14. $\boldsymbol{A}$ 是三阶实对称矩阵，$\boldsymbol{A}$ 的特征值为 1，0，-1，$\boldsymbol{A}$ 属于 1 与 0 的特征向量分别为 $(1,a,1)^{\mathrm{T}}$ 和 $(a,a+1,1)^{\mathrm{T}}$，求 $\boldsymbol{A}$.

15. 设 $\boldsymbol{A}$ 是 n 阶实对称矩阵，满足 $\boldsymbol{A}^3-3\boldsymbol{A}^2+3\boldsymbol{A}-2\boldsymbol{E}=0$，求 $\boldsymbol{A}$ 的特征值.

16. 设三阶实对称矩阵 $\boldsymbol{A}$ 的特征值 $\lambda_1=1,\lambda_2=2,\lambda_3=-2$，$\alpha_1=(1,-1,1)^{\mathrm{T}}$ 是 $\boldsymbol{A}$ 属于 λ_1 的一个特征向量，$\boldsymbol{B}=\boldsymbol{A}^5-4\boldsymbol{A}^3+\boldsymbol{E}$. 求 $\boldsymbol{B}$ 的特征值和特征向量.

第5章 二次型

二次型的理论起源于解析几何中二次曲线和二次曲面的研究，它在线性系统理论、工程技术和经济管理等许多领域中都有应用.

在平面解析几何中，以原点为中心的二次曲线的一般方程为

$$ax^2+by^2+cxy=d$$

就是二次型. 通过适当坐标变换

$$\begin{cases}x=x'\cos\theta-y'\sin\theta\\ y=x'\sin\theta-y'\cos\theta\end{cases}$$

总可将原方程在新坐标系 $Ox'y'$ 中表示成

$$a'x'^2+b'y'^2=d'$$

由此可以方便地判别曲线的类型. 特别当 $d=d'=1$ 时，由此即可确定其图形是圆、椭圆还是双曲线，从而可方便地讨论原来曲线的图形及其性质.

科学技术和经济管理领域中的许多数学模型也经常遇到类似的问题：需要把 n 个变量的二次齐次多项式通过非退化的线性替换，化为平方和的形式. 这正是本章将研究的中心问题.

5.1 二次型与对称矩阵

5.1.1 二次型及其矩阵

定义 5.1 含有 n 个变量的二次齐次函数

$$\begin{aligned}f(x_1,x_2,\cdots,x_n)=&a_{11}x_1^2+a_{22}x_2^2+\cdots+a_{nn}x_n^2\\&+2a_{12}x_1x_2+2a_{13}x_1x_3+\cdots+2a_{(n-1)n}x_{n-1}x_n\end{aligned}$$

称为一个 n 元二次型，简称二次型.

为便于用矩阵讨论二次型，令 $a_{ij}=a_{ji}$，则二次型为

$$f(x_1,x_2,\cdots,x_n)=a_{11}x_1^2+a_{12}x_1x_2+\cdots+a_{1n}x_1x_n$$

$$
\begin{aligned}
&+a_{21}x_2x_1+a_{22}x_2^2+\cdots+a_{2n}x_2x_n \\
&+\cdots\cdots \\
&+a_{n1}x_nx_1+a_{n2}x_nx_2+\cdots+a_{nn}x_n^2 \\
=&\sum_{i,j=1}^{n}a_{ij}x_ix_j
\end{aligned}
$$

令 $\boldsymbol{A}=\begin{pmatrix} a_{11} & a_{12} & \cdots & a_{1n} \\ a_{21} & a_{22} & \cdots & a_{2n} \\ \cdots & \cdots & & \cdots \\ a_{n1} & a_{n2} & \cdots & a_{nn} \end{pmatrix}, X=\begin{pmatrix} x_1 \\ x_2 \\ \vdots \\ x_n \end{pmatrix}$

则 $f(x_1,x_2,\cdots,x_n)=X^{\mathrm{T}}\boldsymbol{A}X$，且 $\boldsymbol{A}$ 为对称矩阵.

由于对称矩阵 $\boldsymbol{A}$ 与二次型 $f(x_1,x_2,\cdots,x_n)$ 是一一对应关系，故称对称矩阵 $\boldsymbol{A}$ 为二次型 $f(x_1,x_2,\cdots,x_n)$ 的矩阵，也称二次型 $f(x_1,x_2,\cdots,x_n)$ 为对称矩阵 $\boldsymbol{A}$ 的二次型，$R(\boldsymbol{A})$ 也称为二次型 $f(x_1,x_2,\cdots,x_n)$ 的秩.

【例 5.1】 设 $f(x_1,x_2,x_3)=x_1^2+2x_2^2+3x_3^2+5x_1x_2+7x_2x_3+9x_1x_3$ 试求二次型矩阵 $\boldsymbol{A}$.

解 $a_{11}=1$，$a_{22}=2$，$a_{33}=3$，$a_{12}=a_{21}=\dfrac{5}{2}$，$a_{23}=a_{32}=\dfrac{7}{2}$，$a_{13}=a_{31}=\dfrac{9}{2}$.

于是得

$$
\boldsymbol{A}=\begin{pmatrix} 1 & \frac{5}{2} & \frac{9}{2} \\ \frac{5}{2} & 2 & \frac{7}{2} \\ \frac{9}{2} & \frac{7}{2} & 3 \end{pmatrix}, f=(x_1,x_2,x_3)\begin{pmatrix} 1 & \frac{5}{2} & \frac{9}{2} \\ \frac{5}{2} & 2 & \frac{7}{2} \\ \frac{9}{2} & \frac{7}{2} & 3 \end{pmatrix}\begin{pmatrix} x_1 \\ x_2 \\ x_3 \end{pmatrix}
$$

【例 5.2】 已知三阶矩阵 $\boldsymbol{A}$ 和向量 $\boldsymbol{X}$，其中

$$
\boldsymbol{A}=\begin{pmatrix} 1 & 2 & 3 \\ 0 & 1 & -1 \\ 3 & -3 & 2 \end{pmatrix}, \quad \boldsymbol{X}=\begin{pmatrix} x_1 \\ x_2 \\ x_3 \end{pmatrix}
$$

求二次型 $\boldsymbol{X}^{\mathrm{T}}\boldsymbol{A}\boldsymbol{X}$ 的矩阵.

解 由于 $\boldsymbol{A}$ 不是对称矩阵，故 $\boldsymbol{A}$ 不是二次型 $\boldsymbol{X}^{\mathrm{T}}\boldsymbol{A}\boldsymbol{X}$ 的矩阵. 因为

$$
\begin{aligned}
\boldsymbol{X}^{\mathrm{T}}\boldsymbol{A}\boldsymbol{X}&=(x_1,x_2,x_3)\begin{pmatrix} 1 & 2 & 3 \\ 0 & 1 & -1 \\ 3 & -3 & 2 \end{pmatrix}\begin{pmatrix} x_1 \\ x_2 \\ x_3 \end{pmatrix} \\
&=x_1^2+x_2^2+2x_3^2+2x_1x_2+6x_1x_3-4x_2x_3
\end{aligned}
$$

故此二次型的矩阵为

$$A=\begin{pmatrix}1 & 1 & 3\\1 & 1 & -2\\3 & -2 & 2\end{pmatrix}$$

5.1.2 矩阵合同

一般,为了对 n 元二次型进行深入的研究,需要引入线性变换的概念.

定义 5.2 关系式

$$\begin{cases}x_1=c_{11}y_1+c_{12}y_2+\cdots+c_{1n}y_n\\x_2=c_{21}y_1+c_{22}y_2+\cdots+c_{2n}y_n\\\quad\cdots\cdots\\x_n=c_{n1}y_1+c_{n2}y_2+\cdots+c_{nn}y_n\end{cases}$$

称为由变量 $x_1,x_2,\cdots,x_n$ 到变量 $y_1,y_2,\cdots,y_n$ 的一个线性变换.

如果记

$$\text{矩阵}\ \boldsymbol{C}=\begin{pmatrix}c_{11} & c_{12} & \cdots & c_{1n}\\c_{21} & c_{22} & \cdots & c_{2n}\\\cdots & \cdots & & \cdots\\c_{n1} & c_{n2} & \cdots & c_{nn}\end{pmatrix},X=\begin{pmatrix}x_1\\x_2\\\vdots\\x_n\end{pmatrix}\in\mathbf{R}^n,Y=\begin{pmatrix}y_1\\y_2\\\vdots\\y_n\end{pmatrix}\in\mathbf{R}^n$$

则 $\boldsymbol{C}$ 称为线性变换的矩阵,线性变换可用矩阵形式表示为:$X=\boldsymbol{C}Y$.

若$|\boldsymbol{C}|\neq0$,称线性变换为可逆线性变换(或非退化变换),否则,称为不可逆线性变换(或退化变换).

如果对二次型 $f(x_1,x_2,\cdots,x_n)=X^{\mathrm{T}}\boldsymbol{A}X$ 进行可逆线性变换 $X=\boldsymbol{C}Y$. 则

$$\begin{aligned}f(x_1,x_2,\cdots,x_n)&=X^{\mathrm{T}}\boldsymbol{A}X\\&=(\boldsymbol{C}Y)^{\mathrm{T}}\boldsymbol{A}(\boldsymbol{C}Y)\\&=Y^{\mathrm{T}}\boldsymbol{C}^{\mathrm{T}}\boldsymbol{AC}Y\\&=Y^{\mathrm{T}}\boldsymbol{B}Y\end{aligned}$$

其中 $\boldsymbol{B}=\boldsymbol{C}^{\mathrm{T}}\boldsymbol{AC}$. 因此,$\boldsymbol{B}^{\mathrm{T}}=(\boldsymbol{C}^{\mathrm{T}}\boldsymbol{AC})^{\mathrm{T}}=\boldsymbol{C}^{\mathrm{T}}\boldsymbol{AC}=\boldsymbol{B}$. 于是,$\boldsymbol{B}$ 仍为对称矩阵,又矩阵 $\boldsymbol{C}$ 可逆,则矩阵 $\boldsymbol{B}=\boldsymbol{C}^{\mathrm{T}}\boldsymbol{AC}$ 与 $\boldsymbol{A}$ 有相同的秩.

二次型 $X^{\mathrm{T}}\boldsymbol{A}X$ 和 $Y^{\mathrm{T}}\boldsymbol{B}Y$ 的矩阵 $\boldsymbol{A}$ 和 $\boldsymbol{B}$ 之间,有 $\boldsymbol{B}=\boldsymbol{C}^{\mathrm{T}}\boldsymbol{AC}$. 矩阵间的这种关系为合同关系. 一般地,有

定义 5.3 设 $\boldsymbol{A},\boldsymbol{B}$ 为 n 阶方阵,如果存在 n 阶可逆矩阵 $\boldsymbol{C}$,使得 $\boldsymbol{C}^{\mathrm{T}}\boldsymbol{AC}=\boldsymbol{B}$,则称矩阵 $\boldsymbol{A}$ 与 $\boldsymbol{B}$ 合同,或者 $\boldsymbol{A}$ 合同于 $\boldsymbol{B}$.

容易知道二次型 $f(x)=X^{\mathrm{T}}\boldsymbol{A}X$ 的矩阵 $\boldsymbol{A}$ 与经过可逆线性变换 $X=\boldsymbol{C}Y$ 得到的矩阵 $\boldsymbol{B}=\boldsymbol{C}^{\mathrm{T}}\boldsymbol{AC}$ 是合同地.

矩阵的合同关系具有下述性质：

(1) 反身性：任一方阵 $\boldsymbol{A}$ 都与它自己合同

(2) 对称性：如果方阵 $\boldsymbol{A}$ 与 $\boldsymbol{B}$ 合同，那么 $\boldsymbol{B}$ 也与 $\boldsymbol{A}$ 合同

(3) 传递性：如果方阵 $\boldsymbol{A}$ 与 $\boldsymbol{B}$ 合同，$\boldsymbol{B}$ 与 $\boldsymbol{C}$ 合同，那么 $\boldsymbol{A}$ 与 $\boldsymbol{C}$ 合同.

5.2　二次型的标准型与规范型

5.2.1　二次型的标准型

定义 5.4　只含平方项的二次型

$$f(x_1,x_2,\cdots,x_n)=d_1x_1^2+d_2x_2^2+\cdots+d_nx_n^2$$

称为二次型的标准型. 特别是形如

$$f(x_1,x_2,\cdots,x_n)=x_1^2+x_2^2+\cdots+x_p^2-x_{p+1}^2-x_{p+2}^2-\cdots-x_{p+q}^2\quad(p+q\leqslant n)$$

的二次型称为二次型的规范型.

显然二次型的标准型与对角矩阵

$$\begin{pmatrix} d_1 & & \\ & \ddots & \\ & & d_n \end{pmatrix}$$

相对应.

二次型的规范型与对角阵

$$\begin{pmatrix} 1 & & & & & & & & \\ & \ddots & & & & & & & \\ & & 1 & & & & & & \\ & & & -1 & & & & & \\ & & & & \ddots & & & & \\ & & & & & -1 & & & \\ & & & & & & 0 & & \\ & & & & & & & \ddots & \\ & & & & & & & & 0 \end{pmatrix}$$

相对应.

定理 5.1(惯性定理)　对于任一二次型 $f(x_1,x_2,\cdots,x_n)$ 都可以通过可逆线性变换化为规范型，且规范型是唯一的(证明略).

在二次型的标准型中，将带正号的项与带负号的项相对集中，使标准型为如下形式

$$f = d_1x_1^2 + d_2x_2^2 + \cdots + d_px_p^2 - d_{p+1}x_{p+1}^2 - \cdots - d_rx_r^2$$

再令线性变换：$\begin{cases} x_i = \dfrac{1}{\sqrt{d_i}}y_i & (i=1,2,\cdots,r) \\ x_j = y_j & (j=r+1,r+2,\cdots,n) \end{cases}$

则原二次型化为

$$f = y_1^2 + y_2^2 + \cdots + y_p^2 - y_{p+1}^2 - \cdots - y_r^2$$

规范型中正项的个数 p 称为二次型的正惯性指标，负项个数 $r-p$ 称为二次型的负惯性指标，r 是二次型的秩.

二次型的基本问题是求一个可逆的线性变换把二次型化为标准型.该问题在矩阵上可对应地叙述为：对一个实对称矩阵 $\boldsymbol{A}$，求一个可逆矩阵 $\boldsymbol{C}$，使得

$$\boldsymbol{C}^{\mathrm{T}}\boldsymbol{A}\boldsymbol{C} = \begin{pmatrix} d_1 & & & \\ & d_2 & & \\ & & \ddots & \\ & & & d_n \end{pmatrix}$$

5.2.2 化二次型为标准型

1. 用正交线性变换法化二次型为标准型

由于二次型的矩阵为实对称矩阵，实对称矩阵必可对角化，由此可得

定理 5.2 对于二次型 $f(x_1,x_2,\cdots,x_n)=X^{\mathrm{T}}\boldsymbol{A}X$，存在正交矩阵 $\boldsymbol{C}$，通过线性变换 $X=\boldsymbol{C}Y$ 把 f 化为标准型：$f=\lambda_1x_1^2+\lambda_2x_2^2+\cdots+\lambda_nx_n^2$（其中 $\lambda_1,\lambda_2,\cdots,\lambda_n$ 是对称矩阵 $\boldsymbol{A}$ 的特征根）.

【例 5.3】 利用正交线性变换化二次型

$$f = x_1^2 - 2x_2^2 - 2x_3^2 - 4x_1x_2 + 4x_1x_3 + 8x_2x_3$$

为标准型.

解 二次型的矩阵为

$$\boldsymbol{A} = \begin{pmatrix} 1 & -2 & 2 \\ -2 & -2 & 4 \\ 2 & 4 & -2 \end{pmatrix}$$

由 $|\boldsymbol{A}-\lambda\boldsymbol{E}|=0$，求得 A 的特征根为：$\lambda_1=-7,\lambda_2=\lambda_3=2$.

特征根 $\lambda_1=-7$ 对应的特征向量为：$\xi_1=\begin{pmatrix} 1 \\ 2 \\ -2 \end{pmatrix}$

特征根 $\lambda_2=\lambda_3=2$ 对应的特征向量为：$\xi_2=\begin{pmatrix} -2 \\ 1 \\ 0 \end{pmatrix},\xi_3=\begin{pmatrix} 2 \\ 0 \\ 1 \end{pmatrix}$

显然 ξ_1 与 ξ_2,ξ_3 都正交，但 ξ_2 与 ξ_3 不正交.

利用施密特正交化方法：取 $\beta_2=\xi_2=\begin{pmatrix}-2\\1\\0\end{pmatrix}$

$$\beta_3=\xi_3-\frac{(\beta_2,\xi_3)}{(\beta_2,\beta_2)}\beta_2=\begin{pmatrix}\frac{2}{5}\\\frac{4}{5}\\1\end{pmatrix}$$

再将 ξ_1,β_2,β_3 单位化，得

$$p_1=\frac{1}{3}\begin{pmatrix}1\\2\\-2\end{pmatrix},p_2=\frac{1}{\sqrt{5}}\begin{pmatrix}-2\\1\\0\end{pmatrix},p_3=\frac{1}{3\sqrt{5}}\begin{pmatrix}2\\4\\5\end{pmatrix}$$

于是正交线性变换为：$\begin{pmatrix}x_1\\x_2\\x_3\end{pmatrix}=\begin{pmatrix}\frac{1}{3}&-\frac{2}{\sqrt{5}}&\frac{2}{3\sqrt{5}}\\\frac{2}{3}&\frac{1}{\sqrt{5}}&\frac{4}{3\sqrt{5}}\\-\frac{2}{3}&0&\frac{\sqrt{5}}{3}\end{pmatrix}\begin{pmatrix}y_1\\y_2\\y_3\end{pmatrix}$

把原二次型化为 $$f=-7y_1^2+2y_2^2+2y_3^2$$

（注意：二次型的标准型并不唯一，这与施行的正交线性变换有关）

2. 用配方法化二次型为标准型

将二次型化为标准时，如果所作的线性变换只是一般的可逆线性变换，而不是正交线性变换，也可以把二次型化为标准型. 其中常用的方法之一就是配方法.

对任意一个二次型 $f(x_1,x_2,\cdots,x_n)=\boldsymbol{X}^{\mathrm{T}}\boldsymbol{A}\boldsymbol{X}$，利用配方法找到可逆线性变换 $\boldsymbol{X}=\boldsymbol{C}\boldsymbol{Y}$，化二次型 f 为标准型.

① 二次型中含有平方项

【例 5.4】 化二次型 $f(x_1,x_2,x_3)=x_1^2+2x_2^2-3x_3^2+4x_1x_2-4x_1x_3-4x_2x_3$ 为标准型，并求出所用的变换矩阵.

解
$$\begin{aligned}f(x_1,x_2,x_3)&=x_1^2+4(x_2-x_3)x_1+4(x_2-x_3)^2-4(x_2-x_3)^2\\&\quad+2(x_2^2-2x_2x_3+x_3^2)-5x_3^2\\&=(x_1+2x_2-2x_3)^2-4(x_2-x_3)^2+2(x_2-x_3)^2-5x_3^2\\&=(x_1+2x_2-2x_3)^2-2(x_2-x_3)^2-5x_3^2\end{aligned}$$

令 $\begin{cases}y_1=x_1+2x_2-2x_3\\y_2=\qquad\quad x_2-x_3\\y_3=\qquad\qquad\quad x_3\end{cases}$，即 $\begin{pmatrix}y_1\\y_2\\y_3\end{pmatrix}=\begin{pmatrix}1&2&-2\\0&1&-1\\0&0&1\end{pmatrix}\begin{pmatrix}x_1\\x_2\\x_3\end{pmatrix}$

令 $C^{-1}=\begin{pmatrix}1 & 2 & -2\\0 & 1 & -1\\0 & 0 & 1\end{pmatrix}$，则 $C=\begin{pmatrix}1 & -2 & 0\\0 & 1 & 1\\0 & 0 & 1\end{pmatrix}$

因此，所求的可逆线性变换为 $X=CY$，即 $\begin{pmatrix}x_1\\x_2\\x_3\end{pmatrix}=\begin{pmatrix}1 & -2 & 0\\0 & 1 & 1\\0 & 0 & 1\end{pmatrix}\begin{pmatrix}y_1\\y_2\\y_3\end{pmatrix}$

于是原二次型化为标准型 $f=y_1^2-2y_2^2-5y_3^2$

② 二次型中不含平方项

【例 5.5】 用配方法化二次型 $f(x_1,x_2,x_3)=x_1x_2+x_1x_3+x_2x_3$ 为标准型，并求出所用的可逆线性变换(可作一个辅助变换使其出现平方项).

解 令 $\begin{cases}x_1=y_1+y_2\\x_2=y_1-y_2\\x_3=y_3\end{cases}$，则原二次型化为 $f=y_1^2-y_2^2+2y_1y_3$

再按前例的方法有

$$\begin{aligned}f&=y_1^2-y_2^2+2y_1y_3\\&=y_1^2+2y_1y_3+y_3^2-y_3^2-y_2^2\\&=(y_1+y_3)^2-y_2^2-y_3^2\end{aligned}$$

$$令\begin{cases}z_1=y_1+y_3\\z_2=y_2\\z_3=y_3\end{cases}$$

则原二次型化为 $f=z_1^2-z_2^2-z_3^2$

其中的可逆变换为两变换的合成，即

由第一次变换 $\begin{cases}x_1=y_1+y_2\\x_2=y_1-y_2\\x_3=y_3\end{cases}$ 得 $\begin{pmatrix}x_1\\x_2\\x_3\end{pmatrix}=\begin{pmatrix}1 & 1 & 0\\1 & -1 & 0\\0 & 0 & 1\end{pmatrix}\begin{pmatrix}y_1\\y_2\\y_3\end{pmatrix}$

由第二次变换 $\begin{cases}z_1=y_1+y_3\\z_2=y_2\\z_3=y_3\end{cases}$ 得 $\begin{pmatrix}y_1\\y_2\\y_3\end{pmatrix}=\begin{pmatrix}1 & 0 & -1\\0 & 1 & 0\\0 & 0 & 1\end{pmatrix}\begin{pmatrix}z_1\\z_2\\z_3\end{pmatrix}$

所以合成的可逆变换为

$$\begin{aligned}\begin{pmatrix}x_1\\x_2\\x_3\end{pmatrix}&=\begin{pmatrix}1 & 1 & 0\\1 & -1 & 0\\0 & 0 & 1\end{pmatrix}\begin{pmatrix}y_1\\y_2\\y_3\end{pmatrix}\\&=\begin{pmatrix}1 & 1 & 0\\1 & -1 & 0\\0 & 0 & 1\end{pmatrix}\begin{pmatrix}1 & 0 & -1\\0 & 1 & 0\\0 & 0 & 1\end{pmatrix}\begin{pmatrix}z_1\\z_2\\z_3\end{pmatrix}\end{aligned}$$

即
$$\begin{pmatrix}x_1\\x_2\\x_3\end{pmatrix}=\begin{pmatrix}1&1&-1\\1&-1&-1\\0&0&1\end{pmatrix}\begin{pmatrix}z_1\\z_2\\z_3\end{pmatrix}$$

3. 用初等变换法化二次型为标准型

由于任一二次型 $f(x_1,x_2,\cdots,x_n)=X^{\mathrm{T}}\boldsymbol{A}X\,(\boldsymbol{A}^{\mathrm{T}}=\boldsymbol{A})$ 都可以找到可逆线性变换 $X=\boldsymbol{C}Y$ 将其化为标准型，即存在可逆矩阵 $\boldsymbol{C}$，使 $\boldsymbol{C}^{\mathrm{T}}\boldsymbol{A}\boldsymbol{C}$ 为对角阵；由于 $\boldsymbol{C}$ 可逆，可以写成一系列初等矩阵的乘积，即存在初等矩阵 $\boldsymbol{P}_1,\boldsymbol{P}_2,\cdots,\boldsymbol{P}_s$

使 $$\boldsymbol{C}=\boldsymbol{P}_1\boldsymbol{P}_2\cdots\boldsymbol{P}_s$$

所以，可以通过在对矩阵 $\boldsymbol{A}$ 作一系列初等行变换和相应列变换把 $\boldsymbol{A}$ 化为对角矩阵的同时，其中作的一系列初等列变换把单位矩阵 $\boldsymbol{E}$ 化为变换矩阵 $\boldsymbol{C}$

即
$$\begin{cases}\boldsymbol{C}^{\mathrm{T}}\boldsymbol{A}\boldsymbol{C}=\boldsymbol{P}_s^{\mathrm{T}}\cdots\boldsymbol{P}_2^{\mathrm{T}}\boldsymbol{P}_1^{\mathrm{T}}\boldsymbol{A}\boldsymbol{P}_1\boldsymbol{P}_2\cdots\boldsymbol{P}_s\\ \boldsymbol{E}\boldsymbol{P}_1\boldsymbol{P}_2\cdots\boldsymbol{P}_s=\boldsymbol{P}_1\boldsymbol{P}_2\cdots\boldsymbol{P}_s=\boldsymbol{C}\end{cases}$$

由此可得到可逆矩阵 $\boldsymbol{C}$ 和对应的可逆线性变换 $X=\boldsymbol{C}Y$，在此变换下，二次型 $X^{\mathrm{T}}\boldsymbol{A}X$ 化为标准型.

【例 5.6】 用初等变换法化二次型 $f(x_1,x_2,x_3)=x_1^2-2x_2^2-2x_3^2-4x_1x_2+4x_1x_3+8x_2x_3$ 为标准型，并求出相应的可逆线性变换.

解 二次型 $f(x_1,x_2,x_3)$ 的矩阵 $\boldsymbol{A}=\begin{pmatrix}1&-2&2\\-2&-2&4\\2&4&-2\end{pmatrix}$

通过把矩阵 $\boldsymbol{A}$ 化为对角矩阵同时利用其中一系列的初等列变换把单位矩阵 $\boldsymbol{E}$ 化为变换矩阵 $\boldsymbol{C}$，即

$$\begin{pmatrix}\boldsymbol{A}\\\boldsymbol{E}\end{pmatrix}=\begin{pmatrix}1&-2&2\\-2&-2&4\\2&4&-2\\1&0&0\\0&1&0\\0&0&1\end{pmatrix}\xrightarrow[c_2+c_3]{r_2+r_3}\begin{pmatrix}1&0&2\\0&4&2\\2&2&-2\\1&0&0\\0&1&0\\0&1&1\end{pmatrix}$$

$$\xrightarrow[c_3+(-2)c_1]{r_3+(-2)\times r_1}\begin{pmatrix}1&0&0\\0&4&2\\0&2&-6\\1&0&-2\\0&1&0\\0&1&1\end{pmatrix}\xrightarrow[c_3+\left(-\frac{1}{2}\right)c_2]{r_3+\left(-\frac{1}{2}\right)\times r_2}\begin{pmatrix}1&0&0\\0&4&0\\0&0&-7\\1&0&-2\\0&1&-\frac{1}{2}\\0&1&\frac{1}{2}\end{pmatrix}$$

所以
$$C=\begin{pmatrix}1 & 0 & -2\\0 & 1 & -\frac{1}{2}\\0 & 1 & \frac{1}{2}\end{pmatrix}$$

由此,原二次型化为 $f=y_1^2+4y_2^2-7y_3^2$.

5.3 二次型的有定性

根据二次型的标准型和规范型,将二次型进行分类在理论和应用上具有重要的意义.本节将讨论二次型的有定性及相关的性质.

5.3.1 二次型的正(负)定性

1. 正(负)定二次型的概念

定义 5.5 设实二次型 $f(x)=f(x_1,x_2,\cdots,x_n)=X^{\mathrm{T}}\boldsymbol{A}X(\boldsymbol{A}^{\mathrm{T}}=\boldsymbol{A})$,若对任意不全为零的实数 $x_1,x_2,\cdots,x_n$(即 $\forall X\neq 0$),总有 $f(x)>0(<0)$,则称 f 为正(负)定二次型,并称对称矩阵 A 为正(负)定矩阵,记作 $A>0(<0)$.

【例 5.7】 二次型 $f(x_1,x_2,\cdots,x_n)=x_1^2+x_2^2+\cdots+x_n^2$ 是正定二次型.因为对任意的$X=(x_1,x_2,\cdots,x_n)^{\mathrm{T}}\neq\mathbf{0}$,有 $f(x_1,x_2,\cdots,x_n)>0$.

而二次型 $f(x_1,x_2,\cdots,x_n)=x_1^2+x_2^2+\cdots+x_r^2(r<n)$不是正定二次型.因为对于 $X=(0,\cdots0,x_{r+1},\cdots,x_n)^{\mathrm{T}}\neq\mathbf{0}$,有 $f(x_1,x_2,\cdots,x_n)=0$.

由此例可以看出,利用二次型的标准型和规范型较易判断二次型的正定性.

定理 5.3 可逆线性变换不改变二次型的正定性.

证 设二次型 $f(x_1,x_2,\cdots,x_n)=X^{\mathrm{T}}\boldsymbol{A}X$ 为正定二次型,经过非退化线性变换 $X=\boldsymbol{C}Y$,有 $f(x_1,x_2,\cdots,x_n)=X^{\mathrm{T}}\boldsymbol{A}X=Y^{\mathrm{T}}(C^{\mathrm{T}}\boldsymbol{A}\boldsymbol{C})Y$.

对任意的 $Y=(y_1,y_2,\cdots,y_n)\neq\mathbf{0}$,有 $\boldsymbol{C}$ 可逆可得 $X\neq 0$,因此,
$$X^{\mathrm{T}}\boldsymbol{A}X = Y^{\mathrm{T}}(\boldsymbol{C}^{\mathrm{T}}\boldsymbol{A}\boldsymbol{C})Y > 0$$
即二次型 $Y^{\mathrm{T}}(\boldsymbol{C}^{\mathrm{T}}\boldsymbol{A}\boldsymbol{C})Y$ 仍为正定二次型.

定理 5.4 二次型
$$f(x_1,x_2,\cdots,x_n) = d_1x_1^2+d_2x_2^2+\cdots+d_nx_n^2$$
为正定二次型的充分条件是 $d_i>0(i=1,2,\cdots,n)$.

证 必要性

设 $f(x_1,x_2,\cdots,x_n)$为正定二次型,其矩阵为

$$\boldsymbol{A}=\operatorname{diag}(d_1,d_2,\cdots,d_n)$$

对于任意的 $X=(x_1,x_2,\cdots,x_n)^{\mathrm{T}}\neq\mathbf{0}$,有 $X^{\mathrm{T}}\boldsymbol{A}X>0$. 取

$$X=\varepsilon_i=(0,\cdots 0,1,0,\cdots,0)^{\mathrm{T}}(i=1,2,\cdots,n)$$

则 $\varepsilon_i^{\mathrm{T}}\boldsymbol{A}\varepsilon_i=d_i>0(i=1,2,\cdots,n)$.

充分性:如果 $d_i>0(i=1,2,\cdots,n)$,则对任意的

$$X=(x_1,x_2,\cdots,x_n)^{\mathrm{T}}\neq\mathbf{0}$$

至少存在分量 $x_k\neq0$. 所以

$$f(x_1,x_2,\cdots,x_n)=d_1x_1^2+d_2x_2^2+\cdots+d_nx_n^2>0$$

则 $f(x_1,x_2,\cdots,x_n)$为正定二次型.

基于定理 5.3 和定理 5.4 可以得到下面判定方法.

定理 5.5　若 A 是 n 阶实对阵矩阵,则下列命题等价:

(1) $f(x)=X^{\mathrm{T}}\boldsymbol{A}X>0$ 是正定二次型(或 $\boldsymbol{A}$ 是正定矩阵);

(2) $\boldsymbol{A}$ 的 n 个特征值全为正;

(3) f 的标准型的 n 个系数全为正;

(4) f 的正惯性指数为 n;

(5) $\boldsymbol{A}$ 与单位矩阵 $\boldsymbol{E}$ 合同(或 $\boldsymbol{E}$ 为 $\boldsymbol{A}$ 的规范型);

(6) 存在可逆矩阵 $\boldsymbol{P}$,使得 $\boldsymbol{A}=\boldsymbol{P}^{\mathrm{T}}\boldsymbol{P}$;

(7) $\boldsymbol{A}$ 的各阶顺序主子式均为正,即 $a_{11}>0$, $\begin{vmatrix}a_{11}&a_{12}\\a_{21}&a_{22}\end{vmatrix}>0,\cdots,\begin{vmatrix}a_{11}&\cdots&a_{1n}\\\vdots&&\vdots\\a_{n1}&\cdots&a_{nn}\end{vmatrix}>0$.

定理 5.6　若 $\boldsymbol{A}$ 是 n 阶实对阵矩阵,则下列命题等价:

(1) $f(x)=X^{\mathrm{T}}\boldsymbol{A}X<0$ 是负定二次型(或 $\boldsymbol{A}$ 是负定矩阵);

(2) $\boldsymbol{A}$ 的 n 个特征值全为负;

(3) f 的标准型的 n 个系数全为负;

(4) f 的负惯性指数为 n;

(5) $\boldsymbol{A}$ 与负单位矩阵 $-\boldsymbol{E}$ 合同(或 $-\boldsymbol{E}$ 为 $\boldsymbol{A}$ 的规范型);

(6) 存在可逆矩阵 $\boldsymbol{P}$,使得 $\boldsymbol{A}=-\boldsymbol{P}^{\mathrm{T}}\boldsymbol{P}$;

(7) $\boldsymbol{A}$ 的各阶顺序主子式中,奇数阶顺序主子式为负,偶数阶顺序主子式为正,即 $(-1)^r\begin{vmatrix}a_{11}&\cdots&a_{1r}\\\vdots&&\vdots\\a_{r1}&\cdots&a_{rr}\end{vmatrix}>0(r=1,2,\cdots,n)$.

5.3.2　二次型的有定性

对于不是正(负)定的二次型,可以进一步分类

定义 5.6 设二次型 $f(x)=f(x_1,x_2,\cdots,x_n)=X^{\mathrm{T}}\boldsymbol{A}X(\boldsymbol{A}^{\mathrm{T}}=\boldsymbol{A})$

(1) 若对任意不全为零的实数 $x_1,x_2,\cdots,x_n$，总有 $f(x)=X^{\mathrm{T}}\boldsymbol{A}X\geqslant 0(\leqslant 0)$，则称实二次型为半正(负)定二次型，其矩阵 $\boldsymbol{A}$ 为半正(负)定矩阵.

(2) 若对某些 $X=(x_1,x_2,\cdots,x_n)^{\mathrm{T}}$，$X^{\mathrm{T}}\boldsymbol{A}X>0$；对于另外一些 X'，又有 $X'^{\mathrm{T}}\boldsymbol{A}X'<0$，则该二次型为不定的，其矩阵 $\boldsymbol{A}$ 也称为不定的.

定理 5.7 若 $f(x)=X^{\mathrm{T}}\boldsymbol{A}X\geqslant 0$ 是半正定二次型，则下列各条件等价

(1) f 的正惯性指数为 $p=r<n$；

(2) 实对称矩阵 $\boldsymbol{A}$ 合同于 $\begin{pmatrix} E_r & 0 \\ 0 & 0 \end{pmatrix}$，且 $r<n$；

(3) 实对称矩阵 $\boldsymbol{A}$ 的所有特征值大于或者等于零，且至少存在一个特征值等于零.

【例 5.8】 判定实二次型 $f(x_1,x_2,x_3)=x_1^2+2x_1x_2+2x_1x_3+2x_2^2+6x_2x_3+6x_3^2$ 是否正定.

解 $\boldsymbol{A}=\begin{pmatrix} 1 & 1 & 1 \\ 1 & 2 & 3 \\ 1 & 3 & 6 \end{pmatrix}$，因 $1>0$，$\begin{vmatrix} 1 & 1 \\ 1 & 2 \end{vmatrix}>0$

$$|\boldsymbol{A}|=\begin{vmatrix} 1 & 1 & 1 \\ 1 & 2 & 3 \\ 1 & 3 & 6 \end{vmatrix}=1>0$$

所以 实二次型 f 是正定的.

【例 5.9】 设二次型 $f(x_1,x_2,x_3)=x_1^2+2x_2^2+3x_3^2+2tx_1x_2-2x_1x_3+4x_2x_3$，试问 t 为何值时，该二次型是正定的？

解 二次型的矩阵为：$\boldsymbol{A}=\begin{pmatrix} 1 & t & -1 \\ t & 2 & 2 \\ -1 & 2 & 3 \end{pmatrix}$为使所给二次型正定，$\boldsymbol{A}$ 的各阶顺序主子式应大于零，从而有：$d_1=1>0$，$d_2=\begin{vmatrix} 1 & t \\ t & 2 \end{vmatrix}=2-t^2>0$，

$$d_3=\begin{vmatrix} 1 & t & -1 \\ t & 2 & 2 \\ -1 & 2 & 3 \end{vmatrix}=-(3t^2+4t)>0，由\begin{cases} 2-t^2>0 \\ 3t^2+4t<0 \end{cases}$$

可得 $-\dfrac{4}{3}<t<0$

所以当 $-\dfrac{4}{3}<t<0$ 时，所给实二次型是正定的.

习　题　5

基本题

1. 用非退化(可逆)线性替换化下列二次型为标准型,并利用矩阵验算所得结果.

(1) $-4x_1x_2+2x_1x_3+2x_2x_3$;

(2) $x_1^2+2x_1x_2+2x_2^2+4x_2x_3+4x_3^2$;

(3) $x_1^2-3x_2^2-2x_1x_2+2x_1x_3-6x_2x_3$;

(4) $8x_1x_4+2x_3x_4+2x_2x_3+8x_2x_4$;

(5) $x_1x_2+x_1x_3+x_1x_4+x_2x_3+x_2x_4+x_3x_4$.

2. 证明:秩等于 r 的对称矩阵可以表成 r 个秩等于 1 的对称矩阵之和.

3. 证明:

$$\begin{pmatrix} \lambda_1 & & & \\ & \lambda_2 & & \\ & & \ddots & \\ & & & \lambda_n \end{pmatrix} \text{与} \begin{pmatrix} \lambda_{i_1} & & & \\ & \lambda_{i_2} & & \\ & & \ddots & \\ & & & \lambda_{i_n} \end{pmatrix}$$

合同,其中 $i_1i_2\cdots i_n$ 是 $1,2,\cdots,n$ 的一个排列.

4. 设 $\boldsymbol{A}$ 是一个 n 阶矩阵,证明:

(1) $\boldsymbol{A}$ 是反对称矩阵当且仅当对任一个 n 维向量 X,有 $X'\boldsymbol{A}X=0$.

(2) 如果 $\boldsymbol{A}$ 是对称矩阵,且对任一个 n 维向量 X 有 $X'\boldsymbol{A}X=0$,那么 $\boldsymbol{A}=0$.

5. 如果把实 n 阶对称矩阵按合同分类,即两个实 n 阶对称矩阵属于同一类当且仅当它们合同,问共有几类?

6. 证明:一个实二次型可以分解成两个实系数的一次齐次多项式的乘积的充分必要条件是:它的秩等于 2 且符号差等于 0,或者秩等于 1.

7. 判断下列二次型是否正定:

(1) $99x_1^2-12x_1x_2+48x_1x_3+130x_2^2-60x_2x_3+71x_3^2$;

(2) $10x_1^2+8x_1x_2+24x_1x_3+2x_2^2-28x_2x_3+x_3^2$;

(3) $\sum\limits_{i=1}^{n}x_i^2+\sum\limits_{1\leqslant i<j\leqslant n}x_ix_j$;

(4) $\sum\limits_{i=1}^{n}x_i^2+\sum\limits_{i=1}^{n-1}x_ix_{i+1}$.

8. t 取什么值时，下列二次型是正定的：

(1) $x_1^2+x_2^2+5x_3^2+2tx_1x_2-2x_1x_3+4x_2x_3$；

(2) $x_1^2+4x_2^2+x_3^2+2tx_1x_2+10x_1x_3+6x_2x_3$.

9. 证明：如果 $\boldsymbol{A}$ 是正定矩阵，那么 $\boldsymbol{A}$ 的主子式全大于零. 所谓主子式，就是行指标与列指标相同的子式.

10. 设 $\boldsymbol{A}$ 是实对称矩阵，证明：当实数 t 充分大之后，$tE+\boldsymbol{A}$ 是正定矩阵.

11. 证明：如果 $\boldsymbol{A}$ 是正定矩阵，那么 $\boldsymbol{A}^{-1}$ 也是正定矩阵.

12. 设 $\boldsymbol{A}$ 为一个 n 级实对称矩阵，且 $|\boldsymbol{A}|<0$，证明：必存在实 n 维向量 $X\neq 0$，使 $X'\boldsymbol{A}X<0$.

13. 如果 $\boldsymbol{A},\boldsymbol{B}$ 都是 n 阶正定矩阵，证明：$\boldsymbol{A}+\boldsymbol{B}$ 也是正定矩阵.

14. 证明：二次型 $f(x_1,x_2,\cdots,x_n)$ 是半正定的充分必要条件是它的正惯性指数与秩相等.

15. 证明：$n\sum\limits_{i=1}^{n}x_i^2-\left(\sum\limits_{i=1}^{n}x_i\right)^2$ 是半正定的.

16. $\boldsymbol{A}$ 是一个实矩阵，证明：

$$\operatorname{rank}(\boldsymbol{A}'\boldsymbol{A})=\operatorname{rank}(\boldsymbol{A})$$

提高题

1. 用非退化线性替换化下列二次型为标准型，并用矩阵验算所得结果：

(1) $x_1x_{2n}+x_2x_{2n-1}+x_2x_{2n-1}+\cdots+x_nx_{n+1}$；

(2) $x_1x_2+x_2x_3+\cdots+x_{n-1}x_n$.

2. 设实二次型

$$f(x_1,x_2,\cdots,x_n)=\sum_{i=1}^{s}(a_{i1}x_1+a_{i2}x_2+\cdots+a_{in}x_n)^2$$

证明：$f(x_1,x_2,\cdots,x_n)$ 的秩等于矩阵

$$\boldsymbol{A}=\begin{pmatrix} a_{11} & a_{12} & \cdots & a_{1n} \\ a_{21} & a_{22} & \cdots & a_{2n} \\ \vdots & \vdots & & \vdots \\ a_{s1} & a_{s2} & \cdots & a_{sn} \end{pmatrix}$$

的秩.

3. 设

$$f(x_1,x_2,\cdots,x_n)=l_1^2+l_2^2+\cdots+l_p^2-l_{p+1}^2-\cdots-l_{p+q}^2$$

其中 $l_i\,(i=1,2,\cdots,p+q)$ 是 $x_1,x_2,\cdots,x_n$ 的一次齐次式，证明：$f(x_1,x_2,\cdots,x_n)$ 的正惯性指数 $\leqslant p$，负惯性指数 $\leqslant q$.

4. 设

$$\boldsymbol{A}=\begin{pmatrix}\boldsymbol{A}_{11} & \boldsymbol{A}_{12}\\ \boldsymbol{A}_{21} & \boldsymbol{A}_{22}\end{pmatrix}$$

是一对称矩阵，且 $|\boldsymbol{A}_{11}|\neq 0$，证明：存在 $T=\begin{pmatrix}\boldsymbol{E} & \boldsymbol{X}\\ 0 & \boldsymbol{E}\end{pmatrix}$ 使 $\boldsymbol{T}'\boldsymbol{A}\boldsymbol{T}=\begin{pmatrix}\boldsymbol{A}_{11} & 0\\ 0 & *\end{pmatrix}$，其中 $*$ 表示一个级数与 A_{22} 相同的矩阵.

5. 设 $\boldsymbol{A}$ 是反对称矩阵，证明：$\boldsymbol{A}$ 合同于矩阵

$$\begin{pmatrix}0 & 1 & & & & & & & \\ -1 & 0 & & & & & & & \\ & & \ddots & & & & & & \\ & & & 0 & 1 & & & & \\ & & & -1 & 0 & & & & \\ & & & & & 0 & & & \\ & & & & & & \ddots & \\ & & & & & & & 0\end{pmatrix}$$

6. 设 $\boldsymbol{A}$ 是 n 阶实对称矩阵，证明：存在一正实数 c，使对任一个实 n 维向量 X 都有

$$|\boldsymbol{X}'\boldsymbol{A}\boldsymbol{X}|\leqslant c\boldsymbol{X}'\boldsymbol{X}$$

7. 主对角线上全是 1 的上三角矩阵称为特殊上三角矩阵.

(1) 设 $\boldsymbol{A}$ 是一对称矩阵，$\boldsymbol{T}$ 为特殊上三角矩阵，而 $\boldsymbol{B}=\boldsymbol{T}'\boldsymbol{A}\boldsymbol{T}$，证明：$\boldsymbol{A}$ 与 $\boldsymbol{B}$ 的对应顺序主子式有相同的值；

(2) 证明：如果对称矩阵 $\boldsymbol{A}$ 的顺序主子式全不为零，那么一定有一特殊上三角矩阵 $\boldsymbol{T}$ 使 $\boldsymbol{T}'\boldsymbol{A}\boldsymbol{T}$ 成对角形；

(3) 利用以上结果证明：如果矩阵 $\boldsymbol{A}$ 的顺序主子式全大于零，则 $X'\boldsymbol{A}X$ 是正定二次型.

8. 证明：(1) 如果

$$\sum_{i=1}^{n}\sum_{j=1}^{n}a_{ij}x_ix_j\ (a_{ij}=a_{ji})$$

是正定二次型，那么

$$f(y_1,y_2,\cdots,y_n)=\begin{vmatrix}a_{11} & a_{12} & \cdots & a_{1n} & y_1\\ a_{21} & a_{22} & \cdots & a_{2n} & y_2\\ \vdots & \vdots & & \vdots & \vdots\\ a_{n1} & a_{n2} & \cdots & a_{nn} & y_n\\ y_1 & y_2 & \cdots & y_n & 0\end{vmatrix}$$

是负定二次型；

(2) 如果 $\boldsymbol{A}$ 是正定矩阵,那么

$$|\mathbf{A}| \leqslant a_{nn} P_{n-1}$$

这里 P_{n-1} 是 $\boldsymbol{A}$ 的 $n-1$ 阶顺序主子式;

(3) 如果 $\boldsymbol{A}$ 是正定矩阵,那么

$$|\mathbf{A}| \leqslant a_{11} a_{22} \cdots a_{nn}$$

(4) 如果 $\boldsymbol{T}=(t_{ij})$ 是 n 阶实可逆矩阵,那么

$$|\boldsymbol{T}|^2 \leqslant \prod_{i=1}^{n} (t_{1i}^2 + t_{2i}^2 + \cdots + t_{ni}^2)$$

习题参考答案

习题1答案

基本题

1. (1) -7；　(2) 1；　(3) 0；　(4) 1；

(5) 12；　(6) 178　(7) 0；

(8) $1-2abc+a^2+b^2+c^2$

2. (1) $\tau(53\,214)=7$，该排列为奇排列；

(2) $\tau(542\,163)=9$，该排列为奇排列；

(3) $\tau[n(n-1)\cdots 21]=\dfrac{n(n-1)}{2}$

当 $n=4k$ 或 $n=4k+1$ 时为偶排列，

当 $n=4k+2$ 或 $n=4k+3$ 时为奇排列

3. $i=8,k=3$

4. (1) 该项不是5阶行列式的展开式中的项；

(2) 该项不是5阶行列式的展开式中的项；

(3) 此项是5阶行列式的展开式中的项

5. 多项式 $f(x)$ 中 x^3 的系数为 -1

6. $(-1)^{(n-1)}n!$

7. (1) -9

(2) x^2y^2

(3) x^4

(4) 0

8. (1) $n!$

(2) $[a+(n-1)b](a-b)^{n-1}$

9. 按第二行展开求值

$$D=\begin{vmatrix}1&2&2&4\\1&0&0&2\\3&-1&-4&0\\1&2&-1&5\end{vmatrix}=-\begin{vmatrix}2&2&4\\-1&-4&0\\2&-1&5\end{vmatrix}+2\begin{vmatrix}1&2&2\\3&-1&-4\\1&2&-1\end{vmatrix}=36$$

按第四列展开求值

$$D=\begin{vmatrix}1&2&2&4\\1&0&0&2\\3&-1&-4&0\\1&2&-1&5\end{vmatrix}=-4\begin{vmatrix}1&0&0\\3&-1&-4\\1&2&-1\end{vmatrix}+2\begin{vmatrix}1&2&2\\3&-1&-4\\1&2&-1\end{vmatrix}+5\begin{vmatrix}1&2&2\\1&0&0\\3&-1&-4\end{vmatrix}=36$$

10. 0

11. 0

12. $\left(1-\sum_{i=2}^{n}\frac{1}{i}\right)n!$

13. -45

14. (1) $D=142$

(2) $D=0$

(3) $D=-170$

15. 该方程的解为 $x_1=1,x_2=-1,x_3=3,x_4=-3$

16. $D=x^n-(-1)^n y^n$

17. (1) $x_1=1,x_2=2,x_3=3,x_4=-1$;

(2) $x_1=1,x_2=2,x_3=1,x_4=-1$;

(3) $x_1=-8,x_2=3,x_3=6,x_4=0$

18. (1) $x_1=-a,x_2=b,x_3=c$;

(2) $x_1=x_2=x_3=\frac{1}{2a+b}$

19. (1) $k\neq\frac{63}{5}$时,该齐次线性方程组仅有零解;

(2) $k\neq-1,k\neq4$ 时,该方程组仅有零解

20. 当 $b=\frac{(a+1)^2}{4}$时,齐次线性方程组有非零解

21. 当 $\lambda=0,\lambda=2$ 或 $\lambda=3$ 时,该线性方程组有非零解

提高题

1. $(-1)^{\frac{n(n-1)}{2}}a_{1n}a_{2(n-1)}\cdots a_{(n-1)2}a_{n1}$

2. (1) $(-1)^{(n-1)}\dfrac{(n+1)!}{2}$

(2) $\left(1-\sum\limits_{i=2}^{n}\dfrac{1}{i}\right)n!$

3. $D=-2(n-2)!$

4. 证　略

5. $f(x)=2x^2-3x+1$

习题 2 答案

基本题

1. 略

2. (1) $\begin{pmatrix}6\\4\\8\end{pmatrix}$; (2) $\begin{pmatrix}2&1&-1&4\\4&2&-2&8\\6&3&-3&12\end{pmatrix}$; (3) 4; (4) 23

3. 令

$$X=(x_1, x_2, x_3)^{\mathrm{T}}, Y=(y_1, y_2, y_3)^{\mathrm{T}}, Z=(z_1, z_2, z_3)^{\mathrm{T}}$$

$$\boldsymbol{A}=\begin{pmatrix}1&1&1\\1&-1&1\\1&2&2\end{pmatrix},\quad \boldsymbol{B}=\begin{pmatrix}1&-1&-1\\-1&2&-1\\1&-2&1\end{pmatrix}$$

则 $X=\boldsymbol{A}Y, Y=\boldsymbol{B}Z$，所以 $X=(\boldsymbol{AB})Z$

$$\boldsymbol{AB}=\begin{pmatrix}0&-1&-1\\3&-5&1\\1&-1&-1\end{pmatrix}$$

$$\begin{cases}x_1=-z_2-z_3\\x_2=3z_1-5z_2+z_3\\x_3=z_1-z_2-z_3\end{cases}$$

4. (1)、(2)、(3)均不成立。因为 $\boldsymbol{A}$ 与 $\boldsymbol{B}$ 不满足交换律

5. (1) 可取 $\boldsymbol{A}=\begin{pmatrix}0&1\\0&0\end{pmatrix}$;(2) 可取 $\boldsymbol{A}=\begin{pmatrix}1&0\\0&0\end{pmatrix}$;(3) 可取 $\boldsymbol{A}=\begin{pmatrix}1&1\\1&1\end{pmatrix}$, $\boldsymbol{X}=\begin{pmatrix}2\\1\end{pmatrix}$, $\boldsymbol{Y}=\begin{pmatrix}3\\0\end{pmatrix}$, $\boldsymbol{AX}=\boldsymbol{AY}$，但显然 $\boldsymbol{X}\neq\boldsymbol{Y}$

6. (1) $\boldsymbol{A}^K=\begin{pmatrix}1 & k\lambda\\ 0 & 1\end{pmatrix}$;(2)$\boldsymbol{B}^k=\begin{pmatrix}1 & 0\\ k\lambda & 1\end{pmatrix}$;(3)$\boldsymbol{A}=\begin{pmatrix}\lambda^K & k\lambda^{k-1} & \frac{k(k-1)}{2}\lambda^{k-2}\\ 0 & \lambda^k & k\lambda^{k-1}\\ 0 & 0 & \lambda^k\end{pmatrix}$

7. (1) 证$(\boldsymbol{B}^{\mathrm{T}}\boldsymbol{A}\boldsymbol{B})^{\mathrm{T}}=\boldsymbol{B}^{\mathrm{T}}\boldsymbol{A}^{\mathrm{T}}(\boldsymbol{B}^{\mathrm{T}})^{\mathrm{T}}=\boldsymbol{B}^{\mathrm{T}}\boldsymbol{A}^{\mathrm{T}}\boldsymbol{B}$,由 $\boldsymbol{A}^{\mathrm{T}}=\boldsymbol{A}$,所以$(\boldsymbol{B}^{\mathrm{T}}\boldsymbol{A}\boldsymbol{B})^{\mathrm{T}}=\boldsymbol{B}^{\mathrm{T}}\boldsymbol{A}\boldsymbol{B}$

(2) 若 $\boldsymbol{AB}$ 是对称矩阵,则 $\boldsymbol{AB}=(\boldsymbol{AB})^{\mathrm{T}}=\boldsymbol{B}^{\mathrm{T}}\boldsymbol{A}^{\mathrm{T}}=\boldsymbol{BA}$;反之,若 $\boldsymbol{AB}=\boldsymbol{BA}$,则$(\boldsymbol{AB})^{\mathrm{T}}=\boldsymbol{B}^{\mathrm{T}}\boldsymbol{A}^{\mathrm{T}}=\boldsymbol{BA}=\boldsymbol{AB}$,所以 $\boldsymbol{AB}$ 是对称矩阵

(3)因为 $\boldsymbol{H}^{\mathrm{T}}=(\boldsymbol{E}-2\boldsymbol{X}\boldsymbol{X}^{\mathrm{T}})^{\mathrm{T}}=\boldsymbol{E}-2(\boldsymbol{X}\boldsymbol{X}^{\mathrm{T}})^{\mathrm{T}}=\boldsymbol{E}-2\boldsymbol{X}\boldsymbol{X}^{\mathrm{T}}=\boldsymbol{H}$,所以 $\boldsymbol{H}$ 为对称矩阵。

又因为
$$\begin{aligned}\boldsymbol{H}^{\mathrm{T}}\boldsymbol{H}=(\boldsymbol{E}-2\boldsymbol{X}\boldsymbol{X}^{\mathrm{T}})(\boldsymbol{E}-2\boldsymbol{X}\boldsymbol{X}^{\mathrm{T}})&=\boldsymbol{E}-4\boldsymbol{X}\boldsymbol{X}^{\mathrm{T}}+4\boldsymbol{X}\boldsymbol{X}^{\mathrm{T}}\boldsymbol{X}\boldsymbol{X}^{\mathrm{T}}\\&=\boldsymbol{E}-4\boldsymbol{X}\boldsymbol{X}^{\mathrm{T}}+4\boldsymbol{X}(\boldsymbol{X}^{\mathrm{T}}\boldsymbol{X})\boldsymbol{X}^{\mathrm{T}}\end{aligned}$$

由 $\boldsymbol{X}^{\mathrm{T}}\boldsymbol{X}=1$,即可证明结论成立

8. (1) $\begin{pmatrix}-3 & 2\\ 2 & -1\end{pmatrix}$; (2) $\frac{1}{ad-bc}\begin{pmatrix}d & -b\\ -c & a\end{pmatrix}$;

(3) $\begin{pmatrix}1 & 3 & -2\\ -\frac{3}{2} & -3 & \frac{5}{2}\\ 1 & 1 & -1\end{pmatrix}$; (4) $\begin{pmatrix}1 & & & \\ & 2^{-1} & & \\ & & \ddots & \\ & & & n^{-1}\end{pmatrix}$

9. (1) $X=\begin{pmatrix}2 & -23\\ 0 & 8\end{pmatrix}$; (2) $\begin{pmatrix}\frac{1}{2} & 1 & -\frac{1}{2}\\ 0 & 2 & -1\end{pmatrix}$;

(3) $X=\begin{pmatrix}\frac{7}{2} & 7 & -\frac{13}{2}\\ -1 & -2 & 2\end{pmatrix}$; (4) $\begin{pmatrix}2 & -1 & 0\\ 1 & 3 & -4\\ 1 & 0 & -2\end{pmatrix}$

10. 令 $X=(x_1,\ x_2,\ x_3)^{\mathrm{T}}$,$Y=(y_1,\ y_2,\ y_3)^{\mathrm{T}}$,得

$$\boldsymbol{A}=\begin{pmatrix}1 & 2 & 2\\ 5 & 3 & 1\\ 3 & 3 & 2\end{pmatrix}$$

则 $X=\boldsymbol{A}Y$,所以 $Y=\boldsymbol{A}^{-1}X$,又

$$\boldsymbol{A}^{-1}=\begin{pmatrix}3 & 2 & -4\\ -7 & -4 & 9\\ 6 & 3 & -7\end{pmatrix}$$

所以从变量 x_1,x_2,x_3 到 y_1,y_2,y_3 的线性变换为

$$\begin{cases}y_1=3x_1+2x_2-4x_3\\ y_2=-7x_1-4x_2+9x_3\\ y_3=6x_1+3x_2-7x_3\end{cases}$$

11. 略.用矩阵定义,直接验证

12. 略

13. (1) $\begin{pmatrix} 1 & -2 & 0 & 0 \\ -2 & 5 & 0 & 0 \\ 0 & 0 & 2 & -3 \\ 0 & 0 & 5 & 8 \end{pmatrix}$; (2) $\dfrac{1}{24}\begin{pmatrix} 24 & 0 & 0 & 0 \\ -12 & 12 & 0 & 0 \\ -12 & -4 & 8 & 0 \\ 3 & -5 & -2 & 6 \end{pmatrix}$

14. 略

15. (1) $\begin{pmatrix} 1 & 3 & -2 \\ \dfrac{3}{-2} & -3 & \dfrac{5}{2} \\ 1 & 1 & -1 \end{pmatrix}$; (2) $\begin{pmatrix} 1 & 1 & 2 & -4 \\ 0 & 1 & 0 & -1 \\ -1 & -1 & 3 & 6 \\ 2 & 1 & -6 & -10 \end{pmatrix}$

16. (1) 秩为 2,最高阶非零子式为 $\begin{vmatrix} 1 & 2 \\ 2 & 1 \end{vmatrix} = -3$

(2) 秩为 3,最高阶非零子式为 $\begin{vmatrix} 1 & 2 & 1 \\ 3 & -1 & 2 \\ 2 & 1 & 3 \end{vmatrix} = -3$

提高题

1. 证 由 $A^2-A-2E=0$ 移项得 $A^2-AE=2E$,即 $A\cdot\dfrac{1}{2}(A-E)=E$,由逆阵定义知

$$A^{-1}=\frac{1}{2}(A-E)$$

再由 $A+2E=A^2$ 知

$$(A+2E)^{-1}=(A^{-1})^2=\frac{1}{4}(A-E)^2=\frac{1}{4}(3E-A)$$

2. $B=\begin{pmatrix} 0 & 3 & 3 \\ -1 & 2 & 3 \\ 1 & 1 & 0 \end{pmatrix}$

3. $B=\begin{pmatrix} 2 & 0 & 1 \\ 0 & 3 & 0 \\ 1 & 0 & 2 \end{pmatrix}$

4. $A^{-1}+B^{-1}=A^{-1}(E+AB^{-1})=A^{-1}(B+A)B^{-1}$

$\therefore$ $A^{-1}+B^{-1}$ 可逆且 $(A^{-1}+B^{-1})^{-1}=B\,(B+A)^{-1}A$

习题3答案

基本题

1. D,D,D,C

2. (1) $\begin{cases} x_1=2 \\ x_2=-1 \\ x_3=-1 \end{cases}$；(2) 方程组无解；(3) $\begin{cases} x_1=\frac{1}{2}+c_1 \\ x_2=c_1 \\ x_3=\frac{1}{2}+c_2 \\ x_4=c_2 \end{cases}$ (c_1,c_2 为任意常数)；

(4) $\begin{cases} x_1=\frac{2}{7}c_1+\frac{3}{7}c_2 \\ x_2=\frac{5}{7}c_1+\frac{4}{7}c_2 \\ x_3=c_1 \\ x_4=c_2 \end{cases}$ (c_1,c_2 为任意常数)；(5) $\begin{cases} x_1=0 \\ x_2=0 \\ x_3=0 \end{cases}$

3. (1) 当 $k\neq1$ 且 $k\neq-2$ 时,方程组有唯一解；

(2) 当 $k=-2$ 时,方程组无解；

(3) 当 $k=1$ 时,则方程组有无穷多解,通解为

$$\begin{cases} x_1 = 1-c_1-c_2 \\ x_2 = c_1 \\ x_3 = c_2 \end{cases} \quad (c_1,c_2 \text{ 为任意常数})$$

4. (1) 相关；(2) 相等；(3) r；(4) 相关；(5) $\neq0$；(6) 无关

5. $-\alpha=(-2,-1,0,-4)$;$2\beta=(-2,0,4,8)$;$\alpha+\beta=(1,1,2,8)$;$3\alpha-2\beta=(8,3,-4,4)$

6. $\xi=(8,-1,-4,-3,-5)$

7. $\beta=(6,-5,-\frac{1}{2},1)$

8. (1) $\beta=\frac{7}{3}\alpha_1+\frac{2}{3}\alpha_2$；(2) $\beta=0\cdot\alpha_1-\alpha_2+\alpha_3$；(3) $\beta=\alpha_1+0\cdot\alpha_2+\alpha_3$；

(4) 不能；(5) $\beta=2\varepsilon_1+3\varepsilon_2-\varepsilon_3-4\varepsilon_4$

9. (1) 线性无关；(2) 线性相关；(3) 线性相关；(4) 线性无关

10. (1) 线性无关；(2) 线性无关

11. 略

12. 略

13. (1) $\alpha_4=2\alpha_1-\alpha_2+3\alpha_3$； (2) $\alpha_4=\alpha_1+2\alpha_2-4\alpha_3$

14. (1) $\alpha_1,\alpha_2;\alpha_3=\frac{3}{2}\alpha_1-\frac{7}{2}\alpha_2,\alpha_4=\alpha_1+2\alpha_2$

(2) $\alpha_1,\alpha_2;\alpha_3=2\alpha_1-\alpha_2,\alpha_4=\alpha_1+3\alpha_2,\alpha_5=-2\alpha_1-\alpha_2$

15. $\beta=\alpha_1+2\alpha_2-\alpha_3$

16. 当 $k\neq3$ 且 $k\neq-2$ 时,线性无关;当 $k=3$ 或 $k=-2$,线性相关

17. (1) $\eta=\begin{pmatrix}0\\2\\1\\0\end{pmatrix}$； (2) $\eta_1=\begin{pmatrix}3\\-4\\1\\0\end{pmatrix},\eta_2=\begin{pmatrix}-4\\5\\0\\1\end{pmatrix}$

18. (1) $\eta=c\begin{pmatrix}15\\24\\-4\\2\end{pmatrix}$($c$ 为任意常数)；

(2) $\eta=\begin{pmatrix}-16\\23\\0\\0\\0\end{pmatrix}+c_1\begin{pmatrix}1\\-2\\0\\1\\0\end{pmatrix}+c_2\begin{pmatrix}5\\-6\\0\\0\\1\end{pmatrix}$($c_1,c_2$ 为任意常数)；

(3) $\eta=\begin{pmatrix}\frac{5}{4}\\-\frac{1}{4}\\0\\0\end{pmatrix}+c_1\begin{pmatrix}\frac{3}{2}\\\frac{3}{2}\\1\\0\end{pmatrix}+c_2\begin{pmatrix}-\frac{3}{4}\\\frac{7}{4}\\0\\1\end{pmatrix}$ (c_1,c_2 为任意常数).

提高题

1. (1) 当 $a\neq-1$ 时,方程组有唯一解；

(2) 当 $a=-1,b\neq0$ 时,方程组无解；

(3) 当 $a=-1,b=0$ 时,方程组有无穷多个解

2. $\begin{cases}x_1=c-a_5\\x_2=a_2+a_3+a_4+c\\x_3=a_3+a_4+c\\x_4=a_4+c\\x_5=c\end{cases}$ (c 为任意实数)

3. 当 $p\neq 2$ 时，方程组有唯一解；

当 $p=2$ 时，有当 $t\neq 1$ 时，方程组无解；

当 $t=1$ 时，方程组有无穷多解

$$\begin{cases} x_1=-8 \\ x_2=3-2k \\ x_3=k \\ x_4=2 \end{cases} \quad (k\text{ 为任意实数})$$

4. 当 $k_1=1$ 或 $k_2=0$ 时，β_1,β_2,β_3 线性相关；

当 $k_1\neq 1$ 且 $k_2\neq 0$ 时，β_1,β_2,β_3 线性无关

5. $x\neq 4$

6. $t=3$ 时，则 $r(\alpha_1,\alpha_2,\alpha_3,\alpha_4)=2$，且 α_1,α_2 是极大无关组；

$t\neq 3$ 时，则 $r(\alpha_1,\alpha_2,\alpha_3,\alpha_4)=3$，且 $\alpha_1,\alpha_2,\alpha_3$ 是极大无关组

7. (1) $a\neq -1$ 或 $a\neq 3$；

(2) $a=-1$

8. $\begin{cases} x_1-2x_2+x_3=0 \\ 2x_1-3x_2+x_4=0 \end{cases}$

9. $x=\begin{pmatrix} 3 \\ -4 \\ 1 \\ 2 \end{pmatrix}+C\begin{pmatrix} 1 \\ -7 \\ -3 \\ 2 \end{pmatrix}$（$C$ 为任意常数）

10. $9x_1+5x_2-3x_3=-5$

习题 4 答案

基本题

一、填空题

1. $A-E$ 的特征值为 $0,2,-3$；A^* 的特征值为 $-6,-2,3$；$(A^*)^2+E$ 的特征值为 $37,5,10$；

2. $|A-(n+1)E|=(-1)^n n!$

3. $|A^*+E|=384$

4. $|A|=-4$，$|A^{-1}+2E|=\dfrac{45}{4}$，$|A^2+E|=50$

5. $\left|\begin{pmatrix} B^{-1}-E & E \\ O & A^{-1} \end{pmatrix}\right|=144$

6. A^* 的特征值为$\frac{1}{6},\frac{1}{3},\frac{1}{2}$

7. $x=4$

8. $\left(\frac{1}{3}A^2\right)^{-1}$ 的特征值为 $3,\frac{1}{3},\frac{3}{4}$

9. $|A^*B+B|=-84$

10. $a=3,b=1$

11. A 有一个特征值为 2

12. $a=1$

二、选择题

(1) A　(2) B　(3) B　(4) D　(5) C

(6) C　(7) C　(8) C　(9) B　(10) C

三、计算证明题

1. 略

2. 略

3. A 的特征值为 a(n 重),对应的特征向量为

$k_1(1,0,\cdots,0)^{\mathrm{T}}+k_2(0,1,\cdots,0)^{\mathrm{T}}+\cdots+k_n(0,0,\cdots,1)^{\mathrm{T}}$($k_1,k_2,\cdots,k_n$ 不全为 0)

4. (1) $\lambda_1=\lambda_2=1,\lambda_3=2$,$A$ 属于特征值 1 的全部特征向量为 $k(1,0,0)^{\mathrm{T}}$,$(k\neq0)$,A 属于特征值 2 的全部特征向量为 $k(1,2,1)^{\mathrm{T}}$,$(k\neq0)$;

(2) $\lambda_1=\lambda_2=-1,\lambda_3=8$,$\lambda=-1$ 对应的特征向量为

$X=k_1\left(-\frac{1}{2},1,0\right)^{\mathrm{T}}+k_2(-1,0,1)^{\mathrm{T}}$,$k_1,k_2$ 不全为零,$\lambda=8$ 对应的特征向量为 $X=k\left(1,\frac{1}{2},1\right)^{\mathrm{T}}$,$k\neq0$;

(3) $\lambda_1=1,\lambda_2=-1,\lambda_3=3$,$\lambda=1$ 对应的特征向量为 $X_1=k(1,-1,1)^{\mathrm{T}}$,$k\neq0$,

$\lambda=-1$ 对应的特征向量为 $X_2=k(1,-1,0)^{\mathrm{T}}$,$k\neq0$,$\lambda_3=3$ 对应的特征向量为 $X_3=k(0,1,-1)^{\mathrm{T}}$,$k\neq0$;

(4) $\lambda_1=\lambda_2=\lambda_3=-1$,对应的特征向量为 $k(1,1,-1)^{\mathrm{T}}$,$k\neq0$;

(5) $\lambda=0$,对应的特征向量为

$$k_1\left(-\frac{b_2}{b_1},1,0,\cdots,0\right)^{\mathrm{T}}+k_2\left(-\frac{b_3}{b_1},0,1,\cdots,0\right)^{\mathrm{T}}+\cdots+k_{n-1}\left(-\frac{b_n}{b_1},0,0,\cdots,1\right)^{\mathrm{T}}$$

($k_1,k_2,\cdots,k_n$ 不全为 0)

5. (1) $\lambda_1=\lambda_2=1,\lambda_3=-5$,$\lambda_1=\lambda_2=1$ 对应的特征向量为

$\xi=k_1\ (1,1,0)^{\mathrm T}+k_2\ (1,0,1)^{\mathrm T}$ （k_1,k_2 不全为 0），

$\lambda_3=-5$ 对应的特征向量为 $\xi=k\ (-1,1,1)^{\mathrm T}$，($k\neq 0$)；

(2) $E+A^{-1}$特征值 $2,\dfrac{4}{5}$

6. $a=-4$

7. $\begin{cases}k_1=-2\\ \lambda_1=1\end{cases}$ $\begin{cases}k_2=1\\ \lambda_2=4\end{cases}$

8. (1) 不能对角化； (2) 可以对角化； (3) 可以对角化； (4) 不能对角化；
(5) 可以对角化

9. (1) 可以对角化，$P=\begin{pmatrix}1&1&1\\4&0&0\\0&4&1\end{pmatrix}$； (2) 不能对角化

10. $\boldsymbol{A}=\begin{pmatrix}5&-1&-2\\16&-4&-6\\2&0&-1\end{pmatrix}$

11. $\dfrac{1}{3}\begin{pmatrix}2\,(-1)^{k+1}+5^k & (-1)^{k+1}+5^k & (-1)^{k+1}+5^k\\ (-1)^{k+1}+5^k & 2\,(-1)^k+5^k & (-1)^{k+1}+5^k\\ (-1)^{k+1}+5^k & (-1)^{k+1}+5^k & 2\,(-1)^k+5^k\end{pmatrix}$

12. (1) $a=0,b=-2$； (2) $P=\begin{pmatrix}0&0&-1\\-2&1&0\\1&1&1\end{pmatrix}$

13. $x+y=0$

14. 略

15. (1) $\boldsymbol{Q}=\begin{pmatrix}\frac{2}{3}&\frac{2}{3}&\frac{1}{3}\\-\frac{2}{3}&\frac{1}{3}&\frac{2}{3}\\\frac{1}{3}&-\frac{2}{3}&\frac{2}{3}\end{pmatrix}$； (2) $\boldsymbol{Q}=\begin{pmatrix}\frac{1}{\sqrt3}&-\frac{1}{\sqrt2}&-\frac{1}{\sqrt6}\\\frac{1}{\sqrt3}&\frac{1}{\sqrt2}&-\frac{1}{\sqrt6}\\\frac{1}{\sqrt3}&0&\frac{2}{\sqrt6}\end{pmatrix}$

16. $X_1=(1,1,1)^{\mathrm T}$；$\boldsymbol{A}=\begin{pmatrix}4&1&1\\1&4&1\\1&1&4\end{pmatrix}$

17. (1) A 的另一特征值为 0，其对应的特征向量为 $X_1=(-1,1,1)^{\mathrm T}$；

(2) $\boldsymbol{A}=\begin{pmatrix}4&2&2\\2&4&-2\\2&-2&4\end{pmatrix}$

提高题

1. （1）$\boldsymbol{A}=\begin{pmatrix}0 & 1 & 0\\ 0 & 0 & 1\\ 6 & -11 & 6\end{pmatrix}$；（2）$\beta=2\alpha_1-2\alpha_2+\alpha_3$；（3）$A^n\beta=\begin{pmatrix}2-2^{n+1}+3^n\\ 2-2^{n+2}+3^{n+1}\\ 2-2^{n+3}+3^{n+2}\end{pmatrix}$

2. （1）A^*的一个特征值为$-\frac{9}{\sqrt{3}}$；（2）$|A|^2A^{-1}$的一个特征值为$-81\cdot\frac{1}{\sqrt{3}}$

3. $a=2,b=1,\lambda=1$ 或 $a=2,b=-2,\lambda=4$ 或 $a=\frac{2}{3},b=1,\lambda=0$

4. 略

5. 略

6. $\lambda_0=2,a=2$

7. $\boldsymbol{A}=\begin{pmatrix}0 & & \\ & 1 & \\ & & 1\end{pmatrix},\boldsymbol{A}^n=\begin{pmatrix}-1 & 1 & 0\\ -2 & 2 & 0\\ 4 & -2 & 1\end{pmatrix}$

8. 略

9. 略

10. 相似，$\boldsymbol{P}=\begin{pmatrix}0 & -2 & 1\\ 1 & -1 & 0\\ 1 & 1 & 2\end{pmatrix}$

11. $a=-2$ 或 $a=-\frac{2}{3}$，当 $a=-2$ 时，A 可以对角化；当 $a=-\frac{2}{3}$时，A 不能对角化

12. （1）$\boldsymbol{B}=\begin{pmatrix}1 & 0 & 0\\ 1 & 2 & 2\\ 1 & 1 & 3\end{pmatrix}$；（2）$\lambda_1=\lambda_2=1,\lambda_3=4$

13. $R(A-2E)+R(A-E)=4$

14. $\boldsymbol{A}=\begin{pmatrix}\frac{1}{6} & -\frac{2}{3} & \frac{1}{6}\\ -\frac{2}{3} & -\frac{1}{3} & -\frac{2}{3}\\ \frac{1}{6} & -\frac{2}{3} & \frac{1}{6}\end{pmatrix}$

15. $\lambda=2$

16. B 的特征值为 $\mu_1=-2,\mu_2=\mu_3=1$，对应的特征向量分别为 $k\alpha_1\ (k\neq 0)$，$k_1(1,1,0)^T+k_2(-1,0,1)^T$（$k_1,k_2$ 不全为 0）

习题 5 答案

基本题

1. 用非退化(可逆)线性替换化下列二次型为标准形,并利用矩阵验算所得结果。

(1) $T=\begin{pmatrix} \frac{1}{2} & 0 & \frac{1}{2} \\ \frac{1}{2} & -1 & \frac{1}{2} \\ 0 & 0 & 1 \end{pmatrix}, T'\boldsymbol{A}T=\begin{pmatrix} -1 & 0 & 0 \\ 0 & 4 & 0 \\ 0 & 0 & 1 \end{pmatrix}$

(2) $T=\begin{pmatrix} 1 & -1 & 2 \\ 0 & 1 & -2 \\ 0 & 0 & 1 \end{pmatrix}, T'\boldsymbol{A}T=\begin{pmatrix} 1 & 0 & 0 \\ 0 & 1 & 0 \\ 0 & 0 & 0 \end{pmatrix}$

(3) $T=\begin{pmatrix} 1 & \frac{1}{2} & -\frac{3}{2} \\ 0 & \frac{1}{2} & -\frac{1}{2} \\ 0 & 0 & 1 \end{pmatrix}, T'\boldsymbol{A}T=\begin{pmatrix} 1 & 0 & 0 \\ 0 & -1 & 0 \\ 0 & 0 & 0 \end{pmatrix}$

(4) $T=\begin{pmatrix} \frac{1}{2} & -\frac{5}{4} & -\frac{3}{4} & 1 \\ 0 & 1 & 1 & 0 \\ 0 & 1 & -1 & 0 \\ -\frac{1}{2} & 0 & 0 & 1 \end{pmatrix}, T'\boldsymbol{A}T=\begin{pmatrix} -2 & 0 & 0 & 0 \\ 0 & 2 & 0 & 0 \\ 0 & 0 & -2 & 0 \\ 0 & 0 & 0 & 8 \end{pmatrix}$

(5) $T=\begin{pmatrix} 1 & 1 & -1 & -\frac{1}{2} \\ -1 & 1 & -1 & -\frac{1}{2} \\ 0 & 0 & 1 & -\frac{1}{2} \\ 0 & 0 & 0 & 1 \end{pmatrix}, T'\boldsymbol{A}T=\begin{pmatrix} -1 & 0 & 0 & 0 \\ 0 & 1 & 0 & 0 \\ 0 & 0 & -1 & 0 \\ 0 & 0 & 0 & -\frac{3}{4} \end{pmatrix}$

2. 略

3. 略

4. 略

5. 共有$\frac{(n+1)(n+2)}{2}$个合同类

6. 略

7. (1) 正定; (2) 非正定; (3) 正定; (4) 正定

8. (1) $-\frac{4}{5}<t<0$; (2)不存在 t 值使原二次型为正定

9. 略

10. 略

11. 略

12. 略

13. 略

14. 略

15. 略

16. 略

提高题

1. 用非退化线性替换化下列二次型为标准型,并用矩阵验算所得结果

(1) $T=\begin{pmatrix} 1 & 0 & & & & & 0 & 1 \\ 0 & 1 & & & & & 1 & 0 \\ & & \ddots & & & \iddots & & \\ & & & 1 & 1 & & & \\ & & & 1 & -1 & & & \\ & & \iddots & & & \ddots & & \\ 0 & 1 & & & & & -1 & 0 \\ 1 & 0 & & & & & 0 & -1 \end{pmatrix}$, $T'\boldsymbol{A}T=\begin{pmatrix} 1 & & & & \\ & \ddots & & & \\ & & 1 & & & \\ & & & -1 & & \\ & & & & \ddots & \\ & & & & & -1 \end{pmatrix}$

(2) (i)当 n 为奇数时,当 $n=4k+1$ 时,得非退化替换矩阵为

$$T=\begin{pmatrix} 1 & 1 & -1 & -1 & \cdots & -1 & -1 & 1 \\ 1 & -1 & 0 & 0 & \cdots & 0 & 0 & 0 \\ & & 1 & 1 & \cdots & 1 & 1 & -1 \\ & & 1 & -1 & \cdots & 0 & 0 & 0 \\ \vdots & \vdots & \vdots & \vdots & & \vdots & \vdots & \vdots \\ & & & & & 1 & -1 & 0 \\ & & & & & & & 1 \end{pmatrix}$$

当 $n=4k+3$ 时,得非退化替换矩阵为

$$T=\begin{pmatrix}1 & 1 & -1 & -1 & \cdots & 1 & 1 & -1\\ 1 & -1 & 0 & 0 & \cdots & 0 & 0 & 0\\ & & 1 & 1 & \cdots & -1 & -1 & 1\\ & & 1 & -1 & \cdots & 0 & 0 & 0\\ \vdots & \vdots & \vdots & \vdots & & \vdots & \vdots & \vdots\\ & & & & & 1 & -1 & 0\\ & & & & & & & 1\end{pmatrix}$$

都有

$$T'\boldsymbol{A}T=\begin{pmatrix}1 & & & & & & & \\ & -1 & & & & & & \\ & & 1 & & & & & \\ & & & -1 & & & & \\ & & & & \ddots & & & \\ & & & & & 1 & & \\ & & & & & & -1 & \\ & & & & & & & 0\end{pmatrix}$$

(ii) 当 n 为偶数时,当 $n=4k$ 时,得非退化替换矩阵为

$$T=\begin{pmatrix}1 & 1 & -1 & -1 & \cdots & -1 & -1\\ 1 & -1 & 0 & 0 & \cdots & 0 & 0\\ & & 1 & 1 & \cdots & 1 & 1\\ & & 1 & -1 & \cdots & 0 & 0\\ \vdots & \vdots & \vdots & \vdots & & \vdots & \vdots\\ & & & & & 1 & 1\\ & & & & & 1 & -1\end{pmatrix}$$

当 $n=4k+2$ 时,得非退化替换矩阵为

$$T=\begin{pmatrix}1 & 1 & -1 & -1 & \cdots & 1 & 1\\ 1 & -1 & 0 & 0 & \cdots & 0 & 0\\ & & 1 & 1 & \cdots & -1 & -1\\ & & 1 & -1 & \cdots & 0 & 0\\ \vdots & \vdots & \vdots & \vdots & & \vdots & \vdots\\ & & & & & 1 & 1\\ & & & & & 1 & -1\end{pmatrix}$$

都有

$$T'\boldsymbol{A}T=\begin{pmatrix}1 & & & & & & \\ & -1 & & & & & \\ & & 1 & & & & \\ & & & -1 & & & \\ & & & & \ddots & & \\ & & & & & 1 & \\ & & & & & & -1\end{pmatrix}$$

2. 略
3. 略
4. 略
5. 略
6. 略
7. 略
8. 略